蕭國鴻 Kuo-Hung Hsiao
顏鴻森 Hong-Sen Yan

古中國書籍
具插圖之機構

Mechanisms in Ancient Chinese Books with Illustrations

東華書局

```
古中國書籍具插圖之機構 / 蕭國鴻、顏鴻森著. -- 1版.
-- 臺北市：臺灣東華，2015.12
  300 面；18.5x23.4 公分.

  ISBN 978-957-483-849-3（精裝）

  1. 機構學 2. 工藝美術 3. 中國

446.01                              104026032
```

古中國書籍具插圖之機構

著　　者	蕭國鴻、顏鴻森
發 行 人	卓劉慶弟
出 版 者	臺灣東華書局股份有限公司
	臺北市重慶南路一段一四七號三樓
	電話：(02)2311-4027
	傳眞：(02)2311-6615
	郵撥：00064813
	網址：www.tunghua.com.tw
直營門市	臺北市重慶南路一段一四七號一樓
	電話：(02)2382-1762
出版日期	2015 年 12 月 1 版

ISBN　978-957-483-849-3

版權所有 • 翻印必究

作者簡介

蕭國鴻 Kuo-Hung Hsiao

蕭國鴻博士生於 1972 年台灣台南，國立成功大學（台南，台灣）機械工程學系博士，目前為國立科學工藝博物館（高雄，台灣）助理研究員。自 2004 年攻讀博士起，即以古中國機構復原設計為主要研究課題，2011 年開始研究古今中外鎖具。蕭博士曾任漢磊科技股份有限公司資深工程師、國立成功大學機械工程學系博士後研究員，兼任財團法人中華古機械文教基金會董事。蕭博士共計出版專書 2 本與專書專章 3 本、發表學術論文 20 多篇、及完成多件產學研究案。

顏鴻森 Hong-Sen Yan

顏鴻森講座教授生於 1951 年台灣彰化，1980 年獲美國 Purdue University 博士後，在國立成功大學機械工程學系任教迄今，教研專長為「機構學與機構設計」。自 1990 年起，以獨自研創的「機構概念設計法」為基礎工具，投入古（中國）機構的復原設計。顏教授曾任通用汽車公司資深研究工程師、紐約州立大學副教授、國立科學工藝博物館館長、及大葉大學校長，計出版專書 12 本、發表學術論文 300 多篇。曾獲多項國內外學術榮譽，如教育部國家講座、IFToMM Honorary Membership、及斐陶斐榮譽學會傑出成就獎等。

序

　　古中國有些具有機械插圖的專書，記載各種巧妙發明與生產技術。這些古書提供後人了解當代的工藝技術水平，具有重要的研究與參考價值。然而，研究古書上的機構圖畫時，常有不完整的文字敘述、模糊不清的圖畫表示等狀況，有些插圖只能反映約略的機構構造，無法了解運動傳遞的確切過程，阻礙讀者藉由古籍中的插圖深入了解古代工藝技術的發展。

　　本書介紹一套獨特的方法論，用於探究古中國專書中的插圖，其機構與機器繪製不明確的問題。首先說明古機構的歷史背景與構造特性，並應用現代機構概念設計法及失傳古機械復原設計法，系統化推演出所有符合當代工藝技術水平的可行設計，並以古中國弩 (標準弩、連發弩)、紡織機構 (繅車、紡車、織布機)、及各種手工藝機構為例。此方法論提供一個邏輯性的研究工具，進行構造不確定之古機構的復原設計；也提供機械史領域的學者專家一個嶄新方向，從古文獻的插圖判定機構的原始構造。

　　本書的規劃與編排，可用於研究與教學，也可用於自學。第 1 章為緒言。第 2 章介紹《農書》、《武備志》、《天工開物》、《農政全書》、《欽定授時通考》等五本具插圖機構之代表性專書的內容與背景。第 3 章說明機構與機器的定義、機械元件與接頭的特性、古代接頭的表示法、一般化運動鏈的定義、以及拘束運動的概念。第 4 章論及古中國機械的歷史發展與常見的機構類型。第 5 章提出古籍插圖機構的分類及系統化復原方法，用以推演出古機構所有可行的設計概念，並以三個不同類型插圖機構為例說明；這套方法論利用顏氏機構概念設計法，將研究零散史料所得到的發散構想，收斂轉化至特定領域，並應用機械演化與變異理論，來產生所有符合史料記載及當代科技與工藝水準的復原設計。第 6-11 章則根據所提的方法論，說明此五本代表性專書的插圖，其機構構造及復原設計的結果。　本書可為大學校院開授古 (中國) 機械史及機構與機器創意設計相關課程的教科書或補充教材，適用對象可為機械系大學部高年級生與研究生、及機械與科技史學者專家。

　　本書的出版，承蒙國科會專題研究計畫 (NSC 97-2221-E-006-070-MY3) 補助，並經嚴格審查，榮獲國立成功大學邁向頂尖大學計畫補助，特此致謝。此外，郭可謙教授、陸敬嚴教授、張柏春教授、馮立昇教授、林聰益教授、關曉武教授、孫烈博士、張治中先生、及陳羽薰小姐與作者在過去多年的合作與交往，施勝中先生及曾慶瑄先生的協助與投入，對促成本書幫助甚多，亦在此表達謝意。

　　作者相信本書可以滿足學術研究與教學中，對於古機械復原設計與現代機構創意設計的需求。最後，尚祈各界讀者賜予指教，俾得於再版時補正以臻完善。

顏鴻森
國立成功大學講座 / 機械系教授

蕭國鴻
國立科學工藝博物館助理研究員
2015 年 11 月

目　　錄

作者簡介 i
序 iii
符　　號 xiii

第 1 章　　緒言 1
　　　參考文獻 5

第 2 章　　具機構插圖古書 7
　　2.1　王禎《農書》(AD 1313) 7
　　　　2.1.1　書籍內容 12
　　　　2.1.2　歷史背景 13
　　2.2　茅元儀《武備志》(AD 1621) 13
　　　　2.2.1　書籍內容 13
　　　　2.2.2　歷史背景 15
　　2.3　宋應星《天工開物》(AD 1637) 15
　　　　2.3.1　書籍內容 16
　　　　2.3.2　歷史背景 17
　　2.4　徐光啟《農政全書》(AD 1639) 17
　　　　2.4.1　書籍內容 18
　　　　2.4.2　歷史背景 18
　　2.5　鄂爾泰等人《欽定授時通考》(AD 1742) 19
　　　　2.5.1　書籍內容 19

    2.5.2 歷史背景 20
  參考文獻 21

第 3 章 機構與機器 23

  3.1 基本定義 23
  3.2 機件 26
    3.2.1 連桿 26
    3.2.2 滑件 27
    3.2.3 滾子 27
    3.2.4 凸輪 27
    3.2.5 齒輪 27
    3.2.6 螺桿 28
    3.2.7 皮帶 / 繩線 / 繩索 28
    3.2.8 鏈條 28
    3.2.9 彈簧 28
  3.3 接頭 29
    3.3.1 自由度 29
    3.3.2 運動方式 29
    3.3.3 接觸方式 29
    3.3.4 接頭類型 30
  3.4 接頭表示法 32
  3.5 機構簡圖 33
  3.6 機構與一般化運動鏈 35
  3.7 拘束運動 40
    3.7.1 平面機構 40
    3.7.2 空間機構 43
  3.8 小結 44
  參考文獻 45

第 4 章　古中國機械 47

4.1　歷史發展　47
4.1.1　舊石器時代到新石器時代　47
4.1.2　新石器時期到東周　47
4.1.3　東周到明朝　48

4.2　連桿機構　48
4.2.1　桔槔　49
4.2.2　界尺　50
4.2.3　鑽孔機　51
4.2.4　蘇頌水運儀象台定時秤漏裝置　52

4.3　凸輪機構　54

4.4　齒輪機構　57
4.4.1　水磨　59
4.4.2　水礱與畜力礱　60
4.4.3　牛轉翻車　61

4.5　繩索傳動　62
4.5.1　紡織機構　63

4.6　鏈條傳動　64
4.6.1　翻車　65
4.6.2　井車　67
4.6.3　天梯　68

4.7　小結　70

參考文獻　71

第 5 章　復原設計法 73

5.1　古籍插圖機構分類判定　73
5.2　不確定插圖機構復原設計法　75
5.3　復原設計實例　80

	5.3.1　實例 1–水礱	80
	5.3.2　實例 2–鐵碾槽	81
	5.3.3　實例 3–颺扇	83
5.4	小結	89
	參考文獻	90

第 6 章　滾輪器械 ... 91

6.1	農田整地器械	91
6.2	收穫與運輸器械	91
6.3	穀物加工器械	94
	6.3.1　風車扇	94
	6.3.2　礱與水磨	95
	6.3.3　小碾與滾石	96
6.4	汲水器械	97
	6.4.1　刮車	97
	6.4.2　筒車	98
	6.4.3　龍尾	99
6.5	戰爭武器	100
	6.5.1　偵察器械	100
	6.5.2　攻堅器械	102
	6.5.3　防禦器械	107
6.6	其它器械	109
	6.6.1　活字板韻輪	110
	6.6.2　木棉攪車	111
	6.6.3　綆車	111
	6.6.4　陶車	112
6.7	小結	113
	參考文獻	116

第 7 章　　連桿機構 117

7.1　槓桿　117
7.1.1　踏碓與槽碓　117
7.1.2　䉛與桑夾　119
7.1.3　連枷　120
7.1.4　權衡　120
7.1.5　鶴飲　120
7.1.6　桔槔　120

7.2　抽水筒　124
7.2.1　虹吸　124
7.2.2　恒升　126
7.2.3　玉衡　127

7.3　穀物加工器械　128
7.3.1　石碾　128
7.3.2　牛碾　128
7.3.3　水碾　128
7.3.4　輥碾　130
7.3.5　礱　130
7.3.6　麪羅　130
7.3.7　颺扇　132

7.4　其它器械　132
7.4.1　風箱　132
7.4.2　水排　134
7.4.3　水擊麪羅　137
7.4.4　鐵碾槽　141

7.5　小結　141

參考文獻　144

第 8 章　齒輪與凸輪機構ᅠ145

8.1　具齒輪農業器械ᅠ145
8.1.1　榨蔗機ᅠ145
8.1.2　連磨ᅠ147
8.1.3　水磨與連二水磨ᅠ148
8.1.4　水轉連磨與水礱ᅠ149

8.2　具齒輪汲水器械ᅠ150
8.2.1　驢轉筒車ᅠ150
8.2.2　牛轉翻車ᅠ150
8.2.3　水轉翻車ᅠ152
8.2.4　風轉翻車ᅠ152

8.3　凸輪機構ᅠ154
8.3.1　水碓ᅠ154
8.3.2　立輪式水排ᅠ158

8.4　小結ᅠ160

參考文獻ᅠ162

第 9 章　撓性傳動機構ᅠ163

9.1　穀物加工器械ᅠ163
9.1.1　篩殼裝置ᅠ163
9.1.2　驢礱ᅠ164

9.2　汲水器械ᅠ165
9.2.1　轆轤ᅠ165
9.2.2　手動翻車ᅠ165
9.2.3　腳踏翻車ᅠ168
9.2.4　高轉筒車ᅠ168
9.2.5　水轉高車ᅠ168

9.3　手工業器械ᅠ171
9.3.1　入水(入井)裝置ᅠ171

9.3.2	鑿井裝置	172
9.3.3	磨床裝置	173
9.3.4	榨油機	174
9.4	紡織器械	176
9.4.1	蟠車	177
9.4.2	絮車	177
9.4.3	趕棉車	178
9.4.4	彈棉裝置	178
9.4.5	手搖紡車與緯車	180
9.4.6	經架	182
9.4.7	木棉軒床	183
9.5	小結	183
參考文獻		186

第 10 章　弓弩 187

10.1	歷史發展	187
10.2	構造分析	190
10.3	標準弩	192
10.4	楚國弩	197
10.5	諸葛弩	205
10.5.1	可動式箭匣	205
10.5.2	固定式箭匣	207
10.6	小結	212
參考文獻		213

第 11 章　複雜紡織機械 215

11.1	繰車	215
11.2	紡車	227
11.2.1	腳踏紡車	227

		11.2.2	皮帶傳動紡車	235
	11.3	斜織機		239
	11.4	提花機		255
	11.5	小結		270
	參考文獻			271

中文索引 273

英文索引 279

符　　號

C_{pi}　平面機構 i- 型接頭拘束度
C_{si}　空間機構 i- 型接頭拘束度
F_p　平面機構自由度
F_s　空間機構自由度
J_A　凸輪接頭
J_{BB}　竹接頭
J_C　圓柱接頭
J_G　齒輪接頭
J_H　螺旋接頭
J_J　銷接頭
J_O　滾動接頭
J_P　滑行接頭
J^{Px}　沿 x 軸向滑行接頭
J^{Py}　沿 y 軸向滑行接頭
J^{Pz}　沿 z 軸向滑行接頭
J^{Pxy}　沿 x、y 軸向滑行接頭
J^{Pxyz}　沿 x、y、z 軸向滑行接頭
J^{Px}_{Rz}　沿 x 軸向滑行與繞 z 軸向旋轉接頭
J^{Px}_{Rx}　沿 x 軸向滑行與繞 x 軸向旋轉接頭
J^{Pxz}_{Ryz}　沿 x、z 軸向滑行與繞 y、z 軸向旋轉接頭
J_R　旋轉接頭
J_{Rx}　繞 x 軸向旋轉接頭
J_{Ry}　繞 y 軸向旋轉接頭
J_{Rz}　繞 z 軸向旋轉接頭
J_{Rxy}　繞 x、y 軸向旋轉接頭
J_{Rxyz}　繞 x、y、z 軸向旋轉接頭
J_S　球接頭
J_T　線接頭
J_W　迴繞接頭
K_A　凸輪
K_{Af}　從動件
K_B　水桶 / 懸吊物
K_{BB}　竹子
K_C　鏈條
K_{CB}　弩弓
K_{CR}　軒軸
K_F　機架
K_G　齒輪
K_{GL}　導絲桿
K_H　螺桿
K_{HT}　束綜
K_I　輸入桿
K_K　鏈輪
K_L　連桿
K_{Li}　i- 型運動連桿

K_O	滾子	K_T	繩線 / 繩索 / 皮帶 / 弓弦
K_P	滑件	K_{Tr}	踏板
K_{PL}	觸發桿 / 箭匣	K_U	帶輪 / 滑輪 / 卷
K_R	繩索	K_W	扇葉
K_{RC}	壓緯桿	K_{WC}	鼓
K_S	錠子	N_L	連桿或機件數目
K_{Sp}	彈簧	N_J	接頭數目
K_{SL}	天平桿		

第 1 章

緒言
Introduction

　　中國文化歷史悠久，有許多記錄重要發明的專書，記載了古代各種產業的生產知識、經驗、及技術，並說明各類機構與機器的功能、構造、及使用方法，為清楚說明這些機械裝置的作動情形，通常需要以文字搭配插圖來表達各種機件類型、零件尺寸、及生產過程。

　　機件是具有傳遞運動與力量的阻抗體，藉由與適當的接頭組合形成機構，用以產生確定的相對運動。**機器**則包含一個或數個機構，可以產生有效的輸出功或轉換能量[1-2]。從古到今，在機構與機器原理的發展歷程中，無論是在單一零件外型與尺寸的展現，或是整體機器系統的描述，使用點、線、面所組成的圖像表達方式，遠比文字敘述更能直接表示機構與機器的外觀和內部構造。

　　古中國有許多精巧的機械發明，有些裝置已具備現代機器的三大基本組成，包含原動機、傳動機構、及工作機。連桿、凸輪、齒輪、繩索、鏈條、及其它機件已廣泛運用於各種不同的機械中，如農業、紡織、武器、及手工業裝置。古中國有五本記載工藝技術發展與各種機構的代表性專書，包含出版於 1313 年元朝王禎的《農書》[3]、1621 年明朝茅元儀的《武備志》[4]、1637 年明朝宋應星的《天工開物》[5]、1639 年明朝徐光啟的《農政全書》[6]、以及 1742 年清朝鄂爾泰等人的《欽定授時通考》[7]。

　　這五本專書不僅詳細收集古中國機械裝置的使用情形，更記載各種機件的製造及其組裝方法，對於了解當時工藝與技術的發展，有很高的研究與參考價值，書中並藉由插圖說明機械裝置的傳動過程。舉例而言，元朝王禎《農書》中，如下記錄了一種能夠以水力自動舂擣穀物的器械 [3]：「…今人造作水輪，輪軸長可數尺，列貫橫木相交，如滾槍之制。水激輪轉，則軸間橫木，間打排碓梢，一起一落舂之，即連機碓也。凡在流水岸傍，俱可設置。」亦附有此器械的插圖畫，如圖 1.1 所示。此段敘述

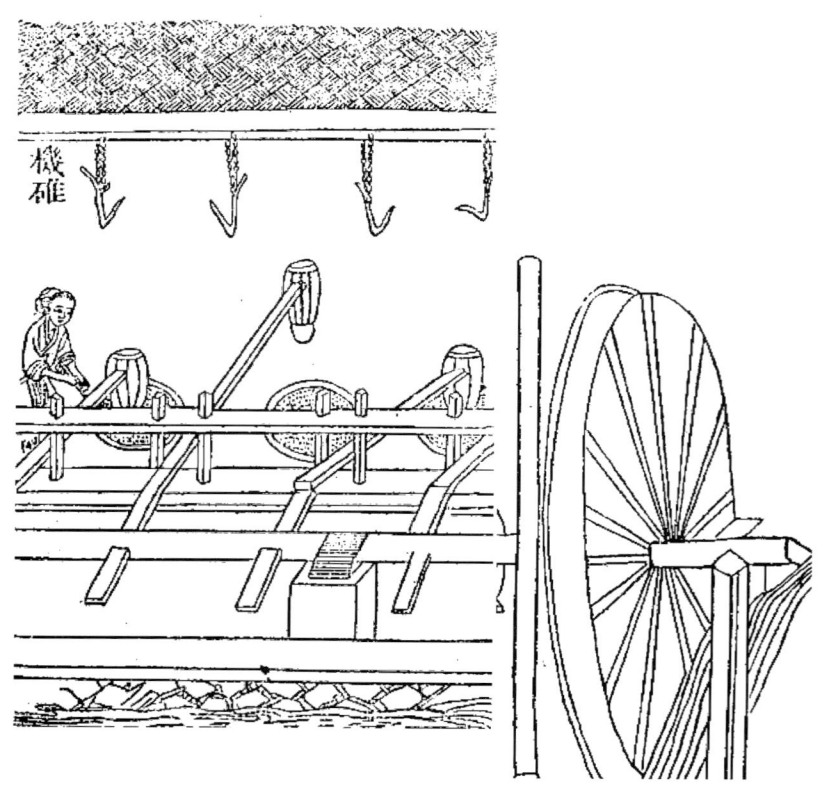

圖 1.1 機碓 [3]

提供後人許多訊息，包含器械功能、動力來源、及許多零件名稱，如水輪、長軸、橫木、碓梢、…等，但難以僅由其文字敘述了解該器械的組成與構造。經由文字與插圖的對應，可了解該器械的外觀及零件間的組合關係，也可得知實際的傳動方式。

　　根據插圖繪製的清晰程度，古機械可分為具確定構造的機構(類型 I)、具不確定接頭的機構(類型 II)、及具不確定機件與接頭之數量和類型的機構(類型 III)等三類。對於類型 II 與類型 III 的機構而言，難以清楚了解實際機械的傳動關係，歸納原因包含下列三點：

1. 古中國民間工匠進行器械製作時，並無事先繪製圖面的習慣，對於尺寸或外型的決定亦沒有充分理由；作品通常是在製作過程中，依使用需求逐步改良，經過多次嘗試錯誤後的成果。
2. 相關工藝技藝術大都是師傅與學徒的代代傳承，並未制定一套可行的象徵符號，明確的記錄零件尺寸、作法等相關資訊。
3. 文獻中出現的機械插圖，繪畫者通常並非設計者或製作者，對於機件的外型、尺寸、及相互間傳動或連結關係等細節，並不完全清楚。

　　古中國雖已發展工程圖學，但大多用於中央或地方政府的官方建築 [8]；對於一般民生器械而言則不甚重視，所繪製的插圖，有些無法判斷機件間的空間距離與相對關係，有些則是不能確定插圖中桿件與接頭的類型和數量，以致於無法明確了解機構的實際作動情形，這是研究古機械所遭遇的困難之一；此外，由於古中國歷史悠久且地域廣闊，古代器械的構造可能會因不同的朝代與地區，有不同的變化，使後人對於古中國各時期工藝發展相關的研究也難以進行，這是研究古機械所遭遇的困難之二。

　　古機械復原的目的是以當時的工藝技術，重新建構古機械裝置，展示當代機械工藝技術的水準。古機械的復原研究，對於器械不明確且無法考證的部分，則應視為復原設計的可變參數，因此復原設計的結果可能並非唯一 [9-10]。古籍文獻中存在不少難以辨識器械構造的插圖，如圖 1.2 所示者為元朝王禎《農書》[3] 中描繪當代婦女抽取蠶絲的繅車。根據與插圖相應的文字敘述，當操作者左腳踏動時，右上方橫臥的桿

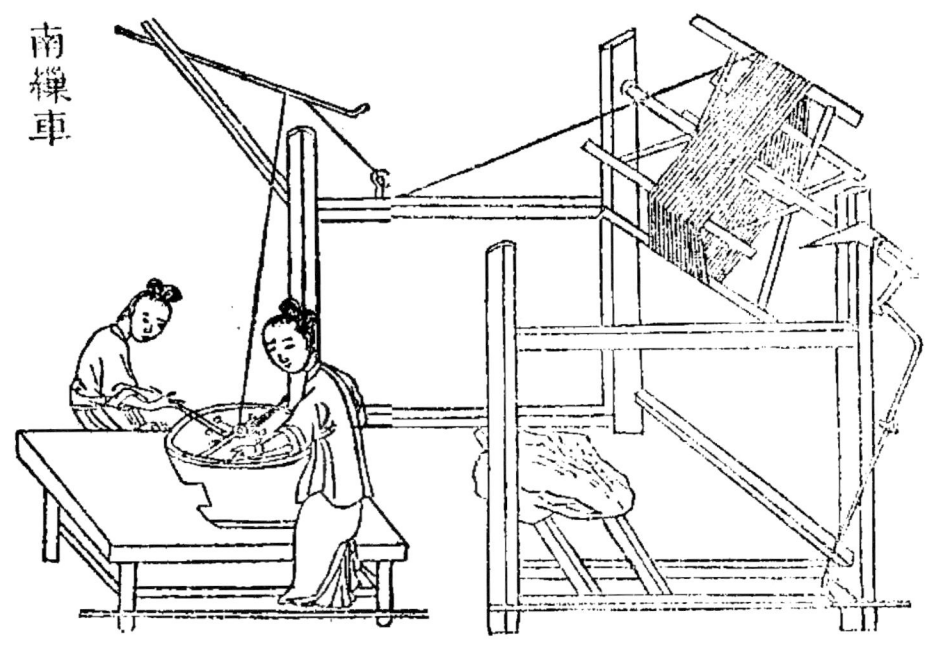

圖 1.2 繅車 [3]

件（軖軸）即被帶動旋轉，並有另一組導引絲線的機構，整理其排列捲繞的方向，使蠶絲可以均勻捲繞在軖軸上。但就上述功能，圖面上僅能找到腳踏機構的數根桿件，無法看出桿件間明確的連接與傳動關係；此外，導引絲線的機構並未在圖中出現，應有多種可能設計。是以古籍中的機械插圖，不僅需要釐清其中描繪的機構，也需要就當中不明確、謬誤、或疏漏的部分進行研究與探討。

由於不完整的說明及模糊的圖像，致使讀者無法明確了解古機構的構造；因此，本書以現代機構學的觀點，系統化的進行機構分析與復原設計。

本書的目的是針對古籍插圖中具不明確機構構造的史學研究領域，提供一個創新的方法論，透過現代機構學構造設計的概念，系統化地分析與合成出符合古代工藝技術的所有可能設計。此方法論以史料研究與機構構造分析的成果為本，以現代機械科技的數理邏輯為器，為古籍插圖機構復原設計注入新的生命，也為機械史學領域提供另類的研究空間。

本書介紹記錄於上述五本專書的 96 件機械裝置，根據插圖的清晰程度，共有 72 件具確定構造的機構(類型 I)、14 件具不確定接頭的機構(類型 II)、及 10 件具不確定機件與接頭之類型和數量的機構(類型 III)。全書計 11 章。第 1 章為緒言；第 2 章介紹上述五本專書的內容與歷史背景；第 3 章說明機件、接頭、機構、機器、接頭表示法、一般化運動鏈、機構構造、及拘束運動的定義；第 4 章簡介古中國機械的歷史發展及常用的機構類型；第 5 章提出插圖機構的分類與復原設計方法，並以三個不同類別的插圖為例，說明所提的方法論；第 6 章介紹屬於類型 I 的 35 件滾輪裝置；第 7 章說明 22 件連桿機構，其中 8 件屬於類型 I、13 件屬於類型 II、及 1 件屬於類型 III；第 8 章論述 6 件具齒輪的農業裝置、4 件具齒輪的提水裝置、及 2 件凸輪機構，其中 11 件屬於類型 I、1 件屬於類型 III；第 9 章介紹 19 件具撓性傳動機件的機械裝置，包含 2 件穀物加工裝置、5 件提水裝置、4 件手工業裝置、及 8 件紡織裝置，其中 18 件屬於類型 I、1 件屬於類型 II；第 10 章探討標準弩、楚國弩、及諸葛弩，上述三種弩皆屬於類型 III；第 11 章則研究複雜紡織機械，包含繰車、腳踏紡車、皮帶傳動紡車、斜織機、及提花機，上述五種紡織機械亦皆屬於類型 III。

本書共有 110 張原始插圖、81 張構造簡圖、26 張模擬圖畫、21 張仿古圖畫、7 個原型機、以及 17 個實物裝置。古機構的接頭可分為三類：第一類為接頭可明確判定其類型者，如旋轉接頭、滑行接頭、迴繞接頭、凸輪接頭、及齒輪接頭等；第二類為接頭類型不明確，有多種可能類型者，如圓柱接頭、滾動接頭、球接頭、及銷接頭；第三類為可確定類型的接頭，但此接頭不常用於現代機構中，如竹接頭與線接頭。根據功能，古代器械可分為農田整地裝置、收穫與運輸裝置、穀物加工裝置、戰爭武器、手工業裝置、礦業裝置、提水裝置 (槓桿與抽水桶)、鼓風冶金裝置、及紡織裝置等九類，幾乎涵蓋古中國各種原始工業的類型。

本書可作為大學部或研究所有關古 (中國) 機械史與創意機構設計課程之教科書和參考補充資料。作者相信本書可以滿足古機械復原設計與創意性機構設計在學術研究與授課教學上的需要。

參考文獻

1. 顏鴻森、吳隆庸，機構學，第三版，東華書局，台北，2006 年。
2. Yan, H. S., Creative Design of Mechanical Devices, Springer-Verlag, Singapore, 1998.
3. 《農書》；王禎 [元朝] 撰，中華書局，第一版，北京，1991 年。
4. 《武備志》；茅元儀 [明朝] 撰，海南出版社，海南，2001 年。
5. 《天工開物譯注》；宋應星 [明朝] 撰，潘吉星譯注，上海古籍出版社，上海，1993 年。
6. 《農政全書校注》；徐光啟 [明朝] 撰，石聲漢校注，明文書局，台北，1981 年。
7. 《欽定授時通考》；鄂爾泰 [清朝] 等編，收錄於四庫全書珍本 (王雲五主編)，據影文淵閣四庫全書本，台灣商務印書館，台北，1965 年。
8. 劉克明，中國工程圖學，華中科技大學出版社，武漢，2003 年。
9. 林聰益，古中國擒調速器之系統化復原設計，博士論文，國立成功大學機械工程學系，台南，2001 年。
10. Yan, H. S., Reconstruction Designs of Lost Ancient Chinese Machinery, Springer, Netherland, 2007.

第 2 章　具機構插圖古書
Mechanisms in Ancient Books with Illustrations

　　古中國有不少機構出現在技術專書的插圖中，這些著作以文字敘述配合圖畫表示，介紹當代各種產業的工藝技術與生產過程。本章依序介紹王禎的《農書》[1]、茅元儀的《武備志》[2]、宋應星的《天工開物》[3-4]、徐光啟的《農政全書》[5]、及鄂爾泰的《欽定授時通考》[6] 等五部具代表性的技術類專書，共計 96 件可以產生必要運動的機構。

2.1　王禎《農書》(AD 1313)

　　王禎的《農書》於元朝仁宗皇慶二年 (AD 1313) 刻印發行，著者針對元朝時期農業工作進行大規模的系統化研究，是一部總結當時中國農業生產經驗與技術的農學巨著，圖 2.1 所示者為濟南善成印務局出版的《農書》封面與原序 [7]。《農書》共有 51 件插圖機構，如表 2.1 所示。以下介紹王禎《農書》的書籍內容與歷史背景。

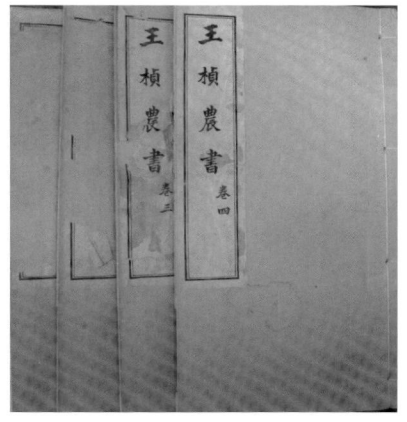

圖 2.1《農書》封面與原序 [7]

8　古中國書籍具插圖之機構

○ 表 2.1 古書插圖機構 (96 件)

書名 機構名稱	《農書》 51 件	《武備志》 16 件	《天工開物》 47 件	《農政全書》 50 件	《欽定授時通考》 46 件
礰礋	《耒耜》			《農器》	
磟碡	《耒耜》			《農器》	
輥軸	《杷朳》			《農器》	《收穫》
砘車	《耒耜》			《農器》	
石陀			《乃粒》		
下澤車	《舟車》				
大車	《舟車》				
推鎌	《銍艾》			《農器》	
麥籠	《麩麥》			《農器》	《收穫》
合掛大車			《舟車》		
南方獨推車			《舟車》		
雙遣獨輪車			《舟車》		
風車扇	《杵臼》		《粹精》		《攻治》
磑	《杵臼》		《粹精》	《農器》	《攻治》
水磨	《利用》			《水利》	《攻治》
小碾			《粹精》		《攻治》
滾石			《粹精》		
刮車	《灌溉》			《水利》	《灌溉》
筒車	《灌溉》		《乃粒》	《水利》	《灌溉》
龍尾		《軍資乘》		《水利》	《泰西水法》
巢車		《軍資乘》			
望樓車		《軍資乘》			
壕橋		《軍資乘》			
揚風車		《軍資乘》			
輘輼車		《軍資乘》			
雲梯		《軍資乘》			
砲車		《軍資乘》			
撞車		《軍資乘》			

○ 表 2.1 古書插圖機構 (續)

機構名稱 \ 書名	《農書》51 件	《武備志》16 件	《天工開物》47 件	《農政全書》50 件	《欽定授時通考》46 件
櫓		《軍資乘》			
狼牙拍		《軍資乘》			
木幔車		《軍資乘》			
活字板韻輪	《麻苧》				
木棉攪車	《續絮》			《蠶桑廣類》	《桑餘》
紡車	《麻苧》			《蠶桑廣類》	《桑餘》
陶車			《陶埏》		
踏碓 碓舂	《杵臼》		《膏液》《粹精》	《農器》	《攻治》
槽碓	《利用》			《水利》	《攻治》
鍘	《銍艾》			《農器》	《牧事》
桑夾	《蠶桑》			《蠶桑》	《蠶事》
連枷 打枷	《杷朳》		《粹精》	《農器》	《收穫》
權衡			《佳兵》		
鶴飲					《泰西水法》
桔槔	《灌溉》		《乃粒》	《水利》	《灌溉》
虹吸					《泰西水法》
恒升		《軍資乘》		《水利》	《泰西水法》
玉衡		《軍資乘》		《水利》	《泰西水法》
石碾 碾	《杵臼》			《農器》	
牛碾			《粹精》		
水碾	《杵臼》		《粹精》	《水利》	《攻治》
輥碾 海青碾	《杵臼》			《農器》	《攻治》
礱 木礱 土礱	《杵臼》		《膏液》《粹精》	《農器》	《攻治》
麪羅			《粹精》		《攻治》

○ 表 2.1 古書插圖機構（續）

書名 機構名稱	《農書》 51 件	《武備志》 16 件	《天工開物》 47 件	《農政全書》 50 件	《欽定授時通考》 46 件
颺扇			《碎精》	《農器》	《攻治》
風箱			《冶鑄》 《錘鍛》 《五金》		
臥輪式水排	《利用》			《水利》	
水擊麵羅	《利用》			《水利》	《攻治》
鐵碾槽			《丹青》		
榨蔗機			《甘嗜》		
連磨	《杵臼》				
水磨			《碎精》		
連二水磨				《水利》	《攻治》
水轉連磨	《利用》			《水利》	《攻治》
水礱	《利用》			《水利》	
驢轉筒車	《灌溉》			《水利》	《灌溉》
牛轉翻車	《灌溉》		《乃粒》	《水利》	《灌溉》
水轉翻車 水車	《灌溉》		《乃粒》	《水利》	《灌溉》
風轉翻車 (有文無圖)			《乃粒》		
水碓 機碓 連機水碓	《利用》		《碎精》	《水利》	《攻治》
立輪式水排 (有文無圖)	《利用》				
篩殼裝置			《碎精》		
驢礱	《杵臼》		《碎精》	《農器》	
轆轤	《灌溉》		《乃粒》	《水利》	《灌溉》
手動翻車 拔車			《乃粒》		
腳踏翻車 踏車	《灌溉》		《乃粒》	《水利》	《灌溉》

❍ 表 2.1 古書插圖機構 (續)

機構名稱 \ 書名	《農書》51 件	《武備志》16 件	《天工開物》47 件	《農政全書》50 件	《欽定授時通考》46 件
高轉筒車	《灌溉》		《乃粒》	《水利》	《灌溉》
水轉高車	《灌溉》			《水利》(無圖)	
入水裝置 入井裝置			《作鹹》 《燔石》 《珠玉》		
鑿井裝置			《作鹹》		
磨床裝置			《珠玉》		
榨油機			《膏液》		
蟠車	《麻苧》			《蠶桑廣類》	《桑餘》
絮車	《纊絮》			《蠶桑》	《蠶事》
趕棉車			《乃服》		
彈棉裝置			《乃服》		
手搖紡車 紡縷			《乃服》		
緯車 紡緯	《織紝》		《乃服》	《蠶桑》	《蠶事》
經架	《織紝》			《蠶桑》	《蠶事》
木棉軒床	《纊絮》			《蠶桑廣類》	《桑餘》
標準弩		《軍資乘》 《陣練制》	《佳兵》		
楚國弩 (無古文獻記載)					
諸葛弩		《軍資乘》	《佳兵》		
繅車	《蠶繅》		《乃服》	《蠶桑》	《蠶事》
腳踏紡車 木棉線架 小紡車 木棉紡車	《纊絮》 《麻苧》		《乃服》	《蠶桑廣類》	《桑餘》
皮帶傳動紡車 大紡車 水轉大紡車	《麻苧》 《利用》			《蠶桑廣類》 《水利》	《桑餘》

○ 表 2.1 古書插圖機構（續）

機構名稱 \ 書名	《農書》51件	《武備志》16件	《天工開物》47件	《農政全書》50件	《欽定授時通考》46件
斜織機 腰機 布機 臥機	《麻苧》 《織紝》		《乃服》	《蠶桑廣類》	《桑餘》
提花機 花機 織機	《織紝》		《乃服》	《蠶桑》	《蠶事》

2.1.1 書籍內容

王禎《農書》全書有 37 集共 370 目，分為農桑通訣、百穀譜、及農器圖譜等三個部分，茲簡介如下 [1]：

1. 農桑通訣

總論古中國農業生產的起源與發展史，說明發展農桑及儲糧備荒的重要性，並介紹古中國的農業生產經驗，對於農作物的墾耕、播種、中耕、肥水管理、及收穫儲藏等，皆有所論，而且對於各種植物的種植、家禽與牲畜的飼養技術，也有扼要的闡述。

2. 百穀譜

分門別類收錄 80 多種農作物的栽培要點，包含各種糧食作物與經濟作物的起源、品種、及栽培方法，並加入植物性狀的描述。

3. 農器圖譜

此部分是本書的一大特色，佔全書篇幅的五分之四，收錄插圖 300 多幅，並有文字詳述各種農用器具及主要設施的構造與用法，堪稱古中國最早圖文並茂的農具史料。元朝以後之農學著作所述的農具，大多轉錄自王禎的《農書》。

王禎《農書》兼論南北農業技術，詳細敘述土地利用方式與農田水利，並廣泛介紹各種農業器械，極具古中國農業相關研究參考價值。本書的田制門有法制長生屋與造活字印書法等二個附錄，分別對防火建築與活字印刷有重要貢獻。

2.1.2 歷史背景

王禎的《農書》成書於盛元時期，社會相對穩定，文化、教育等事業發展迅速。元世祖忽必烈即位後，採取一系列恢復與發展農業生產的政策，目標是使房舍人口增加，並開闢田野。在此政策下，出現許多新的耕作與生產技術。因此，本書一方面蒐羅舊有的農業技術，廣泛參考古代農書與史書中關於農事的記載；另一方面總結當代的經驗與新技術，以及著者對農業知識的考察、研究、及實踐成果。

《農書》的作者王禎 (AD 1271-1368)，字伯善，山東東平(今東平縣)人。王禎於元成宗元貞元年 (AD 1295) 任宣州旌德縣尹，元成宗大德四年 (AD 1300) 調任信州永豐縣尹，《農書》即在此二任縣官前後，經歷 10 餘年完成。王禎曾周遊各地，閱歷豐富，因此能夠統整古中國南北農業系統。在任縣官期間，善盡勸導作農養蠶職責、傳播先進耕作技術、發展農桑棉麻、及改革農具，並不斷總結經驗。除蒐羅與記錄各式作物的種植方法及農具的製作與使用情形之外，也設計出一些創新的農業機具。

王禎《農書》傳遞農本思想，並以教民種藝為目的；因此，書中對於多數農器的製作方式、零件組成、尺寸、及傳動構造等記敘詳實，加上插圖的說明，可說是當代極具價值的農學教本。不若《齊民要術》[8] 等農業書籍只適用局部地區，《農書》在當時全古中國範圍內，對整個農業系統包含季節、氣候、水利、土壤等條件，以及農具、生產技術等諸多方面進行系統化的比較，不但分析具全面性且規模宏大，是古中國第一部兼論南北，並作系統化統整與研究的農學專書。

2.2 茅元儀《武備志》(AD 1621)

茅元儀的《武備志》於明朝天啟元年 (AD 1621) 刻印發行，是古中國規模最大、篇幅最多、及內容最全面的兵學巨著，被譽為古典兵學的百科全書，圖 2.2 所示者為海南出版社發行的《武備志》[2] 封面與原序。《武備志》共有 16 件插圖機構，如表 2.1 所示。以下介紹《武備志》的書籍內容與歷史背景。

2.2.1 書籍內容

《武備志》的內容可分為兵訣評、戰略考、陣練制、軍資乘、及占度載等五類，共 240 卷，200 多萬字，並有 738 幅附圖，其內容簡要說明如下 [9]：

 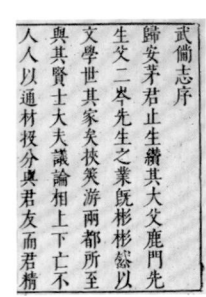

圖 2.2《武備志》封面與原序 [2]

1. 兵訣評

共有 18 卷，選錄明朝以前著名的兵書如《孫子》、《吳子》、《司馬法》、《六韜》、《尉繚子》、《三略》、及《李衛公問對》的全文，另有《神機制敵太白陰經》與《虎鈐經》的部分內容，評論這些兵書的要點，以闡述著者的兵學觀點與見解。

2. 戰略考

共有 33 卷，按年代收錄各朝代著名戰事共 613 例，從戰略角度評論作戰方法的得失，並以歷史為借鏡，作為當下作戰的參考。

3. 陣練制

共有 41 卷，分陣與練二部分。陣下分列 94 個細目，論述明朝以前歷代的陣法內容，並附有多幅陣圖；練下分列五個細目，詳細說明士兵的選拔、編伍、賞罰、教習、及訓練等內容。

4. 軍資乘

共有 55 卷，下分營、戰、攻、守、水、火、餉、及馬等八類，詳細記載戰爭所需的軍事技術要點，包含軍隊所需各種物資的籌備與製作，如各種武器裝備、攻守器械、火藥、戰車、戰船、及糧食等，是古代軍用物資與後勤補給的重要著作。

5. 占度載

共有 93 卷，分占與度二部分。占的內容雖有不少迷信荒誕之說，但也反映當時人們對於天文與氣象的想法；度則是主要記述明朝的地理形勢、關塞險要、海陸敵情、衛所部署、將領兵額、及軍餉財賦等內容。

2.2.2 歷史背景

《武備志》的作者茅元儀，字止生，號石民，浙江吳興人士，生於明萬曆 22 年 (AD 1594)，卒於崇禎 13 年 (AD 1640)，曾任翰林院待詔。茅元儀自幼勤奮好學，喜讀軍事與兵書等相關書籍，由於多年的勤奮向學，已能熟諳軍事，胸懷韜略，對於各地的軍事重鎮、關隘、險塞等，都能瞭如指掌，為當時的將領們所稱讚 [9]。

萬曆 44 年 (AD 1616) 東北女真族崛起，建立後金政權，自稱金國汗，數年後興師攻明。明朝由於宦官弄權，軍隊戰力薄弱，戰敗消息紛紛傳來。茅元儀焦急憤怒之餘，將多年鑽研的歷代兵法理論、戰爭器械的技術、及治國平天下的方略等相關資料，撰寫成《武備志》，並於天啟元年 (AD 1621) 刻印發行。從此之後，茅元儀聲名大噪，跟隨大學士孫承宗督師遼東，抵禦後金進攻，並收復許多失土。

茅元儀文武雙全，著作豐富，以《武備志》對後世影響最為深遠。本書雖有部分內容輯錄歷代兵學成果，但仍有茅元儀個人的軍事理論見解，如主張文武並重、倡導學習軍事與研究兵法、強調軍事訓練、注重邊疆與海防的建設、以及持續製作與改善軍事武器等。

2.3　宋應星《天工開物》(AD 1637)

宋應星的《天工開物》於明朝崇禎 10 年 (AD 1637) 刻印發行，是古中國綜合性的科學技術著作，記載了明朝中葉以前古中國 130 多項生產技術，並附有 100 多幅插圖，描繪說明各種器械的名稱、形狀、及製作工序，圖 2.3 所示者為華通書局出版的《天工開物》封面與原序 [10]。《天工開物》共有 47 件插圖機構，如表 2.1 所示。以下介紹《天工開物》的書籍內容與歷史背景。

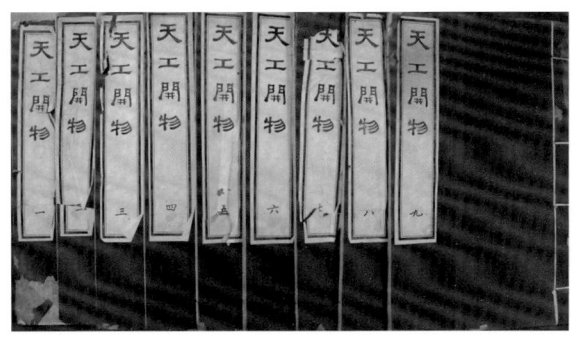
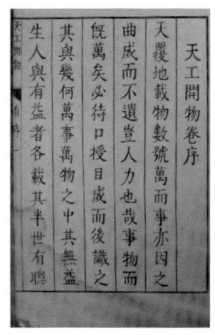

圖 2.3《天工開物》封面與原序 [10]

2.3.1 書籍內容

《天工開物》分上中下三卷共 18 章，從乃粒開始，而以珠玉殿後，是作者有意安排。前者與民食有關，至為重要，故列於全書之首，後者無關國計民生，故置於書尾，每章都從古代典籍中找出古雅的二個字組成詞來命名，詳細卷章說明如下：

上卷

第 1 章：乃粒，關於糧食作物的栽培技術。
第 2 章：乃服，衣服原料的來源與加工方法。
第 3 章：彰施，植物染料的染色方法。
第 4 章：粹精，穀物的加工過程。
第 5 章：作鹹，六種食鹽的生產方法。
第 6 章：甘嗜，種植甘蔗與製糖的方法。

中卷

第 7 章：陶埏，磚、瓦、及陶瓷的製作。
第 8 章：冶鑄，金屬用品的鑄造與加工。
第 9 章：舟車，船舶與車輛的結構、型式、及製作方式。
第 10 章：錘鍛，用錘鍛方法製作鐵器與銅器。
第 11 章：燔石，石灰與煤炭的燒製技術。
第 12 章：膏液，16 種植物油脂的提取方法。
第 13 章：殺青，造紙的五個程序。

下卷

第 14 章：五金，金屬的開採與冶煉。
第 15 章：佳兵，弓箭、弩、連發弩、火藥、火砲、地雷、水雷、及鳥銃等武器的製造方法。
第 16 章：丹青，墨與顏料的製作和油煙與銀朱 (硫化汞) 的描述。
第 17 章：麴糵，做酒的方法。
第 18 章：珠玉，珠寶玉石的來源與開採。

2.3.2 歷史背景

明朝農業與手工業各部門繼承前代的技術成果，又從西方引進不少新的產品與技術，在傳統基礎上進一步的擴充與發展，生產技術水平也全面提高。

《天工開物》的作者宋應星，字長庚，江西省奉新縣北鄉人，生於萬曆丁亥 15 年 (AD 1587)，卒年約康熙初年 (AD 1666) [3]。宋應星生長於家道中落的書香世家，年輕時接受傳統的教育體制，藉由科舉制度求取功名。28 歲時 (AD 1615)，通過江西省舉人考試。1616 至 1631 年期間，雖有五次赴京趕考，但都名落孫山。1632 年，宋應星喪母，之後不再參加科舉考試。1634 年，轉任江西省分宜縣教諭。雖然未能達成科舉及第的目標，但赴京考試的長途旅程中，將所見所聞記錄下來，並研究各種生產技術。教諭任期內，整理資料並從事寫作，於 1637 年完成《天工開物》。

「天工」指的是與人類行為對應的自然界行為，「開物」則是根據人類生存的利益，經由人類加工將自然界的各種資源生產出來。天工開物強調人與天相協調，人工與天工相配合，通過技術從自然界中開發出有用之物。

《天工開物》有三個不同於古中國其它技術專書的特徵。第一是此書幾乎涵蓋當時所有的生產技術，詳細的文字說明並配合超過 100 多幅插圖表示，有助於後人了解當時的工藝水平。第二是此書在描述生產過程時，除了定性的分析之外，亦說明原料與產品的比率、生產所需要的時間與能源消耗、設備裝置的尺寸大小等等，對各種技術過程的定量描述，是古中國技術類書的一大進步。第三是此書破除古中國傳統書籍較少引用參考文獻的陋習，進而清楚標示第一手資料的出處。

最早的《天工開物》初刻本，中間曾經將插圖重新刻板並印刷，文字部分經過多次校對，並譯為外文發行，其影響程度遍及全世界。英國學者李約瑟 (Joseph Needham) 博士認為，《天工開物》豐富的內容與精確的插圖，是最重要的技術經典著作，在整個古中國的歷史文獻中，具有極高的學術地位 [11]。

2.4 徐光啟《農政全書》(AD 1639)

徐光啟的《農政全書》於明朝崇禎 12 年 (AD 1639) 出版發行，囊括古代農業生產技術及人民生活的各個面向，圖 2.4 所示者為清朝貴州任樹森刻版的《農政全書》[12] 封面與原序。《農政全書》共有 50 件插圖機構，如表 2.1 所示。以下介紹《農政全書》的書籍內容與歷史背景。

 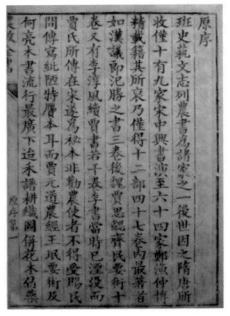

圖 2.4《農政全書》封面與原序 [12]

2.4.1 書籍內容

《農政全書》內容可大致分為農政措施與農業技術二個部分，共有 12 目 60 卷，細目包含農本 3 卷、田制 2 卷、農事 6 卷、水利 9 卷、農器 4 卷、樹藝 6 卷、蠶桑 4 卷、蠶桑廣類 2 卷、種植 4 卷、牧養 1 卷、製造 1 卷、及荒政 18 卷，總結古中國至明朝的農業生產經驗與技術，引用文獻逾 200 種。書中除了介紹古中國使用的農具器械之外，亦加入數項西方的機械發明。

第 2.1 節介紹的王禎《農書》，重點在於農業的生產知識與技術，是純技術性的農書；而徐光啟的《農政全書》，則是治國治民的農政思想，此為本書不同於其它大型農書的特色所在。書中有關水利與荒政二目所佔篇幅最多，前者探討開墾與水利等農業之本；後者綜述歷代水旱蟲災、儲糧備荒、及救災措施的議論與政策，對於後代農政的制定影響深遠 [13]。

2.4.2 歷史背景

《農政全書》的作者徐光啟，字子先，號玄扈，上海人士，生於明嘉靖 41 年 (AD 1562)，卒於崇禎六年 (AD 1633)，曾任禮部侍郎與侍讀學士等職。徐光啟對於農學曾進行多次大型試驗，並針對植物的種植方法與耕作技術寫成多部農學著作；與西來的天主教耶穌會傳教士利瑪竇 (Matteo Ricci)、熊三拔 (Sabatino de Ursis) 等人合作翻譯《幾何原本》、《泰西水法》等外文著作；因此《農政全書》的機構插圖部分，對於農用器械的介紹圖文，除多數引用王禎《農書》外，也加入《泰西水法》中記載的數項西方農用器械。

明朝嘉靖年間 (AD 1521-1566)，京師與軍隊所需的大量糧食必須由長江下游起運，此舉不但曠日費時，而且耗費驚人。為了鞏固國防並安定人民生活，徐光啟主張在北方實行屯墾，開拓西北方棄置未耕的廣闊荒地。如此，開墾與水利成為重要課題，因而《農政全書》中近半的篇幅在於農政措施，另一半篇幅則記敘農業技術 [13]。

2.5 鄂爾泰等人《欽定授時通考》(AD 1742)

《欽定授時通考》成書於清朝乾隆七年 (AD 1742)，由大學士鄂爾泰、張廷玉等 40 餘人奉命編纂，圖 2.5 所示者為富文局代印版的《欽定授時通考》封面與原序 [14]。《欽定授時通考》共有 46 件插圖機構，如表 2.1 所示。以下介紹《欽定授時通考》的書籍內容與歷史背景。

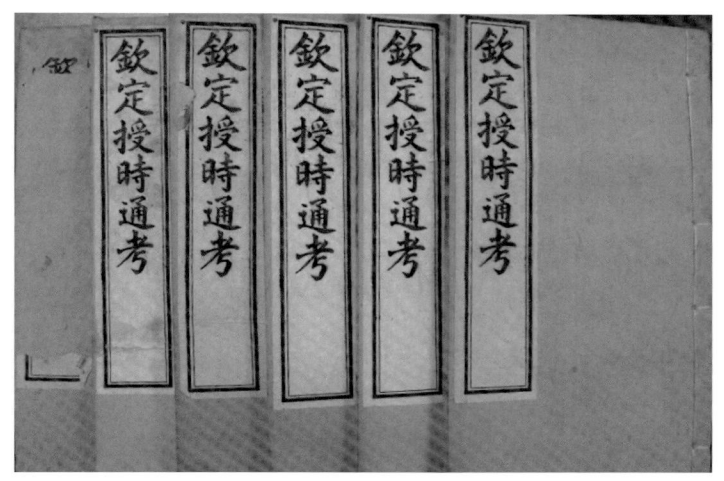

圖 2.5《欽定授時通考》封面與原序 [14]

2.5.1 書籍內容

《欽定授時通考》蒐集古代有關農事的文獻 400 餘種，彙整前人的農書著作，並附有插圖 500 餘幅，內容以農作物生產為主，林木漁等業為副。全書共 78 卷，分為天時、土宜、穀種、功作、勸課、蓄聚、農餘、及蠶桑等八門，茲簡述如下：

1. 天時門

天時指農作物生長必須遵循的規律與季節變化，此門總論農家一年四季各節氣之中的農事活動。

2. 土宜門

包含辨方、物土、田制、及水利等內容，統整水利灌溉與防旱經驗。

3. 穀種門

論述各種糧食作物 (如稻、穀、麥、豆、粟等) 的起源、品種特徵、栽培方法等。

4. 功作門

記述從墾耕到收藏各生產環節所需工具與操作方法。

5. 勸課門

記錄歷代的農業政令。

6. 蓄聚門

論述倉儲與積穀的備荒制度和政令等事項。

7. 農餘門

佔此書最多篇幅，記述稻田作業以外的農業生產，如果木、蔬菜、木材、經濟作物、及畜牧等副業的經營。

8. 蠶桑門

記載養蠶、繅絲等各項事宜。

全書結構嚴謹，徵引周詳，對於書中的各門論述，均於開端先彙集與考證歷代有關的文獻，再徵引前人的著述，其中多為各地累積的生產經驗。本書不但對清朝農林牧漁各業生產的發展有指導與促進作用，對農業生產與農學的研究亦有深遠的影響 [15]。

2.5.2 歷史背景

清朝乾隆皇帝一方面推進各項制度的建設，採取一系列重農政策與措施，以便於強化統治；另一方面大量編纂書籍以實行文治，在位年間共編修 120 多種圖書，為歷代帝王之冠。不僅修纂圖書，另也大興農學、勸農稼桑，並推廣農業知識技術；以農本與教授民時觀念和規矩，要求全國農民適應農時進行耕作與從事農業生產。由於是當代王朝發起編纂，圖書文獻的徵集與考證較以往的著述為廣，且纂修人員的選用亦與個人寫作的農書有所不同。《欽定授時通考》除了作為農學的工具書之外，也是官員督民生產的重要指導教材 [15]。

參考文獻

1. 《農書》；王禎 [元朝] 撰，中華書局，第一版，北京，1991 年。
2. 《武備志》；茅元儀 [明朝] 撰，海南出版社，海南，2001 年。
3. 《天工開物譯注》；宋應星 [明朝] 撰，潘吉星譯注，上海古籍出版社，上海，1998 年。
4. Song, Y. X., Chinese Technology in the Seventeen Century (in Chinese, trans. Sun, E. Z. and Sun, S. C.), Dover Publications, New York, 1966.
5. 《農政全書校注》；徐光啟 [明朝] 撰，石聲漢校注，明文書局，台北，1981 年。
6. 《欽定授時通考》；鄂爾泰 [清朝] 等編，收錄於四庫全書珍本 (王雲五主編)，據影文淵閣四庫全書本，台灣商務印書館，台北，1965 年。
7. 《農書》；王禎 [元朝] 撰，善成印務局，濟南，1924 年。
8. 《齊民要術》；賈思勰 [宋朝] 撰，台灣商務印書館，台北，1968 年。
9. 王兆春，速讀中國古代兵書，藍天出版社，北京，2004 年。
10. 《天工開物》；宋應星 [明朝]，華通書局，上海，1930 年。
11. Needham, J., Science and Civilisation in China, Vol. IV: II, Cambridge University Press, Cambridge, 1954.
12. 《農政全書》；徐光啟 [明朝] 撰，任樹森 [清朝] 刻印，貴州，1837 年。
13. 張秀平、王曉明，影響中國的一百本書，廣西人民出版社，廣西，1992年。
14. 《欽定授時通考》；鄂爾泰 [清朝] 等編，富文局，北京，1902 年。
15. 伊欽恒，授時通考輯要，農業出版社，北京，1981 年。

第 3 章

機構與機器
Mechanisms and Machines

機構乃是由機件與接頭依特定的方式組合而成，機器則包含一個或多個機構、動力源、及適當的控制裝置，並且可以產生有效的輸出功。本章介紹機構與機器的定義 [1-2]，說明機件與接頭的特徵，提出一套適用於古籍插圖機構的接頭表示法，介紹一般化運動鏈與拘束運動的定義，以為後續章節之用。

3.1　基本定義

將機件以特定的接頭與方式組合，使其中一根或數根機件的運動，依照這個組合所形成的限制，強迫其它機件產生確定的拘束運動，這個組合稱之為**機構** (Mechanism)。此外，機構的**拓樸構造** (Topological structure) 或**機構構造** (Mechanism structure)，是指機構之機件與接頭的數量和類型、以及機件與接頭之間的鄰接和附隨關係。

機構可根據其運動空間概分為平面機構與空間機構。機構中的機件在運動時，若其上每一點與某一特定平面的距離恆為一定，則這個機構為**平面機構** (Planar mechanism)。圖 3.1 所示者為《天工開物》中的獸力驅動的磨 [3]，由獸力帶動輪軸，以皮帶或繩索迴繞於輪軸，皮帶或繩索的另一端則迴繞於磨的上半部；包含機架、轉輪、皮帶／繩索、及磨等四根機件，轉輪以旋轉接頭和機架相連接，皮帶／繩索以迴繞接頭與轉輪和磨相連接，磨則以旋轉接頭和機架相連接。由於這個機構之每一機件的運動皆為平面運動，而且這些運動平面皆互相平行，因此屬於平面機構。

機構中的機件在運動時，若其上有一點的運動軌跡為空間曲線，則這個機構即為**空間機構** (Spatial mechanism)。圖 3.2 所示者為一種用於古代戰爭的**木幔車** (Wooden shield wagon)[4]，由滾輪裝置與盾牌裝置所組成。滾輪裝置可移動木幔車，盾牌裝置的功能則為阻擋敵人攻擊，其組成包含機架、連接桿、繩索、及盾牌。繩索直接綁緊

24　古中國書籍具插圖之機構

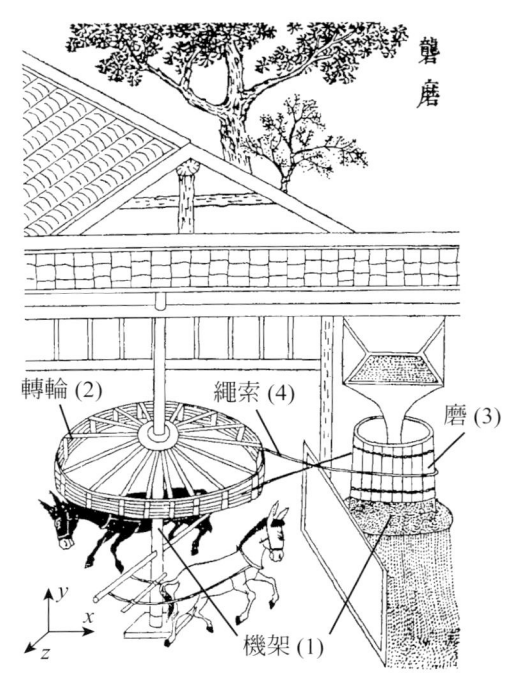

圖 3.1　獸力驅動磨 [3]

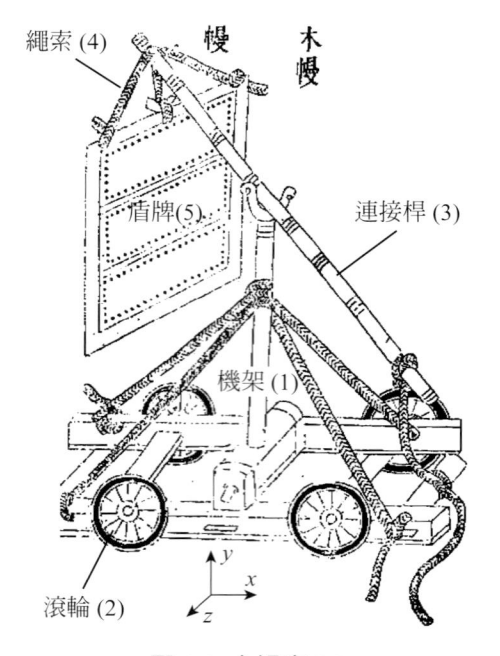

圖 3.2　木幔車 [4]

連接桿與盾牌，連接桿與機架間的接頭可使士兵在 y 和 z 方向移動盾牌，以防止敵人的石塊或利箭攻擊；很明顯的，這個裝置為空間機構。

機器 (Machine) 則是按照一定的工作目的，由一個或數個機構組合而成，賦予輸入能量與適當的控制系統，來產生有效的機械功或轉換機械能，以為吾人所用者。每個機構與機器都有一個結構件，稱之為**機架** (Frame)，用來導引某些機件的運動、傳遞力量、或承受負荷。工具機、起重機、發電機、壓縮機等，用來將機械能轉換成有效功輸出是機器，通稱為工作機。內燃機、蒸汽機、渦輪機、電動馬達等，用來將其它形式的能量 (如風力、熱力、水力、電力等) 轉換為機械能，則是稱為原動機的機器，亦是一般機器的動力來源。機器需要適當的控制裝置，如人力控制、液壓控制、氣壓控制、電機控制、電子控制、電腦控制等，以有效的產生所需要的運動與作功。

圖 3.3 所示者為一種名為腳踏翻車的古中國汲水機器 [5]，它以人力為輸入動力的機器，由機架 (桿 1，K_F)、具長桿與拐木的上鏈輪 (桿 2，K_{K1})、下鏈輪 (桿 3，K_{K2})、及鏈條 (桿 4，K_C) 所組成，上鏈輪以旋轉接頭與機架相鄰接，鏈條以迴繞接頭分別與上鏈輪和下鏈輪相鄰接，而下鏈輪則以旋轉接頭與機架相鄰接。

圖 3.3 腳踏翻車 [5]

3.2 機件

機件 (Mechanical member) 為組成機構與機器的基本要素，是一種具有阻抗性的物體，可以是剛性件、撓性件、或者壓縮件。在古籍插圖機構的復原設計中，較不重要的機件如壓縮件 (如氣體、液體) 及用於將二根或多根機件緊固的機件 (如軸、鍵、鉚釘)，則不加以介紹。本節僅介紹能產生相對運動功能的機件。

機件的類型很多，以下是基本機器之機件的功能說明。

3.2.1 連桿

連桿 (Link, K_L) 是一種具有接頭的剛性件，用以傳遞運動與力量。一般而言，所有剛性機件都可稱為連桿。連桿可根據與其附隨的接頭數目來加以分類：與零個接頭相附隨的連桿為**獨立桿** (Separated link)；與一個接頭相附隨的連桿稱為**單接頭桿** (Singular link)；與二個接頭相附隨的連桿稱為**雙接頭桿** (Binary link)；與三個接頭相附隨的連桿稱為**參接頭桿** (Ternary link)；與 i 個接頭相附隨的連桿稱為 i 接頭桿，在圖示上，以一個頂端為小圓、內畫陰影的 i- 邊多邊形表示。圖 3.4(a) 所示者為單接頭桿、雙接頭桿、及參接頭桿的簡圖符號。

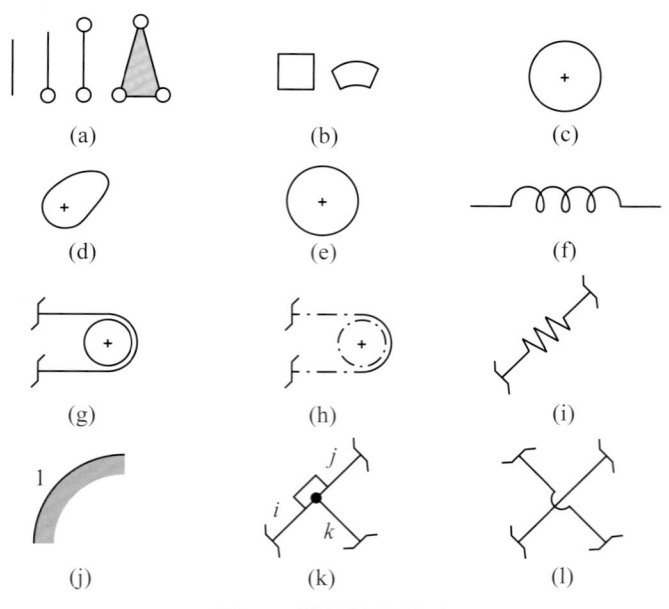

圖 3.4 機件簡圖符號

3.2.2 滑件

滑件 (Slider, K_P)，是一種作直線或曲線移動的連桿，用於與相鄰接之機件作相對的滑動接觸。古中國用於鼓風冶金的風箱，其中需由人力推動的活塞，就是一種作直線移動的滑件。圖 3.4(b) 所示者為直線滑件與曲線滑件的簡圖符號。

3.2.3 滾子

滾子 (Roller, K_O)，是一種用於與相鄰接之機件作相對滾動接觸的連桿。生活中常見的輪子，基本上就是一種滾子。圖 3.4(c) 所示者為簡單滾子的簡圖符號。

3.2.4 凸輪

凸輪 (Cam, K_A)，是一種不規則形狀的連桿，一般作為主動件，用以傳遞特定的運動給**從動件** (Follower, K_{Af})。古中國戰爭武器弩的弩機，大多以青銅鑄成，巧妙設計各根機件的幾何形狀，完成勾住與釋放弓弦的目的，是古中國具代表性的凸輪機構，最早可追溯公元前 6 世紀 [6]；此外，用於打擊穀物的連機水碓、記錄行車里程數的記里鼓車、及機械式天文鐘的水運儀象台等裝置中，皆有使用凸輪產生所需特定運動的設計。圖 3.4(d) 所示者為典型凸輪的簡圖符號。

3.2.5 齒輪

齒輪 (Gear, K_G)，也是一種連桿，依靠輪齒的連續嚙合，將一個軸的旋轉運動傳遞至另一個軸作旋轉運動或轉變為直線運動。根據不同的用途與尺寸，古中國齒輪材質可分為青銅、鑄鐵、及木材等三類；金屬齒輪最早起源可追溯至公元前 19 世紀，木製齒輪或許更早就開始使用，但因年代久遠腐壞而無法保存下來。研磨穀物與汲水的器械多為木製齒輪，形狀如大車輪外圈裝上數根木銷，以達到傳遞運動的目的。但在較精細的器械中，如記里鼓車與指南車，則是使用青銅或鐵製齒輪。金屬製齒輪的齒型又可分為棘齒輪、人字齒輪、等邊三角形齒輪、及圓角齒輪等四類 [7-8]。圖 3.4(e) 所示者為典型齒輪的簡圖符號。

3.2.6 螺桿

螺桿 (Screw, K_H)，一種簡單的省力機件，用於傳遞平穩等速的運動，可以視為將旋轉運動轉變為直線運動的線性驅動器。明朝 (AD 1368-1644) 以前，古中國文獻並無螺桿與螺旋之發明和應用的記載，亦沒有相關的出土證物。明確敘述螺桿與螺旋的文獻，都是在公元 1600 年利瑪竇 (Mateo Ricci) 來中國以後，無疑已受到西洋科技文明傳入的影響。古中國兒童玩具中的竹蜻蜓，是螺旋原理的應用；同樣地，早期用來打水的龍尾車 (**阿基米德螺旋** Archimedean screw)，也是螺桿與螺旋的應用。圖 3.4(f) 所示者為螺桿的簡圖符號。

3.2.7 皮帶 / 繩線 / 繩索

皮帶 (Belt, K_T)、**繩線** (Thread, K_T)、及**繩索** (Rope, K_T) 皆是具有張力的機件，用於傳遞力量與運動，其撓性來自於材料的變形，並依靠與**帶輪**、**滑輪** (Pulley, K_U) 之間的摩擦力來傳遞運動。皮帶、繩線、繩索廣泛地使用於古中國各種產業中，如各類的紡織機械、農業的穀物加工器械、手工業的鑿井裝置與磨床、鼓風冶金裝置的水排等；其中，腳踏紡車是典型的撓性傳動機構，結合皮帶與繩線的傳動，同時完成數組紗線捲繞於錠子的工作。圖 3.4(g) 所示者為皮帶、繩線、繩索與帶輪、滑輪的簡圖符號。

3.2.8 鏈條

鏈條 (Chain, K_C)，也是一種張力件，用於傳遞力量與運動。鏈乃是由彼此間允許相對運動的小剛性元件連接而成，並藉由**鏈輪** (Sprocket, K_K) 來傳遞運動。古中國於公元前 10 世紀，已開始使用鏈條銜住馬匹、連結壺與蓋、及作為容器的提梁等，然而並沒有實際傳動的功能。真正應用於傳遞運動的鏈條，常見於汲水器械的翻車中；而具代表性傳遞動力的鏈條，則見於蘇頌水運儀象台的天梯，用於傳遞主動軸與渾天儀齒輪箱的動力。圖 3.4(h) 所示者為鏈條與鏈輪的簡圖符號。

3.2.9 彈簧

彈簧 (Spring, K_{Sp})，是一種撓性機件，用來貯存能量、施力、及提供彈性聯結。根據不同的用途，古中國彈簧材質可分為青銅、鑄鐵、木材、及竹子等四類；古中國掛鎖藉由金屬簧片的彈力及與鑰匙頭的相互配合，產生開鎖與閉鎖的功能，是古代應用彈簧的典型設計。古中國弩的弩弓，使用數片不同性質的木材所組成，藉此產生較佳的彈力，以提高弓箭的射程；再者，竹子的彈力廣泛應用於紡織機械中，如織布的斜織機、提花機、及彈鬆棉花的彈棉裝置。圖 3.4(i) 所示者為典型彈簧的簡圖符號。

3.3　接頭

　　為使機件有所作用，機件與機件之間必須以拘束的方式加以連接。一根機件與另一根機件接觸的部分，稱為**成運動對元件** (Pairing element)。二個元件分屬於二根不同的機件，組合在一起形成**接頭** (Joint)。

　　接頭可根據其自由度、運動方式、接觸方式、及接頭類型來加以分類，這些特性分別說明如下：

3.3.1　自由度

　　是指定義接頭中一個成運動對元件與另一個成運動對元件之相對位置所需的獨立坐標數。一個不受拘束的成運動對元件，可有沿三個互相垂直軸的平移自由度及對此三個互相垂直軸的旋轉自由度，共六個自由度。它與另一個成運動對元件配成接頭後，因受拘束而損失一個或多個自由度。因此，一個接頭最多只能有五個自由度，最少也有一個自由度。自由度與拘束運動於第 3.7 節再作探討。

3.3.2　運動方式

　　是指接頭中一個成運動對元件上之一點相對於另一個成運動對元件的運動，不外乎直線 (或曲線) 運動、平面 (或曲面) 運動、或空間運動。

3.3.3　接觸方式

　　是指接頭中二個成運動對元件互相接觸的方式，不外乎點接觸、線接觸、或面接觸。

3.3.4 接頭類型

　　以下說明一些基本接頭的功能與運動特性，並介紹各種接頭的圖畫表示法，如表 3.1 所示。

旋轉接頭　對於**旋轉接頭** (Revolute joint, J_R) 而言，二根鄰接機件之間的相對運動，是對於旋轉軸的轉動。它具有一個自由度，是圓弧運動與面接觸。

滑行接頭　對於**滑行接頭** (Prismatic joint, J_P) 而言，二根鄰接機件之間的相對運動是沿軸向的滑動。它具有一個自由度，是直線運動與面接觸。

滾動接頭　對於**滾動接頭** (Rolling joint, J_O) 而言，二根鄰接機件之間的相對運動，是不帶滑動的純滾動。它具有一個自由度，是擺線運動與線接觸。

凸輪接頭　對於**凸輪接頭** (Cam joint, J_A) 而言，二根鄰接機件之間的相對運動，是滾動與滑動的組合。它具有二個自由度，是曲面運動與線接觸。

齒輪接頭　對於**齒輪接頭** (Gear joint, J_G) 而言，二根鄰接機件之間的相對運動，是滾動與滑動的組合。它具有二個自由度，是曲面運動與線接觸。

螺旋接頭　對於**螺旋接頭** (Screw joint, J_H) 而言，二根鄰接機件之間的相對運動，是螺旋運動。它具有一個自由度，是曲線運動與面接觸。

圓柱接頭　對於**圓柱接頭** (Cylindrical joint, J_C) 而言，二根鄰接機件之間的相對運動，是對於旋轉軸的轉動及平行於此軸之移動的組合。它具有二個自由度，是曲面運動與面接觸。

球　接　頭　對於**球接頭** (Spherical joint, J_S) 而言，二根鄰接機件之間的相對運動，是對於球心的轉動。它具有三個自由度，是球面運動與面接觸。

銷　接　頭　對於**銷接頭** (Pin joint, J_J) 而言，二根鄰接機件之間的相對運動，可以是平面運動或空間運動。若為平面運動，它具有二個自由度，是圓弧運動與線接觸；若為空間運動，它具有三或四個自由度，亦是圓弧運動與線接觸。

迴繞接頭　對於**迴繞接頭** (Wrapping joint, J_W) 而言，二根鄰接機件之間並無相對運動，但其中一根機件 (帶輪 / 滑輪 / 鏈輪) 繞其中心轉動。迴繞接頭可視為具有一個自由度的接頭。

○ 表 3.1 接頭表示法 [1,9-11]

接頭類型	機構圖示	簡圖符號	表示法一	表示法二
旋轉接頭			J_R	J_{Rx}
滑行接頭			J_P	J^{Px}
圓柱接頭			J_C	J^{Px}_{Rx}
迴繞接頭			J_W	--
滾動接頭			J_O	--
凸輪接頭			J_A	--
齒輪接頭			J_G	--
球接頭			J_S	J_{Rxyz}
銷接頭			J_J	平面：J^{Py}_{Rx} 空間：J^{Py}_{Rxz} 或 J^{Pxy}_{Rxz}
竹接頭			--	J_{BB}
線接頭			--	J_T
固定旋轉接頭				

3.4 接頭表示法

為了便於分析並表達古代機械所應用的機構，有關機件部分，本書沿用機構學所定義的機件表示法 [1]；經由古籍插圖的研究，古機械的接頭可分為三類：第一類為接頭可明確判定其類型者，如凸輪接頭、齒輪接頭、及迴繞接頭等；第二類為接頭類型不明確，有多種可能類型者；第三類為可確定類型的接頭，但此接頭不常用於現代機構中。由於有些特殊的接頭，無法以現代機構學常用的接頭符號表示之，以下提出一套適用於古籍插圖機構的接頭表示法 [9-11]。

一個完全沒有固定的機件具有六個自由度，其中三個自由度為沿著三個互相垂直軸的平移，另外三個自由度為圍繞此三軸的旋轉，可表示為 $J_{R_{xyz}}^{P_{xyz}}$；其中，上標 P_{xyz} 表示此機件可沿 x、y、及 z 等三軸方向滑動，而下標 R_{xyz} 則表示繞此三軸方向的旋轉。此外，當一根機件與另一根機件連接並形成一個接頭時，原本的機件便會減少一個或一個以上的自由度。例如，若一個接頭表示為 J_{Rx}，意指二個鄰接機件之間的相對運動，是對於 x 軸的轉動，如圖 3.5(a) 所示；若表示為 J^{Px}，代表二個鄰接機件之間的相對運動是沿 x 軸的滑動，如圖 3.5(b) 所示。同理，如果接頭表示為 J_{Rx}^{Px}，則二個鄰接機件之間的相對運動，不僅有 x 軸向的滑動，也有 x 軸向的轉動，如圖 3.5(c) 所示。

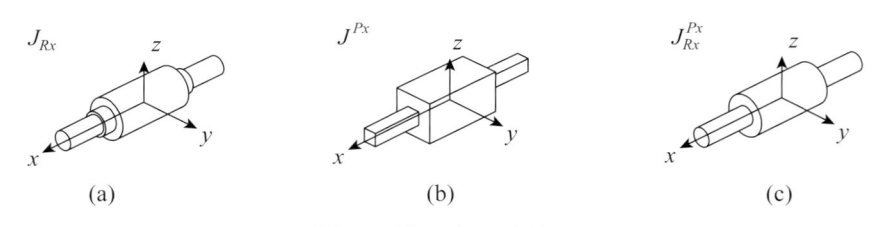

圖 3.5 接頭表示法範例

圖 3.6(a) 所示者為《天工開物》[5] 中一個具二桿一接頭的機構。由於所繪製的插圖不明確，連桿 (K_L) 以不確定接頭與機架 (K_F) 相鄰接。考慮連桿運動的類型與方向，不確定接頭有三種可能的類型：第一種為連桿只能相對於機架繞 z 軸旋轉，表示為 J_{Rz}；第二種為連桿除了繞 z 軸旋轉外，還沿 x 軸滑動，表示為 J_{Rx}^{Px}；第三種為連桿除了繞 y 與 z 軸旋轉外，還沿 x 與 z 軸滑動，表示為 J_{Ryz}^{Pxz}。其中，x 與 y 軸分別定義為圖中的水平與垂直方向，z 軸則根據右手定則產生。

竹子與繩線常出現在紡織機械和農業機械的古籍插圖中。圖 3.6(b) 所示者為一種以竹子 (K_{BB}) 和機架 (K_F) 及繩線 (K_T) 相鄰接的彈棉裝置 [5]，竹子的一端固定於機架中，另一端直接繫緊繩線。由於竹子具有彈性，可以在使用後回到原來的位置，使彈

(a)   (b)

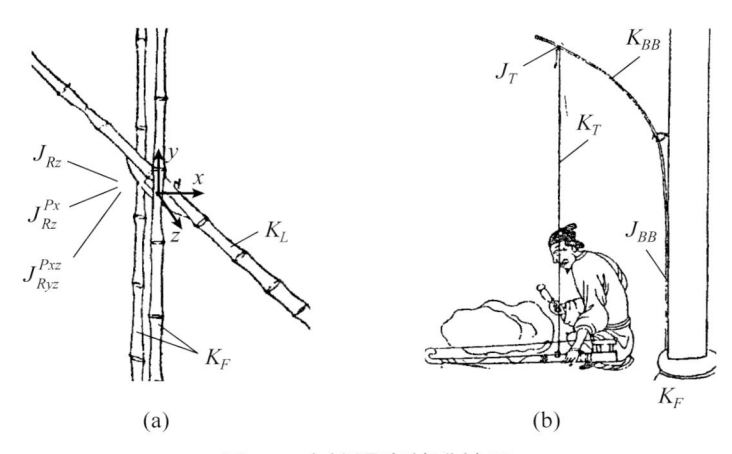

圖 3.6 古籍圖畫特殊接頭 [5]

鬆棉花的工作更有效率，附隨於機架與竹子的接頭定義為**竹接頭** (Bamboo joint)，表示為 J_{BB}。對於平面機構中的竹接頭，其運動特性與旋轉接頭相同；對於空間機構中的竹接頭，其運動特性則與球接頭相同。

以繩線繫緊於一根桿件而形成接頭的方式，很常出現在古代機械裝置中，附隨於繩線與桿件的接頭定義為**線接頭** (Thread joint)，表示為 J_T。對於平面機構中的線接頭，其運動特性與旋轉接頭相同；對於空間機構中的線接頭，其運動特性與球接頭相同。

3.5　機構簡圖

　　機構的構造圖或簡稱機構簡圖是以簡單的圖形，來表達機件與接頭之間的鄰接附隨關係。分析機構的拓樸構造與運動狀態時，如果使用實體或其組合圖來進行，會因實體或圖面的複雜性，使分析工作難以有效的進行，因此常使用**簡圖符號** (Schematic representation) 來說明機件間的鄰接關係與相對位置。根據這種目的所繪製的機構圖形，稱之為**機構骨架圖** (Skeleton) 或稱之為機構簡圖。

　　機構簡圖的繪製有構造簡圖與運動簡圖等二種方式。**構造簡圖** (Structural sketch) 在於表示機構的拓樸構造，只要清楚地表示機件與接頭的附隨關係即可，而不在乎各根機件的幾何尺寸大小。**運動簡圖** (Kinematic sketch) 乃是根據實體或組合圖的尺寸，以一定的比例畫出其幾何運動的相對位置關係，用來表示各機件之尺寸及各接頭的位置。在古籍插圖機構的復原設計中，只需清楚表示機件間的鄰接關係，因此繪製構造簡圖即可。

機構簡圖的繪製，應盡量使用簡單之線條與符號來代替實體的機件與接頭，與分析機構之拓樸構造無關的資料，如軸、鍵、銷、軸承、剖面線、…等，則不需表示出來。

簡圖符號的制定，並無一定的法則，只要清楚地表示出機構的拓樸構造或運動關係即可，常用機件與接頭的簡圖符號，分別如圖 3.4 與表 3.1 所示。以下介紹常用的製圖規則：

1. 機件以阿拉伯數字賦予代號，如 1、2、3、… 等；亦可加入機件的類型，如固定機件 (機架) 表示為 K_F、連桿表示為 K_L、滑件表示為 K_P、…等。
2. 固定機件 (機架) 恆以阿拉伯數字 1 為其代號，並在其下作平行斜線或畫陰影，如圖 3.4(j) 所示。
3. 圖 3.4(k) 所示者代表機件 i 與機件 j 為同一機件，而機件 k 為與其相鄰接的另一機件。
4. 若二個不鄰接的機件在圖面上交叉，則在交叉處將底部機件畫成斷線並以半圓連接之，如圖 3.4(l) 所示。
5. 不確定類型的接頭，以內部塗黑小圓表示。

圖 3.1 所示之獸力驅動的磨，其構造簡圖如圖 3.7 所示，而圖 3.2 所示之木幔車，其構造簡圖則如圖 3.8 所示。

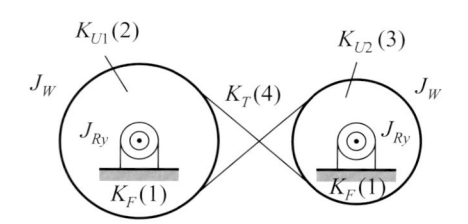

圖 3.7 獸力驅動磨構造簡圖

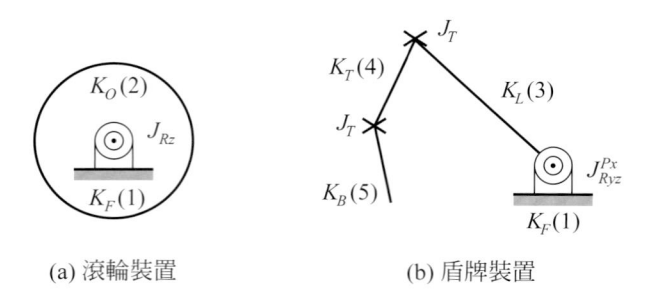

(a) 滾輪裝置　　　　　(b) 盾牌裝置

圖 3.8 木幔車構造簡圖

3.6　機構與一般化運動鏈

將數根桿件以接頭加以連接，即組成所謂的**桿-鏈** (Link-chain)，或簡稱為**鏈** (Chain)。具有 N_L 根桿與 N_J 個接頭的鏈，稱之為 (N_L, N_J) 鏈。

對於鏈而言，其**通路** (Walk) 是指一組由桿件與接頭所組成的交互排列，其首尾皆為桿件，而且每個接頭均與前後緊接的二根桿件相附隨。圖 3.9(a) 所示的 (5, 4) 鏈，桿 1- 接頭 b- 桿 4- 接頭 d- 桿 3- 接頭 d- 桿 4 是一條通路。鏈的**路徑** (Path) 是指所有桿件皆不相同的通路。如圖 3.9(a) 所示的 (5, 4) 鏈，桿 1- 接頭 b- 桿 4- 接頭 d- 桿 3 是一條路徑。若一個鏈中的任意二根桿件均能夠經由一條路徑相連接，則稱該鏈為**連接鏈** (Connected chain)；反之，則稱該鏈為**不連接鏈** (Disconnected chain)。圖 3.9(a) 所示的 (5, 4) 鏈，有一根獨立桿 (桿 5)，是不連接的；圖 3.9(b) 所示的 (5, 5) 鏈，有一根單接頭桿 (桿 5)，是連接的。若鏈中的每根桿件均與至少二根其它桿件互相連接，且該鏈形成一個或數個封閉的迴路，則稱其為**封閉鏈** (Closed chain)。不封閉的連接鏈，稱為**開放鏈** (Open chain)。在一個鏈中，若移走某根桿件會導致該鏈成為不連接鏈，則稱該桿件為**分離桿** (Bridge-link)。如圖 3.9(c) 所示的 (6, 7) 封閉鏈，有一根分離桿 (桿 4)。而圖 3.9(b) 所示的連接鏈，同時也是開放鏈。

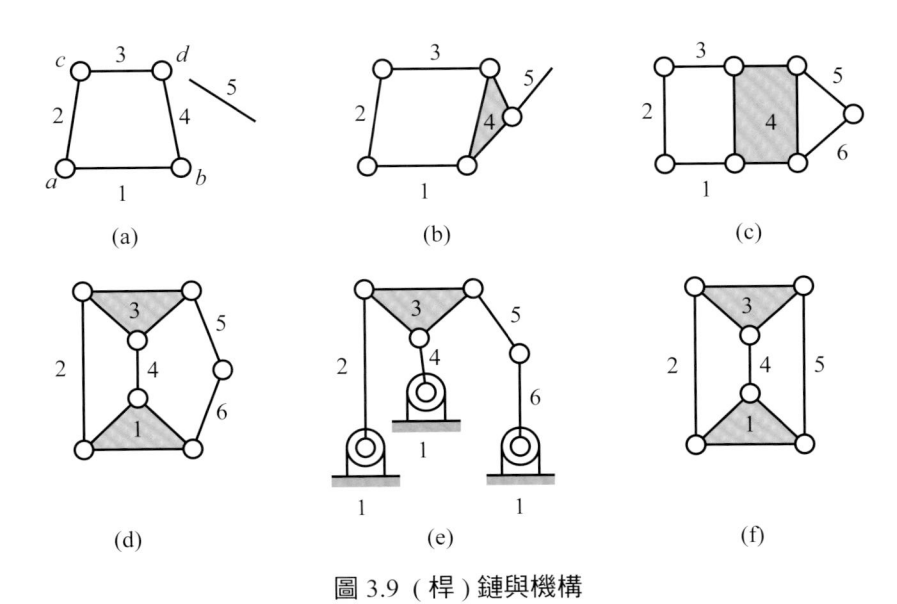

圖 3.9 (桿) 鏈與機構

運動鏈 (Kinematic chain)，一般是指連接、封閉、無任何分離桿，只含旋轉接頭，而且可以運動的鏈。若運動鏈中的一根桿件被固定作為**機架** (Frame, K_F)，則形成一個**機構** (Mechanism)。圖 3.9(d) 所示者為一個 (6, 7) 運動鏈，若將該運動鏈中的桿 1 固定，則可獲得其所對應的機構，如圖 3.9(e) 所示。**呆鏈** (Rigid chain)，是指連接、封閉、無任何分離桿，而且不能運動的鏈。若圖 3.9(f) 所有接頭皆為一個自由度，則形成一個 (5, 6) 呆鏈。

　　一般化運動鏈 (Generalized kinematic chain) 由一般化接頭連接一般化桿件所組成，換言之，其桿件與接頭的類型沒有限制。**一般化接頭** (Generalized joint) 是一個通用的接頭，可以是一個旋轉接頭、滑行接頭、螺旋接頭、球接頭、或者其它種類的接頭 [2, 12]。若有一個 (6, 7) 的運動鏈沒有任何限制，如圖 3.9(d) 所示，它就成為一個 (6, 7) 的一般化運動鏈。一個具有二個附隨機件的接頭，稱為**一般化單接頭** (Simple generalized joint)，一個具有二個以上附隨機件的接頭，稱為**一般化複接頭** (Multiple generalized joint)。在圖示上，一個具有 N_L 根機件附隨的一般化接頭，以 N_L-1 個小同心圓表示。圖 3.10(a)-(b) 所示者，分別代表具有二根機件與三根機件附隨的一般化接頭。此外，圖 3.10(a) 是一般化單接頭，而圖 3.10(b) 則是一般化複接頭。

　　一般化連桿 (Generalized link) 是具有一般化接頭的桿件，可以是**雙接頭桿、參接頭桿、肆接頭桿** (Quaternary link)、…等。一根與 N_J 個接頭附隨的一般化連桿，可以端點為小圓且內畫陰影的 N_J 多邊形表示。圖 3.10(c)-(e) 所示者，分別代表一般化雙接頭桿、參接頭桿、及肆接頭桿。

　　理論上，不同的 (N_L, N_J) 一般化運動鏈圖譜是運用機構運動學的**數目合成** (Number

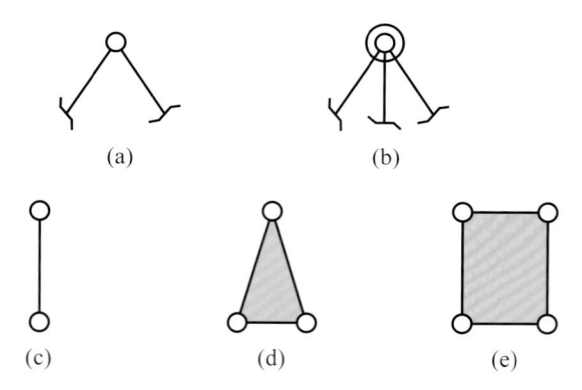

圖 3.10 一般化接頭與連桿圖畫表示

synthesis) 演算法產生，但針對本書所介紹古籍插圖機構系統化復原設計法的應用，可直接由文獻 [1-2 ,12] 中查表獲得。圖 3.11-3.21 所示者為一些重要的一般化運動鏈圖譜。

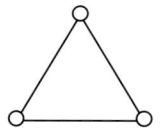

圖 3.11 (3, 3) 一般化運動鏈圖譜

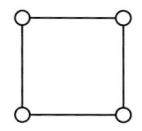

圖 3.12 (4, 4) 一般化運動鏈圖譜

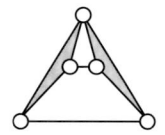

圖 3.13 (4, 5) 一般化運動鏈圖譜

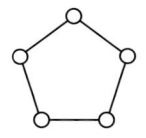

圖 3.14 (5, 5) 一般化運動鏈圖譜

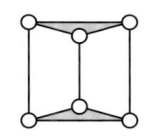

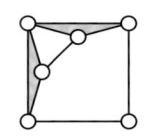

圖 3.15 (5, 6) 一般化運動鏈圖譜

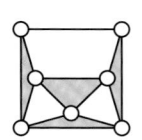

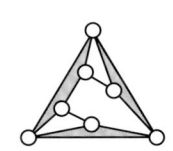

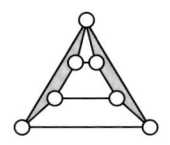

圖 3.16 (5, 7) 一般化運動鏈圖譜

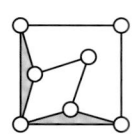

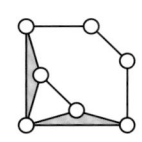

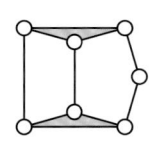

圖 3.17 (6, 7) 一般化運動鏈圖譜

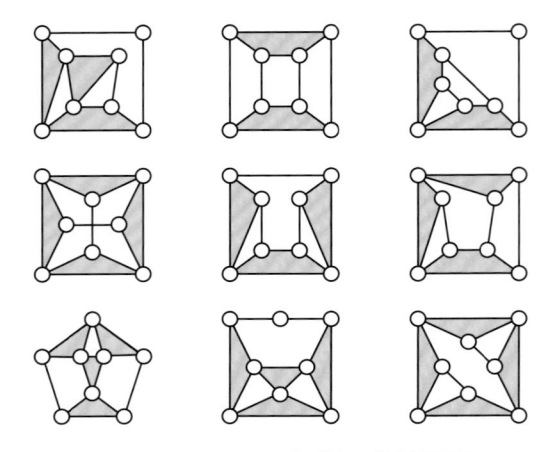

圖 3.18 (6, 8) 一般化運動鏈圖譜

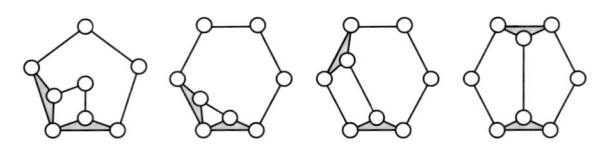

圖 3.19 (7, 8) 一般化運動鏈圖譜

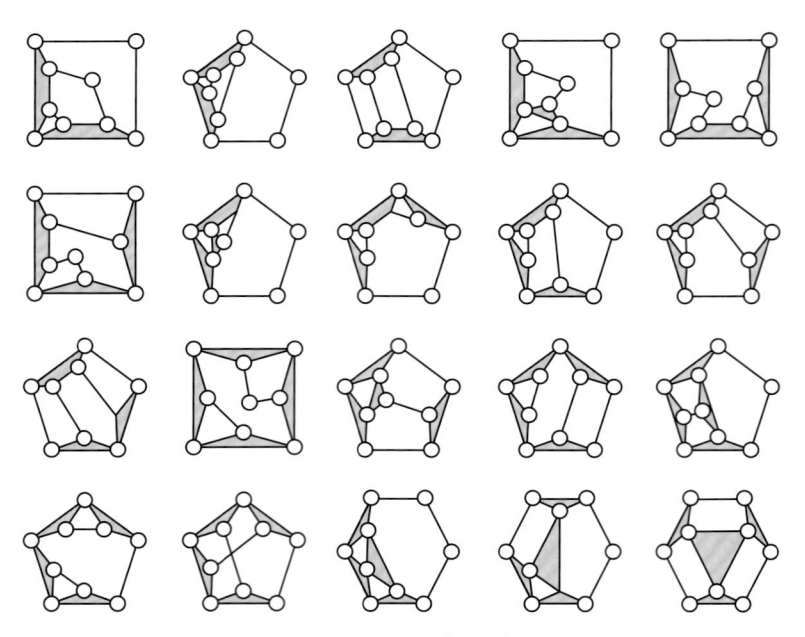

圖 3.20 (7, 9) 一般化運動鏈圖譜

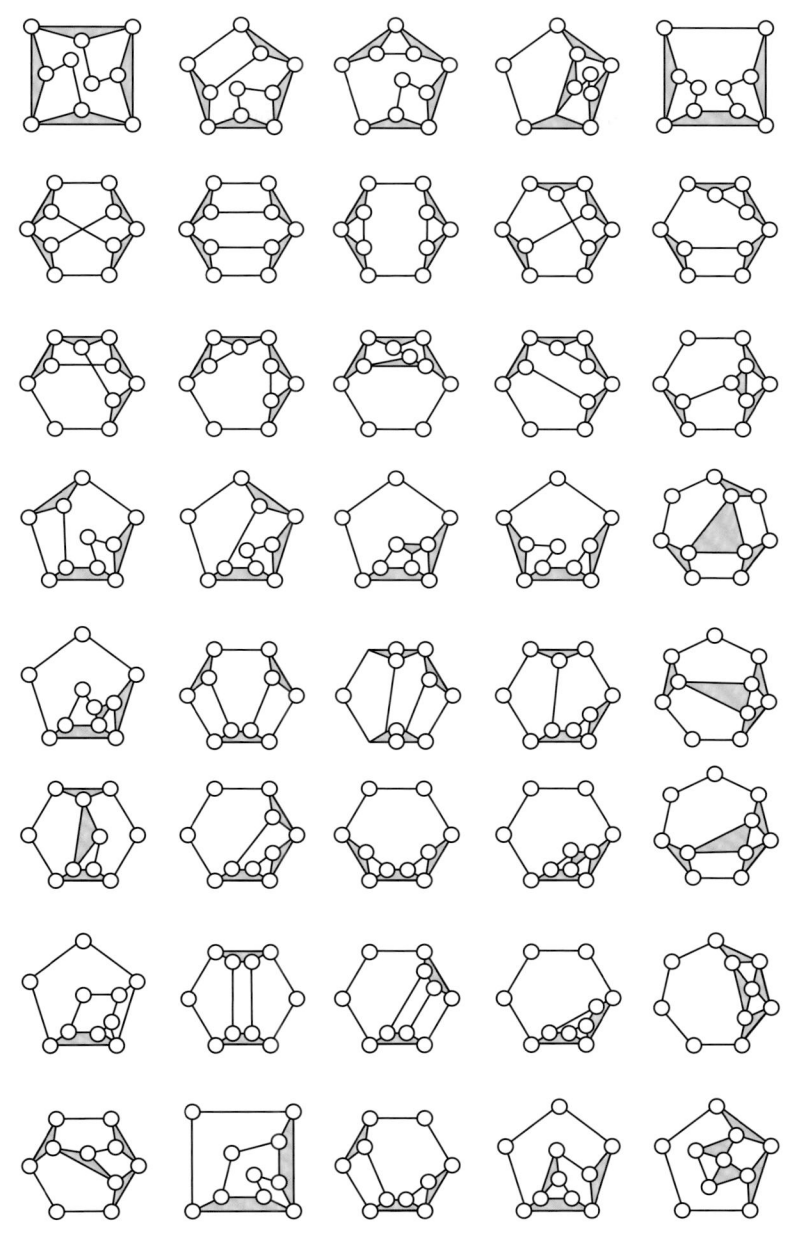

圖 3.21 (8, 10) 一般化運動鏈圖譜

3.7 拘束運動

機構之**自由度** (Degrees of freedom, F) 的數目,決定要滿足一個有用之工程目的所需要的獨立輸入之數目。若一機構的自由度數目為正,且具有相同數目的獨立輸入,則稱此機構具有拘束運動。所謂**拘束運動** (Constrained motion),是指當機構之輸入機件上的任意點以指定方式運動時,該機構上所有點的運動均產生唯一確定的運動。

3.7.1 平面機構

對於平面機構而言,每根機件具有三個自由度,其中二個自由度為沿兩互相垂直軸的平移,另一個自由度為繞任意點的旋轉。一個具有 N_L 根機件與 N_{Ji} 個 i- 型接頭之平面機構的自由度數目 (F_p),可由下列公式求出:

$$F_p = 3(N_L - 1) - \Sigma N_{Ji} C_{pi} \qquad (3.1)$$

其中,C_{pi} 是平面機構中 i- 型接頭的**拘束度** (Degrees of constraint),各種接頭的拘束度數目如表 3.2 所示。

○ 表 3.2 接頭自由度與拘束度

接頭類型	自由度	C_{pi}	C_{si}	接頭類型	自由度	C_{pi}	C_{si}
旋轉接頭	1	2	5	齒輪接頭	2	1	4
滑行接頭	1	2	5	球接頭	3	無	3
圓柱接頭	2	1	4	銷接頭	平面:2	1	無
					空間:3 或 4	無	3 或 2
迴繞接頭	1	2	5	竹接頭	平面:1	2	無
					空間:3	無	3
滾動接頭	1	2	無	線接頭	平面:1	2	無
凸輪接頭	2	1	4		空間:3	無	3

【範例 3.1】

試求如圖 3.1 所示之獸力驅動磨的自由度。

此裝置是平面機構，具有四根機件、二個旋轉接頭、及二個迴繞接頭。因此，$N_L = 4$，$C_{pRy} = 2$，$N_{JRy} = 2$，$C_{pW} = 2$，$N_{JW} = 2$。根據式 (3.1)，這個機構的自由度 F_p 為：

$$F_p = 3(N_L － 1) － (N_{JRy}C_{pRy}) － (N_{JW}C_{pW})$$
$$= (3)(4 － 1) － (2)(2) － (2)(2)$$
$$= 9 － 8$$
$$= 1$$

因此，此機構的運動是拘束的。

【範例 3.2】

試求如圖 3.22 所示之獸力驅動筒車 [8] 的自由度，其中的獸力驅動水平齒輪，藉由齒輪系的傳動使水輪汲水而上，垂直齒輪與水輪無相對運動，可視為同一桿件。

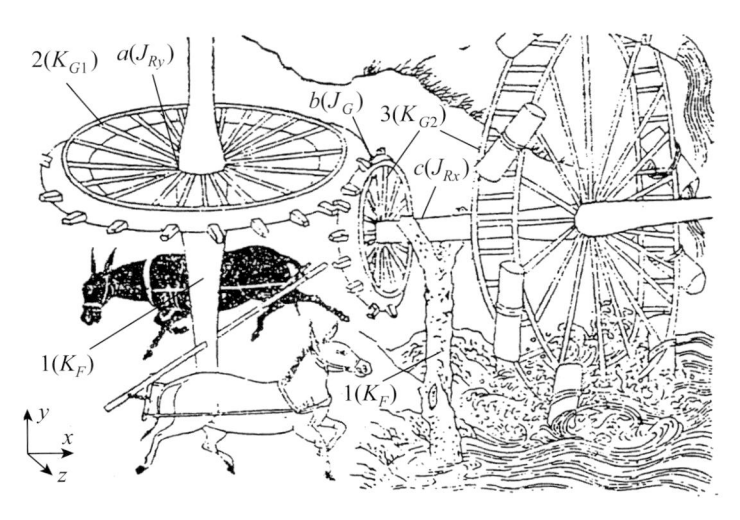

圖 3.22 獸力驅動筒車 [8]

此裝置是平面機構，具有三根機件 (桿 1，桿 2，桿 3) 與三個接頭，包含二個旋轉接頭 (a、c) 與一個齒輪接頭 (b)。因此，$N_L = 3$，$C_{pRy} = 2$，$N_{JRy} = 1$，$C_{pRx} = 2$，$N_{JRx} = 1$，$C_{pG} = 1$，$N_{JG} = 1$。根據式 (3.1)，這個機構的自由度 F_p 為：

$$F_p = 3(N_L - 1) - (N_{JRy}C_{pRy} + N_{JRx}C_{pRx} + N_{JG}C_{pG})$$
$$= (3)(3-1) - [(1)(2) + (1)(2) + (1)(1)]$$
$$= 6 - 5$$
$$= 1$$

因此，此機構的運動是拘束的。

【範例 3.3】

圖 3.23 所示者為古中國弩的**弩機** (Trigger mechanism)[4]，用於勾住拉緊的弓弦，提供穩定的射擊，射手輕壓輸入桿 (桿 2) 帶動觸發桿 (桿 3) 釋放弓弦，機架 (桿 1) 未顯示於圖中。試求此機構的自由度。

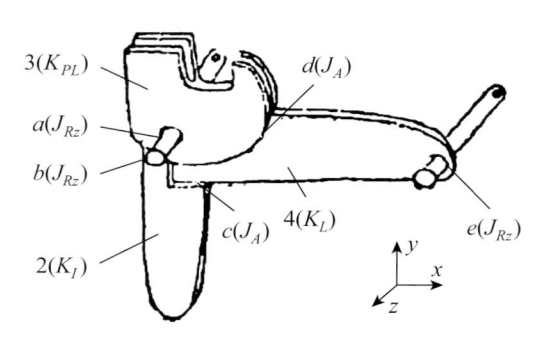

圖 3.23　古中國弩機 [4]

此裝置是平面機構，具有四根機件 (桿 1–4) 與五個接頭，包含三個旋轉接頭 (J_{Rz}；a，b，e) 及二個凸輪接頭 (J_A；c，d)。因此，$N_L = 4$，$C_{pRz} = 2$，$N_{JRz} = 3$，$C_{pA} = 1$，$N_{JA} = 2$。根據式 (3.1)，這個機構的自由度 F_p 為：

$$F_p = 3(N_L - 1) - (N_{JRz}C_{pRz} + N_{JA}C_{pA})$$
$$= (3)(4-1) - [(3)(2) + (2)(1)]$$
$$= 9 - 8$$
$$= 1$$

因此，此機構的運動是拘束的。

3.7.2 空間機構

對於空間機構而言，每根機件具有六個自由度，其中三個自由度為沿著三個互相垂直軸的平移，另外三個自由度為繞此三軸的旋轉。一個具有 N_L 根機件及 N_{Ji} 個 i- 型接頭之空間機構的自由度數目 (F_s)，可由下列公式求出：

$$F_s = 6(N_L - 1) - \Sigma N_{Ji} C_{si} \qquad (3.2)$$

其中，C_{si} 是空間機構中 i- 型接頭的**拘束度** (Degrees of constraint)，各種接頭的拘束度數目如表 3.2 所示。

【範例 3.4】

試求如圖 3.2 所示之木幔車盾牌裝置的自由度。

此裝置是空間機構，具有四根機件、二個線接頭、及一個空間接頭 J_{Ryz}^{Px}。由於空間接頭 J_{Ryz}^{Px} 可使連接桿相對於機架，在 x 軸上滑行及在 y 與 z 軸上旋轉，此接頭拘束度為三。因此，$N_L = 4$，$C_{sT} = 3$，$N_{JT} = 2$，$C_{sS} = 3$，$N_{JS} = 1$。根據式(3.2)，此機構的自由度 F_s 為：

$$\begin{aligned}F_s &= 6(N_L - 1) - (N_{JT} C_{sT} + N_{JS} C_{sS}) \\ &= (6)(4 - 1) - [(2)(3) + (1)(3)] \\ &= 18 - 9 \\ &= 9\end{aligned}$$

此裝置的功能是藉由操作連接桿，使得盾牌可以阻擋飛石或利箭，雖然自由度大於輸入數，此裝置仍然是可用的。

【範例 3.5】

圖 3.24 所示者為古中國去穀物外殼的磨。試求此裝置的自由度。

由於兩條繩索提供人力產生有效的輸入而且是對稱的，此裝置可視為空間機構，具有四根機件 (機架 K_F，桿 1；繩索 K_T，桿 2；水平桿與連接桿 K_{L1}，桿 3；曲柄與磨石 K_{L2}，桿 4) 與四個接頭，包含二個線接頭 (J_T；接頭 a、b) 與二個旋轉接頭 (J_{Ry}；接頭 c、d)。因此，$N_L = 4$，$C_{sT} = 3$，$N_{JT} = 2$，$C_{sRy} = 5$，$N_{JRy} = 2$。根據式 (3.2)，此機構的

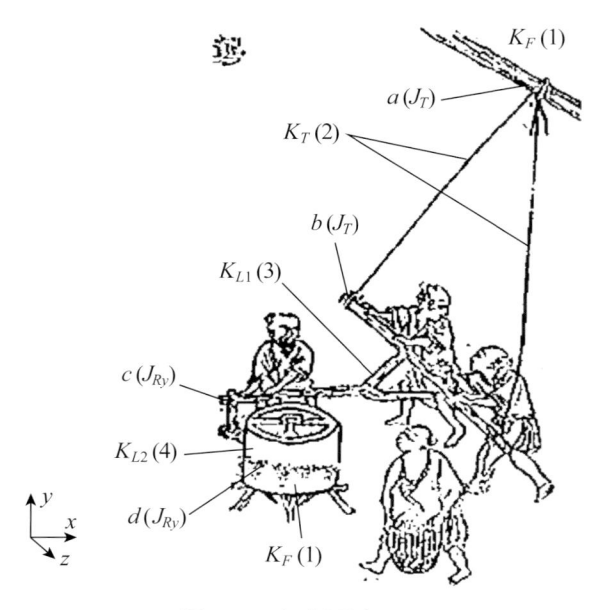

圖 3.24 古中國磨 [13]

自由度 F_s 為：

$$F_s = 6(N_L － 1) － (N_{JT}C_{sT} + N_{JRy}C_{sRy})$$
$$= (6)(4 － 1) － [(2)(3) + (2)(5)]$$
$$= 18 － 16$$
$$= 2$$

由於桿 2 繞著通過線接頭 a 與 b 中心軸的自轉是一個多餘的自由度，並不影響系統的輸入輸出關係，因此本裝置仍然是可用的。

3.8　小結

機構是由接頭連接機件所組成，並且可以產生確定的相對運動。機件為具阻抗性的物體，用來傳遞運動與力量。為使機件有所作用，機件與機件之間必須以接頭加以連接。機構構造是探討機構之機件與接頭的數量和類型，以及相互之間的連接關係。

古機械的接頭可分為接頭類型明確、類型不明確、以及接頭類型不常用於現代機構等三類。藉由所提出的古籍插圖機構接頭表示法，可以清楚表示古機械接頭的類型與運動方式,有助於後續復原工作的進行,將數根機件以接頭加以連接,即組成所謂的鏈。根據是否連接與封閉,可以是連接鏈、不連接鏈、封閉鏈、及開放鏈等四類。運動鏈是指連接、封閉、無分離桿,只具有旋轉接頭,而且可以運動的鏈。一般化運動鏈由一般化接頭連接一般化桿件所組成,其桿件與接頭的類型沒有限制。呆鏈則是指不能運動的鏈。

　　機構之自由度數目,決定了要滿足一個有用之工程目的所需要的獨立輸入數目。一般而言,若一機構的自由度數目為正,且具有相同數目的獨立輸入,則稱此機構具有拘束運動。

　　本章所列出的一般化運動鏈圖譜,提供古籍插圖機構復原設計所需的資料庫,可應用第 5 章的不確定插圖機構復原設計法,來產生所有可能之古機構的拓樸構造。

參考文獻

1. 顏鴻森、吳隆庸,機構學,第三版,東華書局,台北,2006 年。
2. Yan, H. S., Creative Design of Mechanical Devices, Springer-Verlag, Singapore,1998.
3. Song,Y. X., Chinese Technology in the Seventeen Century (in Chinese, trans. Sun, E. Z. and Sun, S. C.), Dover Publications, New York, 1966.
4. 《武備志》;茅元儀 [明朝] 撰,海南出版社,海南,2001 年。
5. 《天工開物譯注》;宋應星 [明朝] 撰,潘吉星譯注,上海古籍出版社,上海,1993 年。
6. 張春輝、游戰洪、吳宗澤、劉元諒,中國機械工程發明史—第二編,清華大學出版社,北京,2004 年。
7. Needham, J., Science and Civilisation in China, Vol. IV: II, Cambridge University Press, Cambridge, 1954.
8. 劉仙洲,中國機械工程發明史—第一編,科學出版社,北京,1962 年。
9. Yan, H. S. and Hsiao, K. H., "Structural Synthesis of the Uncertain Joints in the Drawings of Tian Gong Kai Wu," *Journal of Advanced Mechanical Design,Systems,and Manufacturing—Japan Society Mechanical Engineering,*Vol. 4, No. 4,pp. 773-784,2010.
10. 陳羽薰,三本古中國農業類專書中具圖畫機構之復原設計,碩士論文,國立成功大學機械工程學系,台南,2010 年。

11. Hsiao, K. H., Chen, Y. H., Tsai, P. Y., and Yan, H. S., "Structural Synthesis of Ancient Chinese Foot-operated Slanting Loom," *Proceedings of the Institution of Mechanical Engineers, Part C, Journal of Mechanical Engineering Science,* Vol. 225, pp. 2685-2699, 2011.
12. Yan, H. S., Reconstruction Designs of Lost Ancient Chinese Machinery, Springer, Netherlands, 2007.
13. 《農書》；王禎 [元朝] 撰，台灣商務印書館，台北，1968 年。

第 4 章

古中國機械
Ancient Chinese Machinery

古中國有許多機械發明。本章介紹古中國機械發展史，並說明古代常見的機件與機構類型，如連桿機構、凸輪機構、齒輪機構、及撓性傳動機構(皮帶、繩線、及鏈條)。

4.1 歷史發展

根據操作原理、材料使用、動力源供給、及工藝設計與製造，15 世紀前之古中國的機械發展，可分為下列三個時期 [1-3]。

4.1.1 舊石器時代到新石器時代

這時期相當於古中國歷史上的原始社會，約從 400,000-500,000 年以前的舊石器時代至 4,000-5,000 年前的新石器時代。

無論在哪個民族，機械的發明與發展都是先由幾種簡單機械開始。這個階段的初期機械主要是簡單的工具，人們將天然材料如石塊、木棒、蚌殼、獸骨等，經敲砸、修整、磨製、鑽孔成為如石刀、石斧等粗制工具，並以人力為原動力，利用這些省力或便於用力的工具，來完成人們無法直接用手達成的工作。後來逐漸發展成如原始織機與製陶轉輪等簡單機械，用以從事農業、漁獵、紡織、建築等工作。

當時的人們已能利用槓桿、尖劈、慣性、彈力、熱漲冷縮等原理。

4.1.2 新石器時期到東周

這時期相當於古中國歷史上的奴隸社會，約從 4,000-5,000 年前的新石器時代至春秋戰國時期 (770-221 BC)。

隨著需求的發展，人們結合簡單工具與簡單機械，成為比較複雜的機械，以便達到較為複雜的目的，例如剪刀是由尖劈與槓桿合併組成。這個時期的機械材料，除了使用木材外，銅與鐵也已廣泛應用。再者，這個時期的機械，已由簡單的轆轤、桔槔、滑輪、絞車、弓箭發展到車輛與兵器等複雜機械。戰國時期的《考工記》[4]，總結多種手工業的生產經驗，也反映出當時手工業的生產技術水平。

4.1.3　東周到明朝

這時期相當於古中國歷史上的封建社會，約從戰國時期 (475-221 BC) 到明朝 (AD 1368-1644)。

大約到秦漢時期 (221 BC-AD 220)，古中國的機械發展已趨於成熟。金屬材料的冶煉、鑄造、及鍛造技術都具有很高的水平，尤其是冶鐵技術發展迅速，鐵的應用更為廣泛。連桿、槓桿、齒輪、繩索、皮帶、及鏈條傳動都已出現，有些機械還裝有齒輪系與自動控制系統。農具、紡織機械、車、及船亦大有改進。由秦始皇陵出土的銅車馬可看出，當時的冷熱加工技術已十分精湛高超。東漢出現的水排 (水力鼓風設備) 由水輪、繩帶、連桿、及鼓風器所組成，已具備機器所需的原動機、傳動機構、及工作機三個基本組成 [5]。這時期還出現了一批傑出的科技人才，如張衡、馬鈞、祖沖之、燕肅、吳德仁、蘇頌、及郭守敬等，為古中國的機械發展做出了重要貢獻。

從明朝 (AD 1368-1644) 至鴉片戰爭 (AD 1840) 的幾百年間，在機械領域內，除了兵器與造船方面有較為可觀的進展之外，其它方面幾乎沒有出現重要的發明，使得古中國的機械工藝技術逐漸落後當時的西方國家。

4.2　連桿機構

連桿機構 (Linkage mechanism) 是由連桿所組成，主要功能為運動型態與方向的轉換、運動狀態的對應、剛體位置的導引、及運動路徑的產生 [6]。

古中國使用連桿與連桿機構的歷史相當久遠，但在文獻上與文物上均無法查得確切的年代。此外，在古文獻中，很少使用「連桿」一詞，反倒常見「曲柄」、「槓桿」、或「滑件」，以現今的觀點而言，這些都屬於連桿。

由舊石器時代開始，古中國便有了連桿的應用，初始只是單純的曲柄或槓桿，到後來互相連接成為連桿機構，以提高工作效率。連桿與連桿機構的發展是由簡而繁，並應用於各種不同的機械，例如農業機械、手工業機械、天文鐘等等。

4.2.1 桔槔

桔槔 (Shadoof) 是利用槓桿原理的連桿機構，相傳是公元前 1,700 年左右，商朝宰相伊尹所發明，用以灌溉或揚水。

圖 4.1(a) 所示者為《天工開物》中的桔槔 [7]，在井邊的大樹上或者在地上立個架

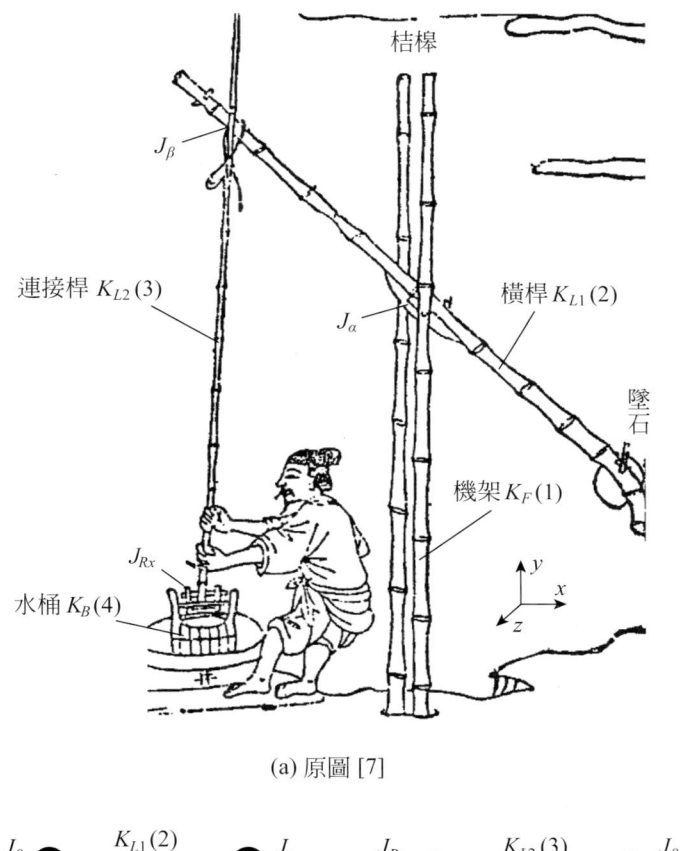

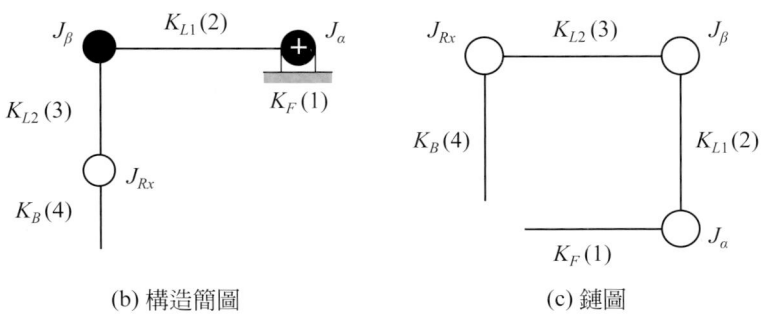

(a) 原圖 [7]

(b) 構造簡圖

(c) 鏈圖

圖 4.1　桔槔

子為機架 (桿 1，K_F)，其上有一根橫桿 (桿 2，K_{L1})，橫桿的一端與一根連接桿 (桿 3，K_{L2}) 相鄰接，另一端則綁住石頭以平衡重量，連接桿另一端勾住水桶 (桿 4，K_B) 垂入井中，圖 4.1(b)-(c) 所示者為其對應的構造簡圖與鏈圖。

有關桔槔最早的文獻記載出現在《莊子》[8] 一書中。

1. 《莊子・外篇天地第十二》

「子貢南遊于楚，反于晉。過漢陰，見一丈人，方將為圃畦。鑿隧而入井，抱甕而出灌。搰搰然用力甚多而見功寡。子貢曰，有械于此，一日浸百畦，用力甚寡而見功多，夫子不欲乎？為圃者仰而視之曰：奈何？曰：鑿木為機，後重前輕，挈水若抽，數如泆湯，其名為桔槔。」

2. 《莊子・天運篇第十四》

「顏淵問師金曰：…且子獨不見夫桔槔者乎？引之則俯，舍之則仰。」

再者，賈思勰的《齊民要術》[9] 及徐光啟的《農政全書》[10]，更是將桔槔當做一種主要的灌溉機械。除技術類專書之外，各類的畫像也有桔槔圖，如漢朝武梁祠的壁畫及清朝康熙 35 年 (AD 1696) 焦秉貞所畫的耕織圖。

4.2.2 界尺

界尺 (Ancient Chinese device for drawing parallel lines) 是古中國傳統的作畫工具，用以繪出平行線，如圖 4.2(a) 所示。它由等長的左右二條銅片桿及相等的上下二尺鉸接而成，當下尺方向確定後，改變左右銅片桿與直尺 (上下二尺) 所夾的角度，上尺就形成與下尺平行的直線，圖 4.2(b)-(c) 所示者為界尺的構造簡圖與鏈圖。

此裝置是平面機構，具有四根機件 (1、2、3、4) 與四個旋轉接頭 (J_{Rz}；a、b、c、d)。因此，$N_L = 4$，$C_{pRz} = 2$，$N_{JRz} = 4$。根據式 (3.1)，此機構的自由度 F_p 為：

$$\begin{aligned} F_p &= 3(N_L - 1) - (N_{JRz}C_{pRz}) \\ &= (3)(4-1) - [(4)(2)] \\ &= 9 - 8 \\ &= 1 \end{aligned}$$

(a) 實物裝置

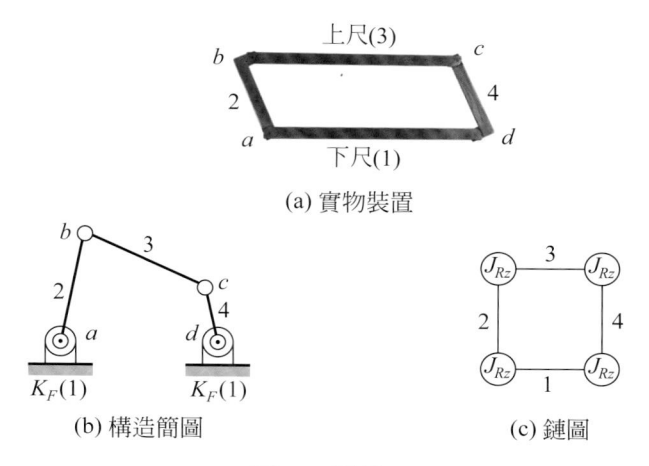

(b) 構造簡圖

(c) 鏈圖

圖 4.2 界尺

4.2.3 鑽孔機

鑽孔機 (Drill device) 為古中國用於鑽孔的木工工具，圖 4.3(a) 所示者為鑽孔機的操作情形 [11]，由機架 (桿 1，K_F)、輸入桿 (桿 2，K_{L1})、長繩 (桿 3，K_{T1})、鑽頭桿 (桿 4，K_{L2})、及短繩 (桿 5，K_{T2}) 所組成。輸入桿與鑽頭桿由中國黑木所製成，二條繩索以麻線製成，鋼製鑽頭置於鑽頭桿下方，銅製套筒置於鑽頭桿上方作為握把之用，套筒與鑽頭桿留有間隙，因此可使鑽頭桿繞著套筒與鑽頭之軸線旋轉。由於套筒被手緊握，可視為機架。

當推動輸入桿時，捲繞在鑽頭桿兩端的長繩會鬆開，短繩則捲繞於鑽頭桿上，因此，推動輸入桿前進與後退，藉由二條繩索的帶動，可使鑽頭桿進行鑽孔作業，圖 4.3(b)-(c) 所示者為其對應的構造簡圖與鏈圖。

此裝置是空間機構，具有五根機件 (1、2、3、4、5)、一個旋轉接頭 (J_{Ry}；a)、二個線接頭 (J_T；b、c)、及二個迴繞接頭 (J_W；d、e)。因此，$N_L = 5$，$C_{sRy} = 5$，$N_{JRy} = 1$，$C_{sT} = 3$，$N_{JT} = 2$，$C_{sW} = 5$，$N_{JW} = 2$。根據式 (3.2)，此機構的自由度 F_s 為：

$$\begin{aligned} F_s &= 6(N_L - 1) - (N_{JRy}C_{sRy} + N_{JT}C_{sT} + N_{JW}C_{sW}) \\ &= (6)(5-1) - [(1)(5) + (2)(3) + (2)(5)] \\ &= 24 - 21 \\ &= 3 \end{aligned}$$

(a) 實物裝置 [11]

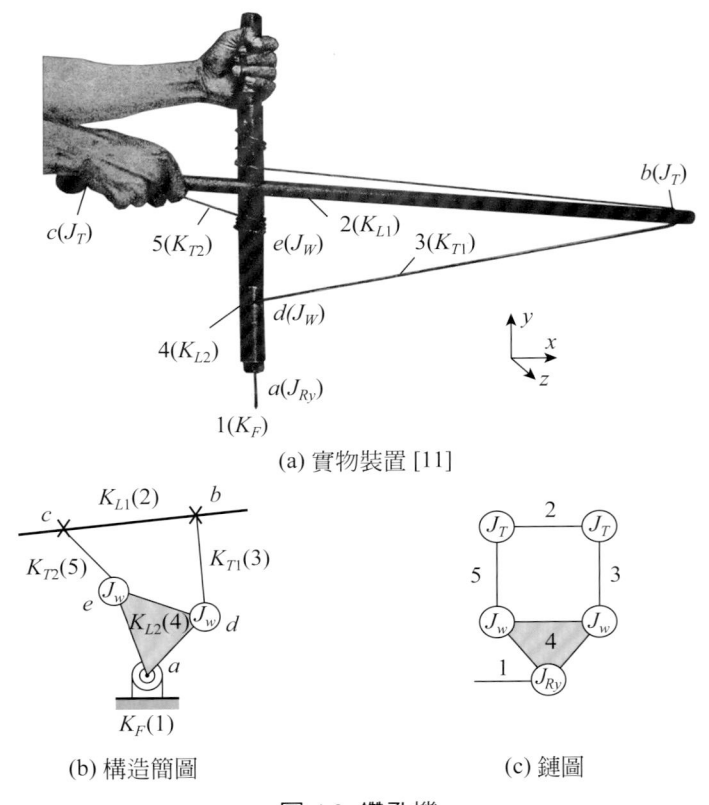

(b) 構造簡圖

(c) 鏈圖

圖 4.3　鑽孔機

由於桿 3 與桿 5 繞著通過線接頭中心軸的自轉是二個多餘的自由度，並不影響系統的輸入輸出關係，因此，此裝置仍然是可用的。

4.2.4　蘇頌水運儀象台定時秤漏裝置

水運儀象台主要反映古中國 11 世紀在天文與機械兩方面的成就。在機械方面是當時最傑出的設計，包括了水車提水裝置、定時秤漏裝置、水輪槓桿擒縱機構、凸輪撥擊報時裝置、傳動系統、及天文觀象校時裝置等，並且運用了齒輪機構、鏈傳動機構、槓桿機構、棘輪機構、凸輪機構、鉸鏈機構、及滑動軸承等；其中，蘇頌的**擒縱調速器** (Escapement regulator) 是由樞輪、左右天鎖、天關、天衡、天權、天條及關舌所組成，如圖 4.4(a) 所示。水運儀象台以水力作為動力源，樞輪的功能如同棘輪一般，已經具有現代機械鐘的擒縱調速器的功能與性能。

第 4 章　古中國機械　53

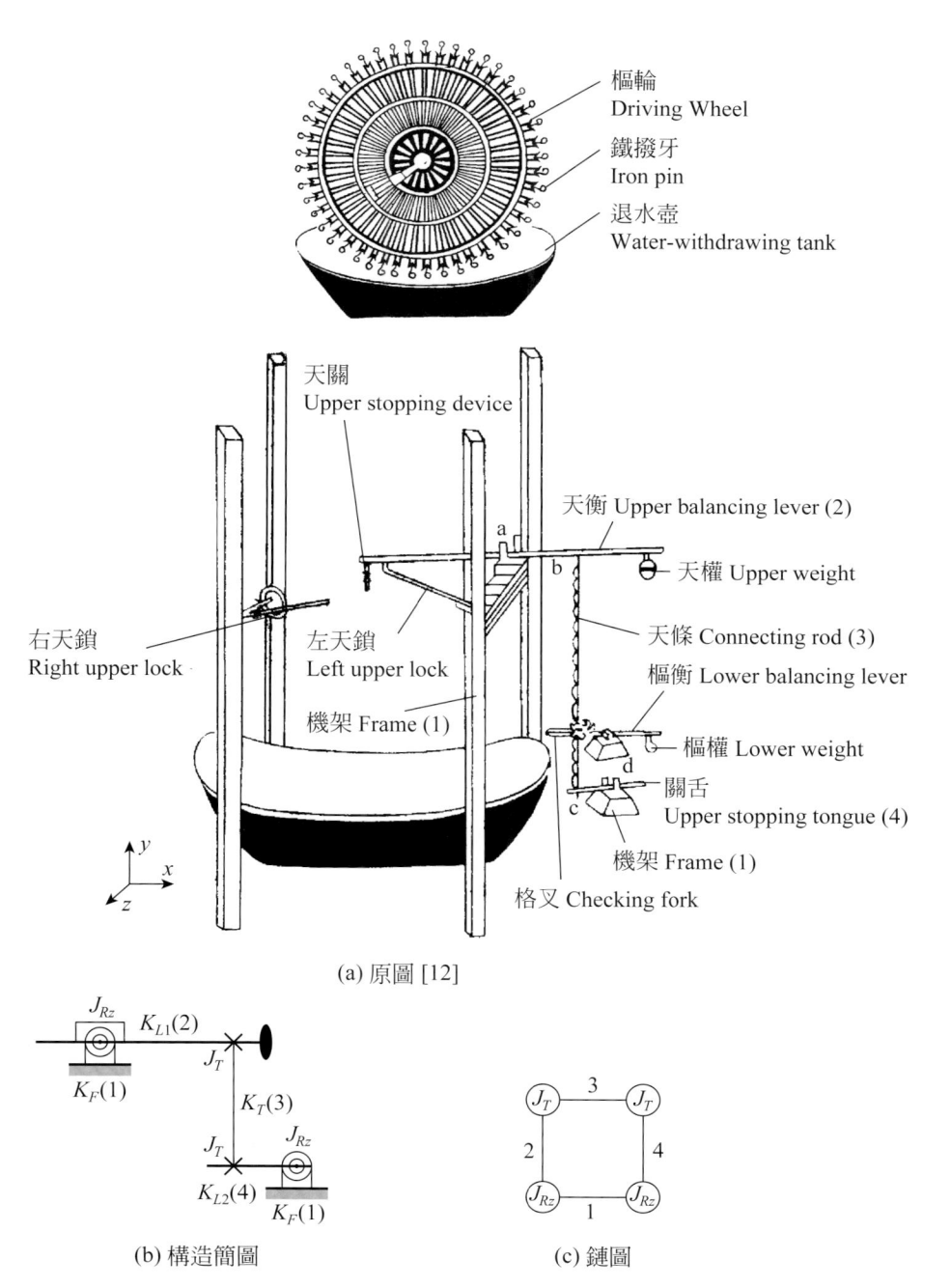

(a) 原圖 [12]

(b) 構造簡圖

(c) 鏈圖

圖 4.4　水運儀象台水輪槓桿擒縱機構

蘇頌於公元 1088-1096 年間撰寫的《新儀象法要》一書中 [12]，對水運儀象台的構造、零件尺寸、及運動有詳盡的記載並附有圖示，明白地說明定時秤漏裝置與水輪槓桿擒縱機構，如何相互配合做到等時性與間歇性的計時作用，使這種水輪秤漏機構模式的擒縱調速器得以流傳，其構造與作動方式在《新儀象法要》的描述為 [12]：「天衡一，在樞輪之上中為鐵關軸於東天柱間橫桄上，為馳峰。植兩鐵頰以貫其軸，常使轉動。天權一，掛於天衡尾；天關一，掛於腦。天條一 (即鐵鶴膝也)，綴於權裡右垂 (長短隨樞輪高下)。天衡關舌一，末為鐵關軸，寄安於平水壺架南北桄上，常使轉動，首綴於天條，舌動則關起。左右天鎖各一，末皆為關軸，寄安左右天柱橫桄上，東西相對以拒樞輪之輻。」

位於水輪槓桿擒縱機構中的**天衡機構** (Upper balancing mechanism)，是一種應用槓桿原理的連桿機構，由機架 (桿 1，K_F)、具天權之天衡 (桿 2，K_{L1})、天條 (桿 3，K_T)、及關舌 (桿 4，K_{L2}) 所組成，圖 4.4(b)-(c) 所示者為其對應的構造簡圖與鏈圖。

此裝置是平面機構，具有四根機件 (1、2、3、4)、二個旋轉接頭 (J_{Rz}；a、d)、及二個線接頭 (J_T；b、c)。因此，$N_L = 4$，$C_{pRz} = 2$，$N_{JRz} = 2$，$C_{pT} = 2$，$N_{JT} = 2$。根據式 (3.1)，此機構的自由度 F_p 為：

$$F_p = 3(N_L - 1) - (N_{JRz}C_{pRz} + N_{JT}C_{pT})$$
$$= (3)(4 - 1) - [(2)(2) + (2)(2)]$$
$$= 9 - 8$$
$$= 1$$

第 2 章介紹之五本專書中，共有 22 件插圖連桿機構。

4.3　凸輪機構

簡單的**凸輪機構** (Cam mechanism) 由凸輪 (桿 2，K_A)、從動件 (桿 3，K_{Af})、及機架 (桿 1，K_F) 等三部分所組成。凸輪是一種不規則的機件，一般為等轉速的輸入件，可經由直接接觸傳遞運動到從動件，使其產生預定的運動。凸輪分別以凸輪接頭 (J_A) 與旋轉接頭 (J_R) 和從動件與機架相鄰接。從動件一般為不等速的輸出件，產生間歇性且不規則的運動，以旋轉接頭或滑行接頭 (J_P) 與機架相鄰接。圖 4.5(a)-(b) 所示者為一種簡單凸輪機構及其對應的鏈圖。

(a) 構造簡圖　　　　　　　　　　(b) 鏈圖

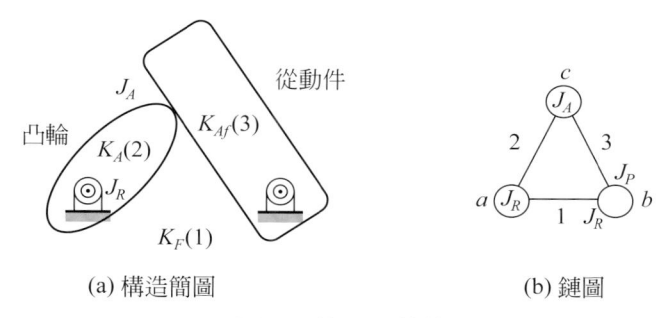

圖 4.5　簡單凸輪機構

凸輪機構在古中國的應用相當早。大約在公元前 600 年，十字弓上的**弩機** (Trigger mechanism) 即具有複雜的凸輪狀搖臂，因此，凸輪的發明可追溯至春秋戰國時期 (770-222 BC)。圖 4.6(a) 所示者為陝西省西安市秦朝 (221-206 BC) 長安城遺址的銅弩機，圖 4.6(b)-(d) 所示者為其對應的原圖、構造簡圖，及鏈圖。

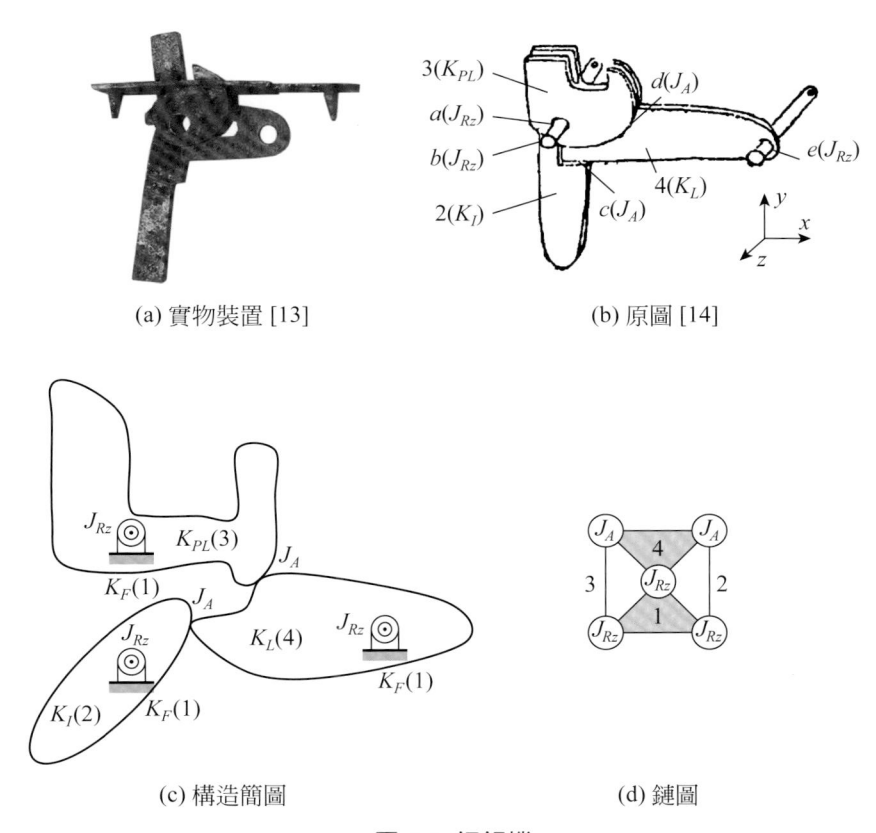

(a) 實物裝置 [13]　　　　　　　(b) 原圖 [14]

(c) 構造簡圖　　　　　　　　　　(d) 鏈圖

圖 4.6　銅弩機

凸輪機構亦出現在利用水力舂米的**水碓** (Water-driven pestle)。西漢末年桓譚所著《桓子新論》記載：「⋯役水而舂⋯」的水碓 [15]。

晉朝 (AD 265-420) 已出現形式複雜的連機水碓，晉傅暢《晉諸公讚》載：「杜預、元凱作連機水碓」[16]。後來的文獻中，不斷有關於連機水碓的記載。連機水碓為典型的簡單凸輪機構，具有三根機件與三個接頭，如圖 4.7(a) 所示者 [7]。水輪連接固定於長軸上，長軸上裝有數個撥板 (桿 2)，當水流帶動水輪轉動，並經由與水輪為一體之長軸上的撥板起凸輪作用，帶動輸出的碓擊桿 (桿 3) 作功。長軸 (桿 2) 以旋轉接頭 (J_{Rx}；a) 與機架相連接，撥板 (桿 2) 以凸輪接頭 (J_A；c) 與碓擊桿 (桿 3) 相連接，碓擊桿以旋轉接頭 (J_{Rx}；b) 與機架相連接，圖 4.7(b) 所示者為其對應的鏈圖。

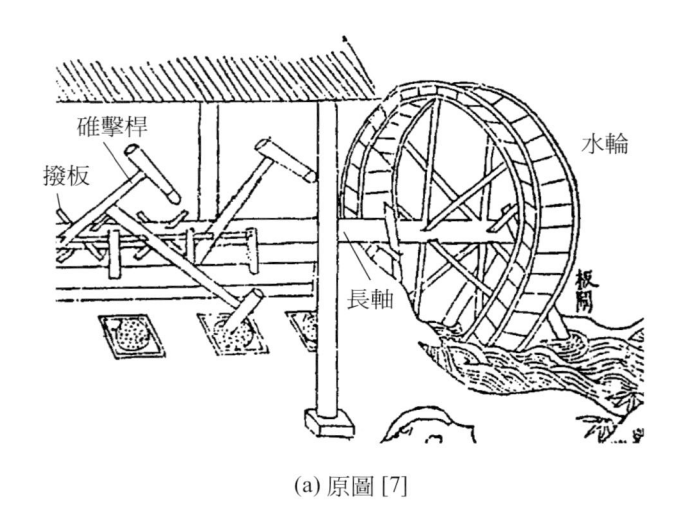

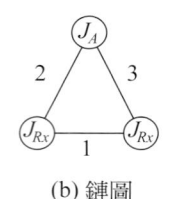

(a) 原圖 [7]

(b) 鏈圖

圖 4.7　連機水碓

此裝置是平面機構，具有三根機件 (1、2、3)、二個旋轉接頭 (J_{Rx}；a、b)、及一個凸輪接頭 (J_A；c)。因此，$N_L = 3$，$C_{pRx} = 2$，$N_{JRx} = 2$，$C_{pA} = 1$，$N_{JA} = 1$。根據式 (3.1)，此機構的自由度 F_p 為：

$$F_p = 3(N_L - 1) - (N_{JRx}C_{pRx} + N_{JA}C_{pA})$$
$$= (3)(3-1) - [(2)(2) + (1)(1)]$$
$$= 6 - 5$$
$$= 1$$

此外，記里鼓車擊鼓與擊鐲的機構，也是一種凸輪機構；《宋史・輿服志》[17] 描述這一裝置時說：「外大平輪軸上有鐵撥子二，又木橫軸上有撥子各一。」王禎《農書》[5] 有關於水排的介紹，其中立輪式水排的傳動方式與水碓相近，也使用凸輪裝置。

其它，如唐朝一行和尚與梁令瓚的水力天文儀器中的報時木人、水運儀象台中的「拔牙」機件、五輪沙漏自動擊鼓擊鐘的裝置、以及走馬燈上的紙人傳動等等，均有凸輪機構的運用。

第 2 章介紹之五本專書中，共有連機水碓與立輪式水排等二件凸輪機構，且立輪式水排只有文字記載無圖畫表示。

4.4 齒輪機構

齒輪 (Gear) 是重要的機械元件，由二個齒輪成雙運轉，藉由直接接觸來達到等轉速比的運動傳遞。將二個以上齒輪適當組合，可使一軸上的運動與動力傳遞至另一軸者，稱為**齒輪機構** (Gear mechanism) 或**齒輪系** (Gear train)。圖 4.8(a) 所示者為具有一個自由度的簡單齒輪機構，由主動輪 (桿 2，K_{G1})、從動輪 (桿 3，K_{G2})、及機架 (桿

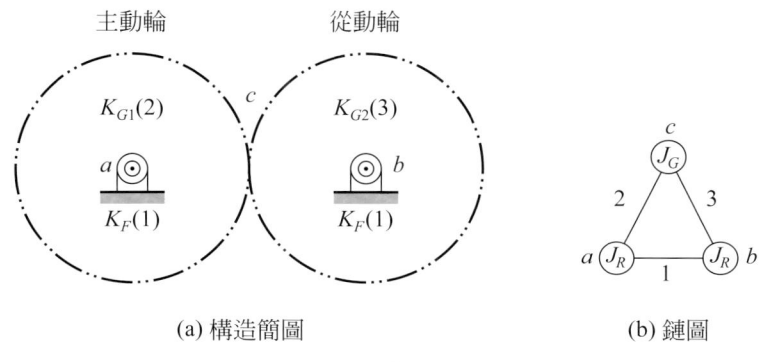

(a) 構造簡圖　　　　　　　　(b) 鏈圖

圖 4.8 簡單齒輪機構 [6]

1，K_F) 所組成。主動軸的運動與動力經由主動齒輪直接驅動從動齒輪帶動從動軸，主動齒輪與從動齒輪以齒輪接頭 (J_G，接頭 c) 相鄰接，二個齒輪分別以旋轉接頭 (J_R，接頭 a 與 b) 與機架相鄰接，其對應之鏈圖如圖 4.8(b) 所示。

根據出土的文物，古中國金屬齒輪的最早起源可追溯至公元前 1,900 年，可能有更早的木製齒輪，但因年代久遠無法保存下來。圖 4.9 所示者為山西省襄汾縣陶寺龍山文化遺址的銅齒輪，這個齒輪出自小墓墓主的手臂上，無法判斷是否具有傳遞運動與動力的功能。最晚於漢朝 (206 BC-AD 220)，已出現複雜的齒輪傳動系統 [2]。

圖 4.9 銅齒輪 (攝於北京首都博物館)

雖然有不少類似金屬齒輪的古物出土，但是古籍中卻未有關於「齒輪」出現或發明的記載，大致上以「機輪」、「輪合幾齒」、「牙輪」等方式稱呼，例如：

1. 《宋史 ‧ 卷八十律曆志》[17]
   「…其下為機輪四十有三，鉤鍵交錯相持，不假人力…」
2. 《元文類 ‧ 卷五十郭守敬行狀》[18]
   「…大小機輪凡二十有五，皆以木刻為沖牙轉相援擊…」
3. 《明史 ‧ 卷二十五天文志》[19]
   「明初詹希元以水漏至嚴寒水凍輒不能行，故以沙代水…其五輪惡三十齒…」

齒輪這個名詞並非自古便有，清朝 (AD 1644-1911) 之後的文獻才有相關記載，此時的機械工程已受西方的影響。

古中國的齒輪機構，可依其主要功能分為運動傳遞與動力傳遞等二類。傳遞運動的齒輪機構，主要用於指南車、記里鼓車、及天文與記時儀器中，但是這類的應用並無實物流傳至今或出土。

傳遞動力的齒輪機構，主要的目的在於將原動機所產生的動力 (人力、畜力、風力、水力)，經由齒輪傳遞，改變轉速或方向以達到作功的目的，常見於農田水力機械上；其特點為不需考慮傳動機構的精度與轉速，只要能夠轉換為最後所須的動力而作功即可，所以材質大多為木質，亦沒有齒形的考量，類似現今的銷齒輪構造。

以下介紹古中國齒輪機構用於動力傳遞的應用實例。

4.4.1 水磨

圖 4.10(a) 所示者為南北朝 (AD 420-589) 時，已廣泛應用於研磨穀物的**連二水磨** (Water-driven double grinder)，以水力驅動具有長軸的立式水輪，長軸上固定二個立式齒輪，經由齒輪系改變動力方向，來帶動二個垂直旋轉的輸出磨。由於二組齒輪系有

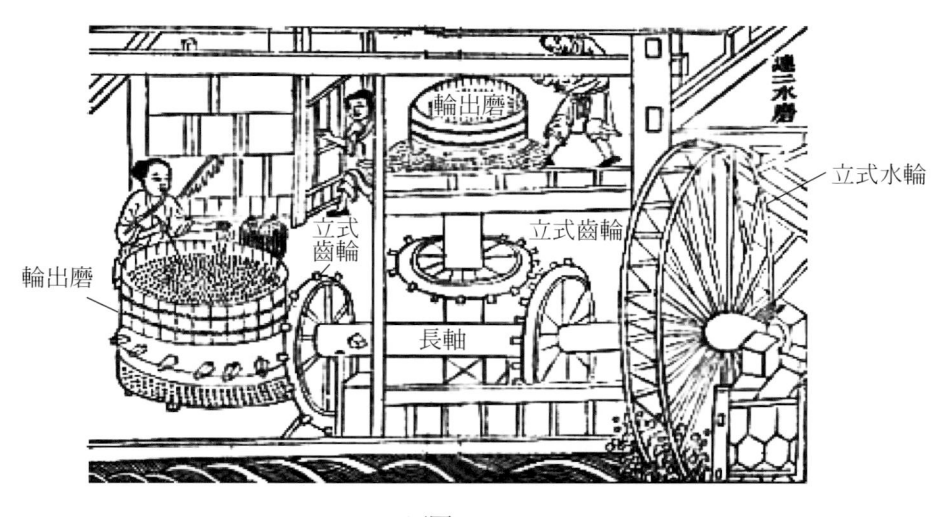

(a) 原圖 [5]

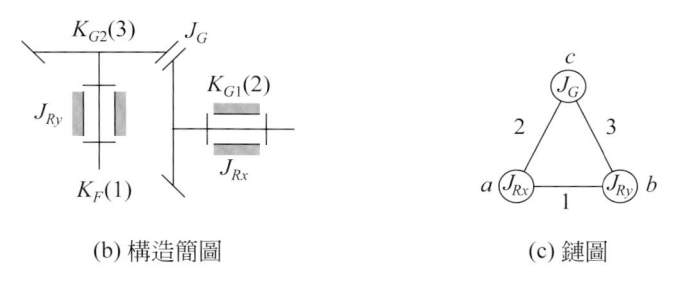

(b) 構造簡圖

(c) 鏈圖

圖 4.10 水磨

相同的排列方式，取一組分析即可，為三桿三接頭的機構，包含機架 (桿 1，K_F)、具長桿之立式齒輪 (桿 2，K_{G1})、及具輸出磨之臥式齒輪 (桿 3，K_{G2})。立式齒輪以旋轉接頭 J_{Rx} 和機架相連接，臥式齒輪以旋轉接頭 J_{Ry} 和機架相連接，二個齒輪以齒輪接頭 J_G 相連接，圖 4.10(b)-(c) 所示者為對應之構造簡圖與鏈圖。

此裝置是平面機構，具有三根機件 (1、2、3)、二個旋轉接頭 (J_{Rx}、J_{Ry})、及一個齒輪接頭 (J_G)。因此，$N_L = 3$，$C_{pRx} = 2$，$N_{JRx} = 1$，$C_{pRy} = 2$，$N_{JRy} = 1$，$C_{pG} = 1$，$N_{JG} = 1$。根據式 (3.1)，此機構的自由度 F_p 為：

$$F_p = 3(N_L - 1) - (N_{JRx} C_{pRx} + N_{JRy} C_{pRy} + N_{JG} C_{pG})$$
$$= (3)(3 - 1) - [(1)(2) + (1)(2) + (1)(1)]$$
$$= 6 - 5$$
$$= 1$$

4.4.2　水礱與畜力礱

礱也是一種穀物加工器械，用於去除穀物外殼，根據不同動力來源，需要使用齒輪系轉換器械的傳動方向，圖 4.11(a) 所示者為**水礱** (Water-driven mill)，以水力驅動立式水輪，藉由水輪上的立式齒輪帶動臥式齒輪，使得輸出磨產生垂直方向的旋轉運

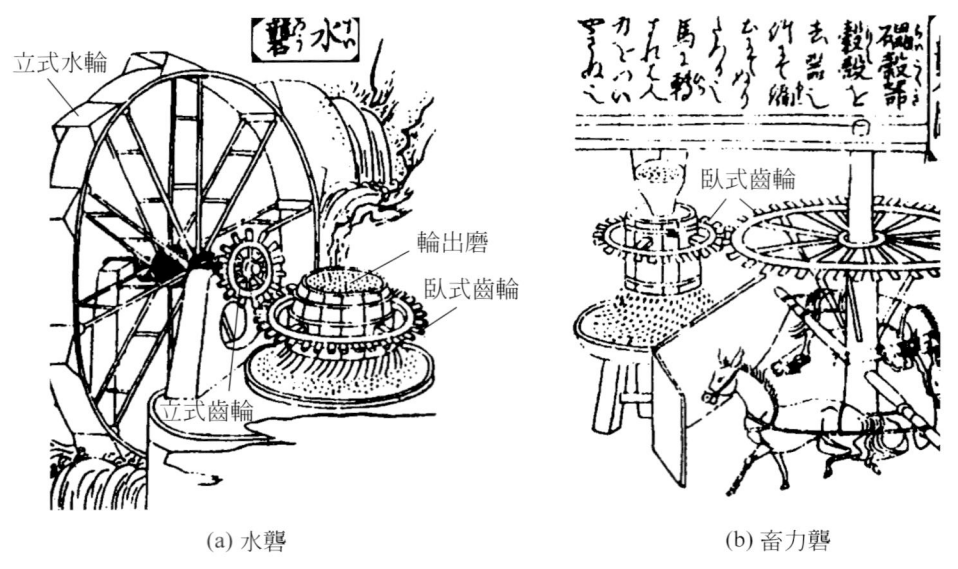

(a) 水礱　　　　　　　　　　　(b) 畜力礱

圖 4.11 水礱與畜力礱 [1]

動；圖 4.11(b) 所示者為**畜力礱** (Animal-driven mill)，以畜力驅動臥式齒輪，經由簡單齒輪系產生相同方向的旋轉輸出。

4.4.3　牛轉翻車

《農書》[5] 對於應用齒輪機構傳遞動力的水轉翻車與牛轉翻車，皆有詳細的介紹。**牛轉翻車** (Cow-driven paddle blade machine) 可以在唐代繪畫中見到，另在《天工開物》[7] 與《農政全書》[10] 中也有論述。圖 4.12(a) 所示者為《農書》[5] 中的牛轉翻車，以牛驅動臥式大齒輪 (桿 2，K_{G1})，並帶動與其鄰接的立式小齒輪 (桿 3，K_{G2})，產生水平軸向的旋轉輸出，進而驅動鏈輪與鏈條 (桿 4，K_C)，達到汲水的功能。上鏈輪與水平軸和小齒輪無相對運動，可視為同一桿件，下鏈輪 (桿 5，K_K) 則與機架

(a) 原圖 [5]

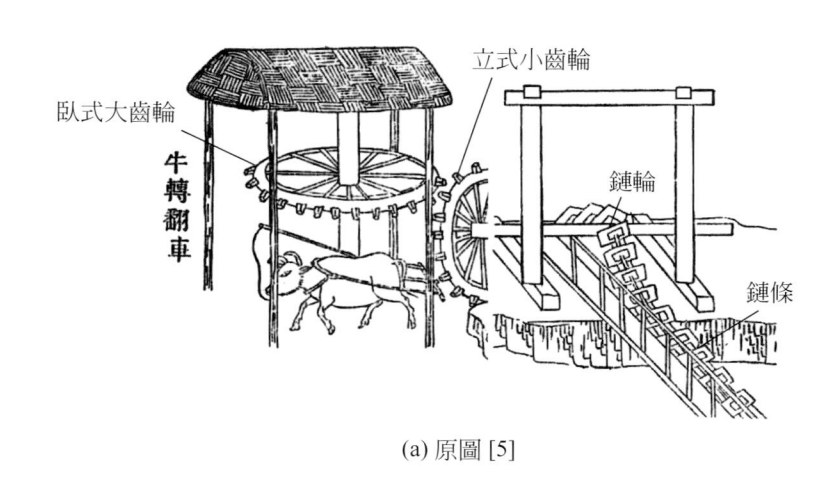

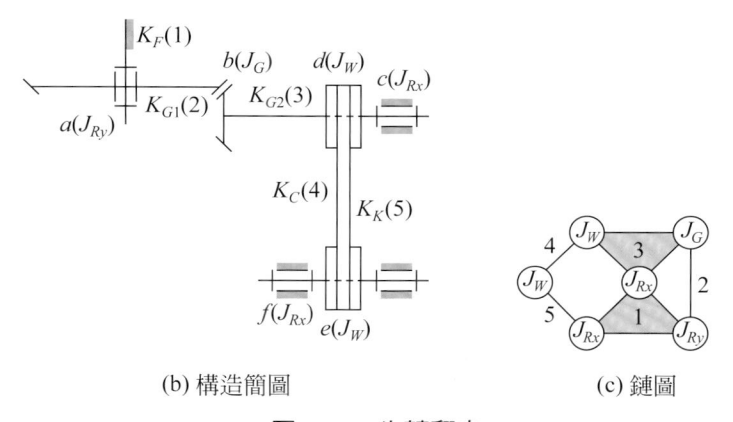

(b) 構造簡圖　　　　　(c) 鏈圖

圖 4.12　牛轉翻車

和鏈條相連接，圖4.12(b)-(c)所示者為對應的構造簡圖與鏈圖。

此裝置是平面機構，具有五根機件(1、2、3、4、5)、三個旋轉接頭(a、c、f)、一個齒輪接頭(b)、及二個迴繞接頭(d、e)。因此，$N_L = 5$，$C_{pRy} = 2$，$N_{JRy} = 1$，$C_{pRx} = 2$，$N_{JRx} = 2$，$C_{pG} = 1$，$N_{JG} = 1$，$C_{pW} = 2$，$N_{JW} = 2$。根據式(3.1)，此機構的自由度 F_p 為：

$$\begin{aligned} F_p &= 3(N_L - 1) - (N_{JRy}C_{pRy} + N_{JRx}C_{pRx} + N_{JG}C_{pG} + N_{JW}C_{pW}) \\ &= (3)(5-1) - [(1)(2) + (2)(2) + (1)(1) + (2)(2)] \\ &= 12 - 11 \\ &= 1 \end{aligned}$$

第2章介紹之五本專書中，共有10件插圖齒輪機構，其中的風轉翻車只有文字記載無圖畫表示。

4.5　繩索傳動

當主動軸與從動軸之間的距離過遠，不宜以連桿、凸輪、或齒輪等機構連接傳動時，可使用撓性連接件如**繩索**、**皮帶**、及**鏈條連接傳動** (Rope, belt and chain drive)。這種藉由撓性連接件的張力，用以起重或傳輸二軸間運動或動力的裝置，稱之為**撓性傳動機構** (Flexible connecting mechanism)。基本上，撓性傳動機構係由撓性件(皮帶、繩索、鏈條)連接固定在旋轉軸上的皮帶輪、槽輪、或者鏈輪而構成。主動軸的運動與動力經由主動輪(皮帶輪、槽輪、或者鏈輪)，藉由撓性件傳遞給從動輪(皮帶輪、槽輪、或者鏈輪)而驅動從動軸。圖4.13所示者為撓性傳動機構，主動輪(桿2)與從動輪(桿3)皆以旋轉接頭(J_R)與機架(桿1，K_F)相鄰接，且以迴繞接頭(J_W)與撓性件(桿4)相鄰接。

繩索 (Rope) 的質地較皮帶柔軟、製造較容易、且可以承受相當大的拉力。細線經常用以傳動不平行軸線，特別是軸線間的方向關係需經常改變者，常見應用於紡織機械中。若槽輪有足夠的寬度，則經由細線傳動，可作任一方向旋轉。鋼索適合用於距離遠、功率大的傳動、或者距離遠、且傳遞路徑不規則之運動或力量的傳動，如起重機械與飛機的飛行操縱機構。

古中國在不同朝代皆有不少撓性連接機構的應用，尤其是繩索傳動與鏈條傳動。

(a) 構造簡圖　　　　　　(b) 鏈圖

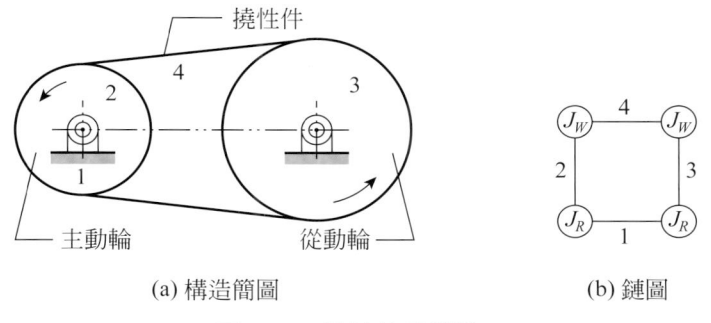

圖 4.13　撓性傳動機構

以下介紹古中國繩索傳動的歷史發展與應用。

在英文字典中，繩索定義為以天然或人造纖維揉合作成的一條結實長繩，這個名稱出現在許多古中國文獻中，例如，《小爾雅‧廣器》[20]：「大者謂之索，小者謂之繩。」；《易經‧繫辭下》[21]：「上古結繩而治，後世聖人易之以書契。」；《說文》[22]：「繩，索也。撚之令緊者也。一曰麻絲曰繩，草謂之索。」

在 4,000 多年前的新石器時代，古中國便有了繩索的使用，但應無傳動的功能。約在公元前 13 世紀的商朝，具傳動功能的繩索用於汲水的轆轤、農業機械、及紡織機械。春秋戰國時代 (770-222 BC) 的《墨經》[23]，已有探討繩帶之結構與應力關係的記載。最晚於西漢 (206 BC-AD 8) 末年，繩索與帶輪已開始應用於鑿穿鹽井的機械裝置中；再者，根據出土壁畫，漢朝時代 (206 BC-AD 220) 的紡紗、絲織、麻織等相關紡織技術已相當成熟。

4.5.1　紡織機構

繩索在機械傳動上的演進與古中國的紡織技術發展息息相關，原始紡織技術在新石器時代晚期已經普及，乃由編結工藝發展而來。最初的紡紗方法是搓捻纖維，再一段段接續，後來出現紡墜，可以用來加捻與合股，進而發展為紡車，成為成熟的**紡織機構** (Weaving mechanism)。

繩帶傳動常見於古中國的紡織機構。最初的紡車為手搖單錠紡車，圖 4.14(a) 所示者為漢墓壁畫上的紡車，主要機件包含機架 (桿 1，K_F)、具曲柄的繩輪 (桿 2，K_U)、錠子 (桿 3，K_S)、及繩帶 (桿 4，K_T)。經由曲柄轉動繩輪、帶動繩帶與錠桿軸，使錠子高速轉動達到紡線的目的，圖 4.14(b)-(c) 所示者為對應之構造簡圖與鏈圖。

(a) 出土壁畫 [1]

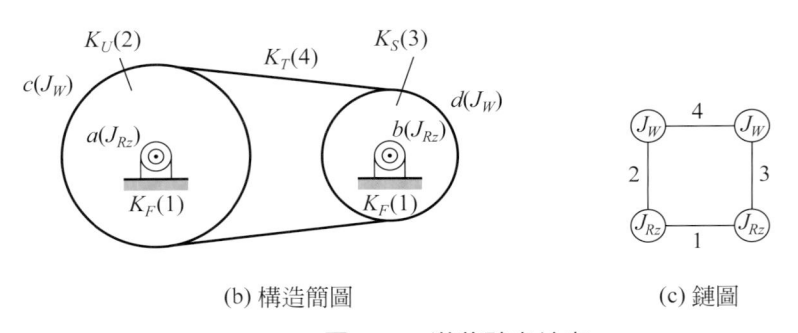

(b) 構造簡圖

(c) 鏈圖

圖 4.14　漢墓壁畫紡車

第 2 章介紹之五本專書中，共有 15 件繩索傳動機構。

4.6　鏈條傳動

　　將金屬製成的小剛性桿，以銷接或鉤接方式連接而形成的撓性連接件，稱為**鏈條** (Chain)，傳動時須與**鏈輪** (Sprocket) 配合，此種組合謂之**鏈條傳動** (Chain drive)。當二軸間的距離較遠，採用齒輪傳動不經濟、使用繩索傳動又嫌短時，鏈條常被用來傳遞確切的速度比。

　　鏈條是既堅硬又能撓曲的一種傳動機件，根據使用場合的不同，會有不同的設計與形狀，一般可分為起重鏈、運送鏈、及傳力鏈等三類。起重鏈係作吊重或曳引之用，西方國家在起重鏈的發展應用較多；運送鏈係藉鏈條的運動，將附掛或置放於鏈條上的物品，由某處連續運送至它處的鏈條，此類鏈條除了作為傳送物品之用外，亦經常用於速率較低的動力傳輸，如東漢 (AD 25-220) 的翻車與唐朝 (AD 618-906) 的高轉筒車；而傳力鏈則用於須在較高轉速下傳輸較大動力之處，如北宋 (AD 960-1127) 之水運儀象台中的天梯。

最早關於鏈條的記載，可見於商周 (1766-256 BC) 時代《商周彞器通考》[24] 中的鱗聞瓠壺，如圖 4.15 所示，這個裝置並沒有傳遞運動與動力的功能。

古中國機械中，有許多具有傳遞運動與動力之鏈條的設計，且大多應用於灌溉與提水機械 [1]。以下介紹古中國鏈條與鏈條傳動的歷史發展和應用實例。

圖 4.15 鱗聞瓠壺 [24]

4.6.1 翻車

翻車 (Paddle blade machine) 為具有運送鏈性質的機械，它使連續的提水成為可能，其操作與遷移相當方便，是古中國長期以來普遍採用且效果很好的灌溉或揚水機械，依照動力源的不同，可分為人力、畜力、風力、及水力等四種類型，而且都是由上下二個鏈輪與運送鏈條作為主要組件。翻車的木鏈條稱為龍骨，其主要零件在《農政全書》[10] 中稱作鶴膝，將鶴膝用木銷連接就成為鏈條。

翻車有多種名稱，如龍骨車、水龍、水車、踏車、水蜈蚣等，早期的文獻多稱為翻車。根據文獻記載，翻車的發明年代不晚於東漢，《後漢書・張讓傳》[25] 稱：「中平三年 (AD 186) 又使掖庭令畢嵐鑄銅人四，…又作翻車，渴烏，施於橋西，用灑南北郊路，以省百姓灑道之費。」再者，《三國志・魏書・方技傳》[26] 亦有三國時馬鈞研製翻車的記載：「時有扶風馬鈞，巧思絕世。……居京都，城內有地，可以為園，患無水以灌之。乃作翻車，令兒童轉之，而灌水自覆，更入更出，其巧百倍於常。」

　　王禎的《農書》[5] 對翻車有如下詳細記載：「翻車，今人謂之『龍骨車』也。…今農家用之溉田。其車之制，除壓欄木及列檻樁外，車身用板作槽，長可二丈，闊則不等，或四寸至七寸，高約一尺。槽中架行道板一條，隨槽闊狹，比槽板兩頭俱短一尺，用置大小輪軸，同行道板上下通周以龍骨、板葉。其在上大軸兩端，各帶拐木四莖，置於岸上木架之間。人憑架上踏動拐木，則龍骨、板隨轉，循環行道板刮水上岸。此車關鍵頗少，必用木匠，可易成造。其起水之法，若岸高三丈有餘，可用三車，中間小池倒水上之，足救三丈以上高旱之田。凡臨水地段，皆可置用。」

　　《天工開物》[7]、《農政全書》[10]、及《繪圖魯班經》[27] 等書均有翻車的記述。《天工開物》[7] 稱：「其湖池不流水，或以牛力轉盤，或聚數人踏轉。車身長者二丈，短者半之，其內用龍骨拴串板，關水逆流而上。大抵一人竟日之力，灌田五畝，而牛則倍之。」

　　人力翻車 (Man-powered paddle blade machine) 因操作方式的不同，可分為手搖式的拔車及腳踏式的翻車二種，圖 4.16(a) 所示者為腳踏式的翻車 [5]，其組成包含機架

(a) 原圖 [5]

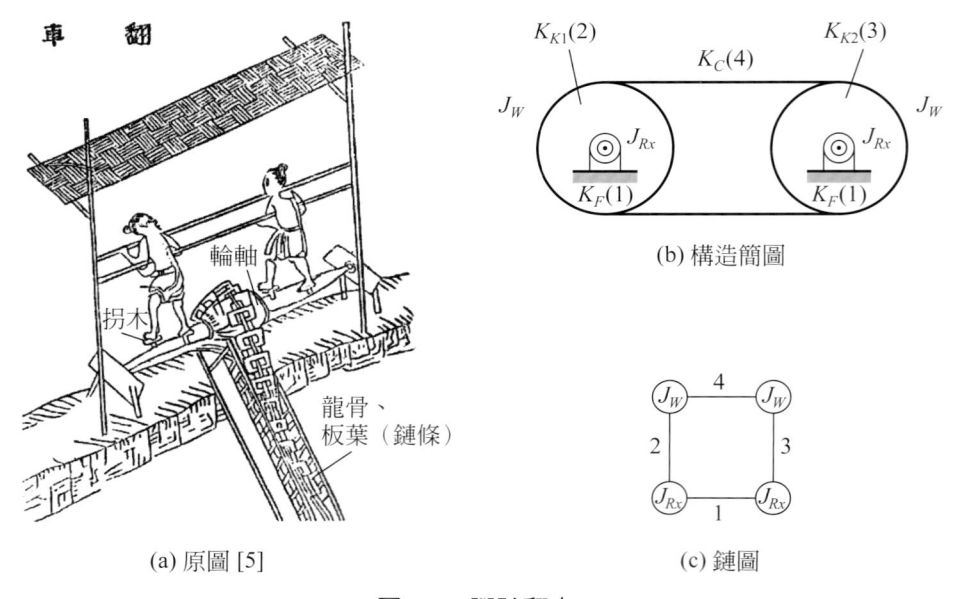

(b) 構造簡圖

(c) 鏈圖

圖 4.16 腳踏翻車

(桿 1，K_F)、具長軸與拐木的上鏈輪 (桿 2，K_{K1})、下鏈輪 (桿 3，K_{K2})、及鏈條 (桿 4，K_C)，圖 4.16(b)-(c) 所示者為對應的構造簡圖與鏈圖。

4.6.2 井車

井車 (Device used to draw water from water wells) 是一種從井中提水的裝置，又稱木斗水車，它用木斗代替刮水板，使一串木斗互連成鏈，套在井邊的立輪上，當立輪轉動時，木斗連續上升提水，達到運送的功能。井車與翻車的運送鏈最大不同處在於，井車下端沒有設置鏈輪，圖 4.17(a) 所示者為井車的設計構造 [28]。在立井中，不能像翻車那樣用木板向上刮水，所以另製一串如鏈的木斗，套在井口的大輪上，大輪軸上裝有垂直齒輪 (桿 3，K_{G2})，與另一水平齒輪 (桿 2，K_{G1}) 相鄰接。若以畜力驅動水平齒輪，則垂直齒輪隨著轉動，使得套著水斗 (桿 4，K_C) 的大輪也同時轉動，水斗就這樣連續提水上升，注入位於大輪旁的容器中，流入田裡，圖 4.17(b)-(c) 所示者為

(a) 原圖 [5]

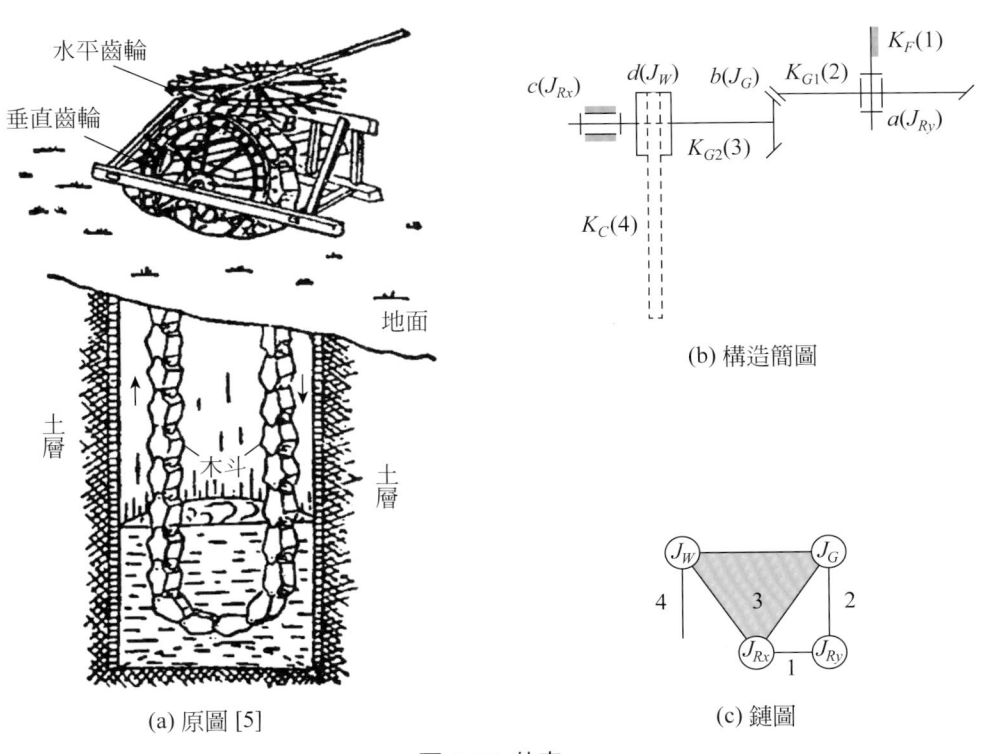

(b) 構造簡圖

(c) 鏈圖

圖 4.17 井車

對應之構造簡圖與鏈。

此裝置是平面機構，具有四根機件 (1、2、3、4)、二個旋轉接頭 (a、c)、一個齒輪接頭 (b)、及一個迴繞接頭 (d)。因此，$N_L = 4$，$C_{pRy} = 2$，$N_{JRy} = 1$，$C_{pRx} = 2$，$N_{JRx} = 1$，$C_{pG} = 1$，$N_{JG} = 1$，$C_{pW} = 2$，$N_{JW} = 1$。根據式 (3.1)，此機構的自由度 F_p 為：

$$F_p = 3(N_L - 1) - (N_{JRy}C_{pRy} + N_{JRx}C_{pRx} + N_{JG}C_{pG} + N_{JW}C_{pW})$$
$$= (3)(4-1) - [(1)(2) + (1)(2) + (1)(1) + (1)(2)]$$
$$= 9 - 7$$
$$= 2$$

由於桿 4 繞著中心軸的自轉是一個多餘的自由度，並不影響系統的輸入輸出關係，因此，此裝置仍然是可用的。

《太平廣記》引《啟顏錄》[29] 稱：「鄧玄挺入寺行香，與諸僧詣園觀植蔬，見水車，以木桶相連，汲于井中。」又按《舊唐書》[30]：「鄧玄挺永昌元年 (AD 689) 得罪，下獄死。」由此推斷，這種水車在唐初已有相關的應用。

4.6.3　天梯

歷史上有些使用鏈條於動力傳遞的記錄，例如張思訓製作水銀操作鐘 (AD 987)，使用鏈條傳送動力；北宋元祐初 (AD 1086-1092)，蘇頌與韓公廉所研製的天文鐘塔內，因其直立型主軸過長，改用鏈條傳動，以提供天文鐘所需的動力，當時稱之為**天梯** (Sky ladder)。它是一種用來傳遞動力與運動的鐵製鏈條，是典型的鏈條傳動裝置。

圖 4.18(a) 所示者為《新儀象法要》[12] 中的天梯。在此裝置中，主動軸的轉動經由天梯與二個小鏈輪傳遞到上面的橫軸上，再經過三個齒輪帶動渾天儀的天運環，使三辰儀隨之轉動。原文載：「天梯，長一丈九尺五寸。其法以鐵括聯周匝上，以鰲云中天梯上轂掛之。下貫樞軸中天梯下轂。每運一括則動天運環一距，以轉三辰儀，隨天運動。」文中的「鐵括」就是組成鐵鏈 (桿 4，K_C) 的零件，天梯的上下轂則指上下軸的小鏈輪 (桿 2，K_{K1}；桿 3，K_{K2})。利用天梯與鏈輪可以準確地傳遞運動，它們的作用與現代機械的鏈條傳動完全相同，是古中國最早出現真正鏈條傳動的應用實例，圖 4.18(b)-(c) 所示者為對應之構造簡圖與鏈圖。

此裝置是平面機構，具有四根機件 (1、2、3、4)、二個旋轉接頭 (a、b)、及二個迴繞接頭 (c、d)。因此，$N_L = 4$，$C_{pRx} = 2$，$N_{JRx} = 2$，$C_{pW} = 2$，$N_{JW} = 2$。根據式 (3.1)，

此機構的自由度 F_p 為：

$$F_p = 3(N_L - 1) - (N_{JRx}C_{pRx} + N_{JW}C_{pW})$$
$$= (3)(4 - 1) - [(2)(2) + (2)(2)]$$
$$= 9 - 8$$
$$= 1$$

第 2 章介紹之五本專書中，共有四件鏈條傳動機構。

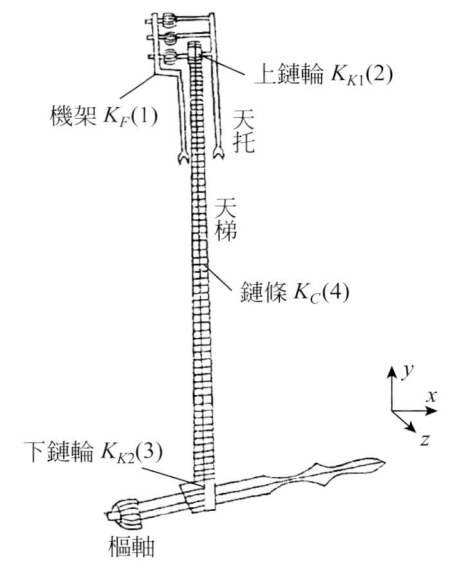

(a) 原圖 [12]

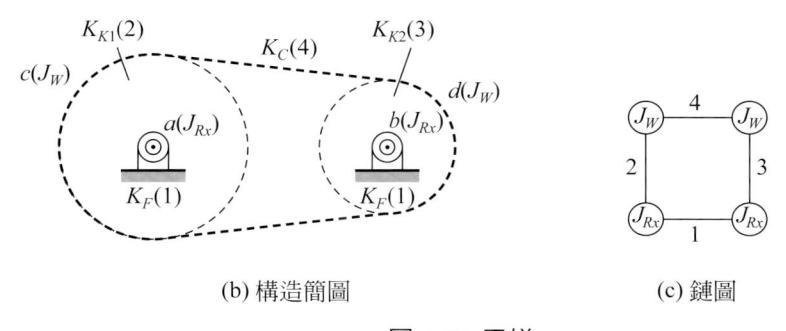

(b) 構造簡圖

(c) 鏈圖

圖 4.18 天梯

4.7 小結

　　秦漢時期 (221 BC-AD 220)，古中國的機械發展已趨於成熟，發明不少精巧的機械裝置，有些已具備現代機器所需的原動機、傳動機構、及工作機等三個基本組成。連桿、凸輪、齒輪、繩索、及鏈條傳動等機構已廣泛應用於各種產業，如農業機械、紡織機械、戰爭機械、手工業機械、…等。桔槔是一種應用槓桿原理的連桿機構，大約在公元前 1,700 年就已用於汲水與灌溉；弩機巧妙結合幾何曲線設計與運動學原理，產生拉弦與釋弦的功能，是一種凸輪機構的應用，可追溯至公元前 600 年。公元前 1,900 年，已開始製造金屬齒輪；西漢時期 (206 BC-AD 9) 已有不少機械裝置具有傳遞運動或動力的齒輪系。公元前 1,300 年，具傳動功能的繩索已應用於汲水器械、農業機械、及紡織機械中。古中國的鏈條傳動主要用於灌溉與提水器械，如各類翻車與井車；此外，宋朝 (AD 960-1219) 蘇頌水運儀象台的天梯，完成主動軸與渾天儀的動力傳輸，是真正鏈條傳動的應用實例。

　　第 2 章所介紹的五本專書共有 96 件可動裝置，依機件可分為七種機構類型，如表 4.1 所列。

○ 表 4.1　古書機構類型

機構類型＼書名	《農書》	《武備志》	《天工開物》	《農政全書》	《欽定授時通考》
滾輪器械	16	12	10	13	11
連桿機構	12	2	11	15	16
凸輪機構	2	0	1	1	1
齒輪機構	6	0	5	6	5
撓性傳動機構	10	0	14	10	8
弓弩	0	2	2	0	0
複雜紡織機械	5	0	4	5	5

參考文獻

1. 陸敬嚴、華覺明主編，中國科學技術史‧機械卷，科學出版社，北京，2000 年。
2. 陸敬嚴，中國機械史，中華古機械文教基金會 (台南，台灣)，越吟出版社，台北，2003 年。
3. Yan, H. S., Reconstruction Designs of Lost Ancient Chinese Machinery, Springer, Netherlands, 2007.
4. 《考工記》；鄭玄 [漢朝] 注，賈公彥 [唐朝] 疏，阮元 [清朝] 校勘，周禮注疏，卷四十一，大化出版社，台北，1989 年。
5. 《農書》；王禎 [元朝] 撰，台灣商務印書館，台北，1968 年。
6. 顏鴻森、吳隆庸，機構學，第三版，東華書局，台北，2006 年。
7. 《天工開物譯注》；宋應星 [明朝] 撰，潘吉星譯注，上海古籍出版社，上海，1993 年。
8. 《莊子》；莊周 [周朝] 撰，錦繡出版社，台北，1993 年。
9. 《齊民要術》；賈思勰 [後魏] 撰，台灣商務印書館，台北，1968 年。
10. 《農政全書》；徐光啟 [明朝] 撰，台灣商務印書館，台北，1968 年。
11. Hommel, R. P., China at Work: An Illustrated Record of the Primitive Industries of China's Masses, Whose Life is Toil, and thus an Account of Chinese Civilization, John Day Company, New York, 1937.
12. 《新儀象法要》；蘇頌 [北宋] 撰，新儀象法要，台灣商務印書館，台北，1969 年。
13. 徐占勇，弩機，河北美術出版社，河北，2007 年。
14. 《武備志》；茅元儀 [明朝] 撰，海南出版社，海南，2001 年。
15. 《桓子新論》；桓譚 [漢朝] 撰，藝文出版社，台北，1967 年。
16. 《晉諸公讚》；晉傅暢 [晉朝] 撰，藝文出版社，台北，1972 年。
17. 《宋史》；脫脫 [元朝] 等撰，卷三百四十，鼎文出版社，台北，1983 年。
18. 《元文類》；蘇天爵 [元朝] 編，世界書局，台北，1962 年。
19. 《明史》；張廷玉 [清朝] 撰，錦繡出版社，台北，1993 年。
20. 《小爾雅》；孔鮒 [漢朝] 撰，藝文出版社，台北，1966 年。
21. 《易經》；佚名，考古出版社，台北，1985 年。
22. 《說文》；許慎 [漢朝] 撰，藝文出版社，台北，1959 年。
23. 《墨經》；晁貫之 [宋朝] 撰，藝文出版社，台北，1966 年。

24. 容庚，商周彝器通考，燕京學報專號，第 17、18 冊，東方文化，台北，1973 年。
25. 《後漢書》；范曄 [東晉] 撰，鼎文出版社，台北，1977 年。
26. 《三國志》；陳壽 [晉朝] 撰，藝文出版社，台北，1958 年。
27. 《繪圖魯班經》；午榮 [明朝] 彙編，竹林書局，新竹，1995 年。
28. 劉仙洲，中國機械工程發明史 - 第一編，科學出版社，北京，1962 年。
29. 《太平廣記》；李昉 [宋朝] 編，台灣商務印書館，台北，1983 年。
30. 《舊唐書》；劉昫 [東晉] 撰，鼎文出版社，台北，1976 年。

第 5 章 復原設計法
Reconstruction Design Methodology

　　本章首先依據插圖的清晰程度，介紹古籍插圖機構的分類方式，接著說明具不確定構造之插圖機構的復原設計法，最後以三個不同類別的插圖機構為例，說明本設計方法。

5.1　古籍插圖機構分類判定

　　機構由數根機件以特定的接頭組合而成，藉由機件間的相對運動來傳遞拘束運動。以機構構造的觀點而言，古文獻插圖機構可依繪製的清晰程度分為以下三大類型[1]：

類型 I：構造明確

　　若機構的插圖配合文字敘述，可直觀確定所有桿件與接頭的數量和類型，則該機構歸類為此類。

　　第 2 章介紹之五本專書中，共有 72 件類型 I 的機構，如表 5.1 所列。

類型 II：僅接頭類型不確定

　　若插圖中的機構，其桿件的數量明確、但彼此之間的鄰接關係具有無法判定或模稜兩可的狀況，且文字敘述亦無確切說明桿件的連接方式，則該機構歸為此類。

　　第 2 章介紹之五本專書中，共有 14 件類型 II 的機構，如表 5.1 所列。

類型 III：桿件與接頭的數量和類型皆不確定

　　若插圖僅描繪器械的外形，內部構造並未繪出，或是有省略部分機件的情形，配合文字敘述亦無法確定機構的桿件與接頭的數量和類型，則該機構歸於此類。

　　第 2 章介紹之五本專書中，共有 10 件類型 III 的機構，如表 5.1 所列。

○ 表 5.1　古書機構分類

分類＼書名	《農書》	《武備志》	《天工開物》	《農政全書》	《欽定授時通考》
類型 I 構造明確機構	36	12	33	33	31
類型 II 不確定接頭類型機構	9	2	7	11	9
類型 III 不確定桿件與接頭數量和類型機構	6	2	7	6	6

　　古籍插圖機構的分類判定流程，如圖 5.1 所示。此流程首先判別機構是否明確，若明確則歸於類型 I，直接進行機構構造的分析並繪製構造簡圖。若判定為構造不明確，則以是否已知桿件的數目為第二判別準則。若可知桿件的數目，則歸為類型 II，

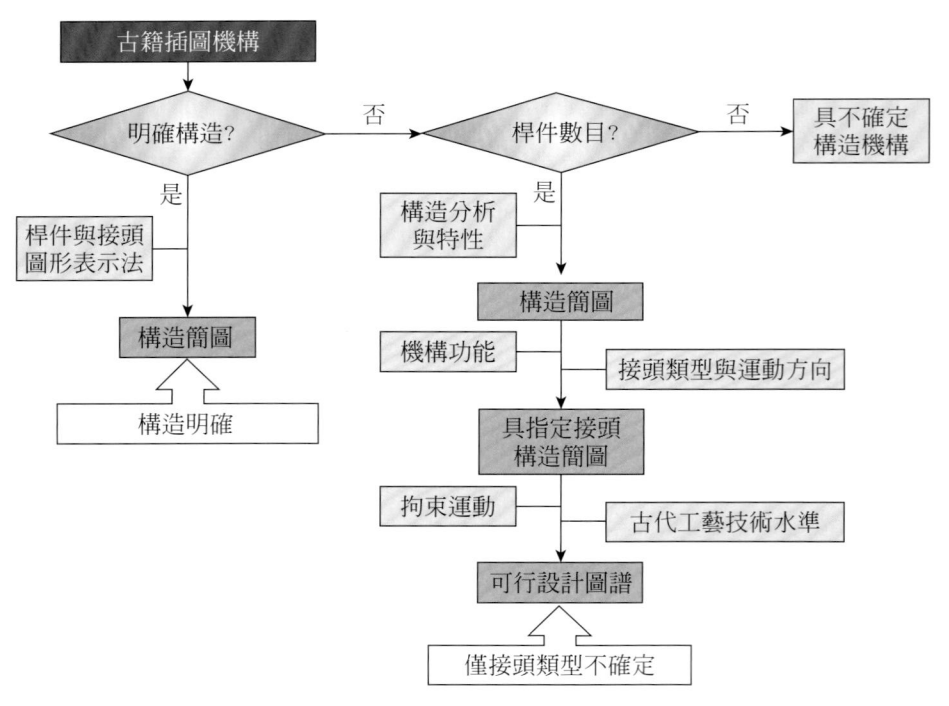

圖 5.1 古籍插圖機構分類判定

進行機構構造分析與機構特性整理，釐清桿件與不確定接頭的數量，並根據所得之特性，進行構造簡圖繪製。

根據古籍插圖中的機構功能，在能達到相同功能的前提之下，考慮不確定接頭運動的類型與方向，列出所有可能的接頭類型。經由指定所有可能接頭類型至構造簡圖中，得到具指定接頭構造簡圖。式 (3.1) 與式 (3.2) 可用於判定機構之拘束運動，並考慮當代的工藝技術水準，獲得最後的可行設計。

若機構之桿件與接頭的數量和類型皆不確定，則歸於類型 III，利用第 5.2 節所介紹的復原設計法，以獲得所有可能設計。

5.2　不確定插圖機構復原設計法

不確定插圖機構復原設計法 (Reconstruction design methodology) 是基於機構概念設計法 [2-3]，將研究史料的文字說明與圖畫表示所得到的特定知識與發散構想，收斂轉化為現代機構設計的構造特性與設計限制，據此合成出完整的一般化運動鏈與特殊化鏈圖譜，產生所有符合史料記載與當代工藝水平的可行設計，其程序如圖 5.2 所

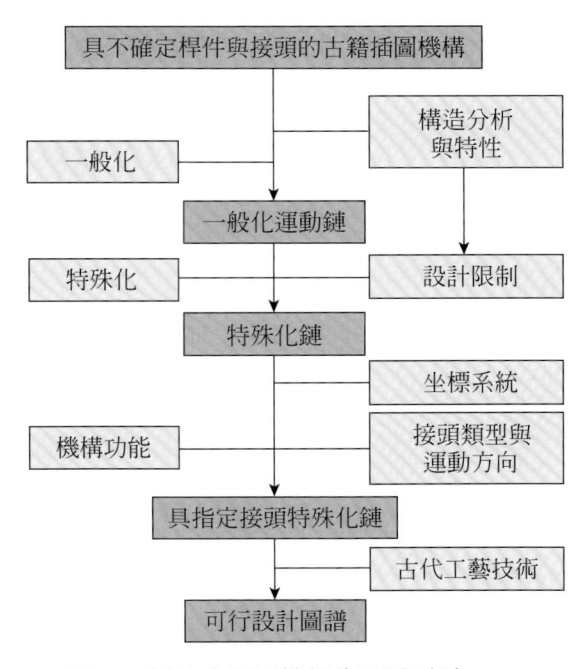

圖 5.2 不確定插圖機構復原設計法 [4-7]

示，包含史料研究與機構構造分析、一般化運動鏈、特殊化鏈、具指定接頭特殊化鏈、及可行設計圖譜等要項，茲分別說明如下 [4-7]：

步驟 1：史料研究與機構構造分析

藉由研究具不確定桿件與接頭之機構的相關古籍文獻與插圖，歸納此機構的構造特性，包含機件與接頭的可能數目和類型，並且判定插圖機構中，哪些接頭具有不確定性。

圖 5.3(a) 所示者為古中國用於汲水的桔槔 [8]，是一種應用槓桿原理的連桿機構。根據相關古籍資料研究與構造分析，桔槔之機件包含豎立的機架（桿 1，K_F）、橫桿（桿 2，K_{L1}）、連接桿（桿 3，K_{L2}）、及水桶（桿 4，K_B）。在接頭方面，連接桿以旋轉接頭 (J_{Rx}) 與水桶相鄰接，橫桿以接頭 (J_α) 與接頭 (J_β) 分別和機架與連接桿相鄰接。由於接頭 (J_α) 與接頭 (J_β) 的圖畫繪製和文字說明不清楚，因此具有不確定性，需進一步探討可能的接頭類型。

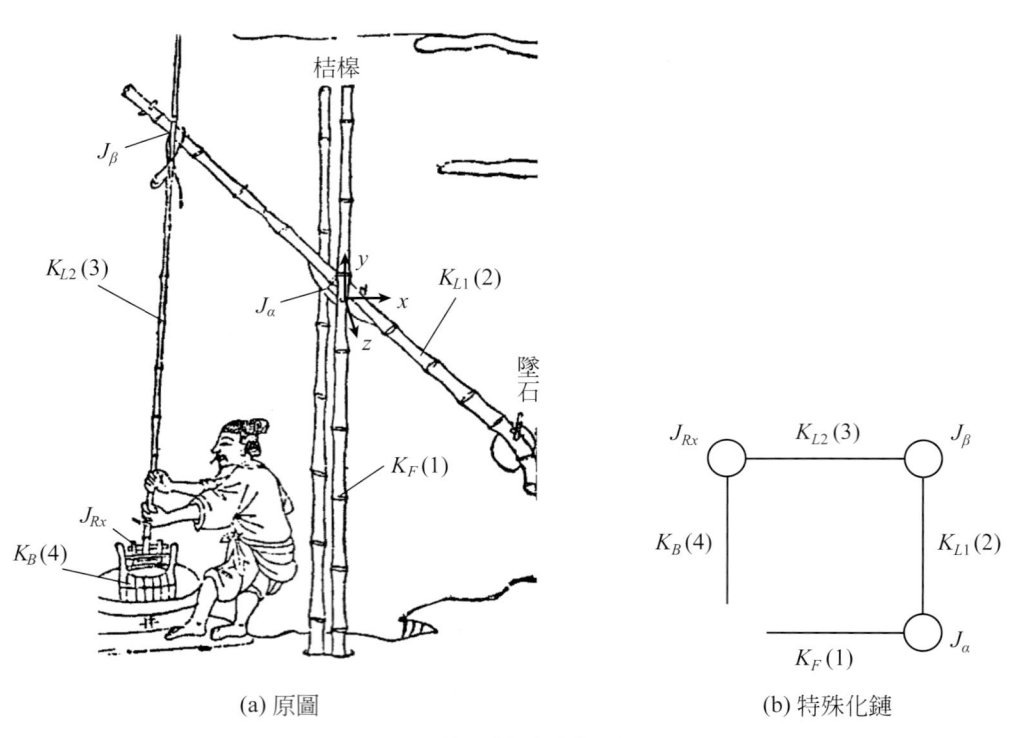

(a) 原圖　　　　　　　　(b) 特殊化鏈

圖 5.3 桔槔及其特殊化鏈 [8]

步驟 2：一般化運動鏈

復原設計的步驟 2 是根據所歸納出的機構構造特性，獲得具有相同機件與接頭數目的一般化運動鏈圖譜。機構的**一般化** (Generalization) 是將所有不同類型的機件轉化為一般化連桿、所有不同類型的接頭轉化為一般化接頭 [2-3]。例如，具四桿 (桿 1、桿 2、桿 3、桿 4) 與四接頭 (接頭 a、接頭 b、接頭 c、接頭 d) 之一般化運動鏈的圖譜僅有 1 個，如圖 5.4 所示。大部分的一般化運動鏈圖譜可直接由文獻 [2-3, 9] 或第 3.6 節中查表獲得。

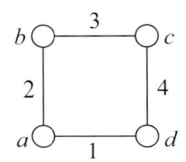

圖 5.4 具四桿與四接頭一般化運動鏈圖譜

圖 5.5(a) 所示者為古中國的作畫工具界尺，用以繪出平行線。界尺是一種連桿機構，包含四根連桿 (桿 1、2、3、及 4) 與四個旋轉接頭 (J_{Rz} 接頭 a、b、c、及 d)，所對應的構造簡圖如圖 5.5(b) 所示，所對應的一般化運動鏈則如圖 5.5(c) 所示。

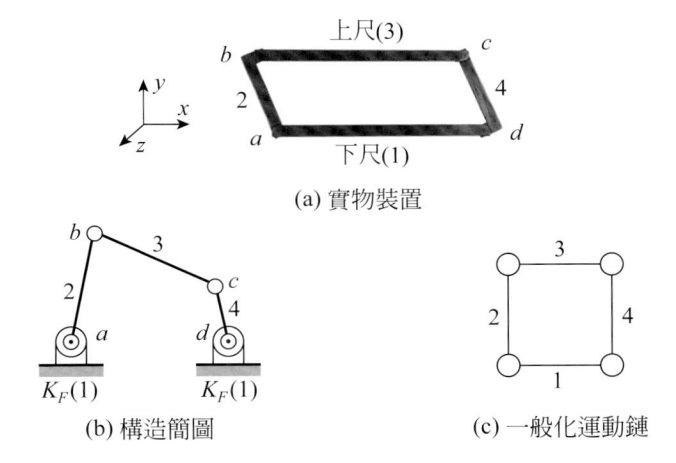

(a) 實物裝置

(b) 構造簡圖　　(c) 一般化運動鏈

圖 5.5 界尺連桿機構及其一般化運動鏈

步驟 3：特殊化鏈

　　復原設計的步驟 3 是根據特殊化程序，指定所需之機件與接頭類型至步驟 2 所產出的一般化運動鏈，以獲得合乎由機構構造特性所歸納出之設計限制的特殊化鏈圖譜 [2-3]。

　　根據設計限制，在既有的一般化運動鏈圖譜中指定機件與接頭之類型的過程，稱為**特殊化** (Specialization)；而特殊化後的一般化運動鏈即稱為**特殊化鏈** (Specialized chain)。特殊化是一般化的逆程序，亦是不確定插圖機構復

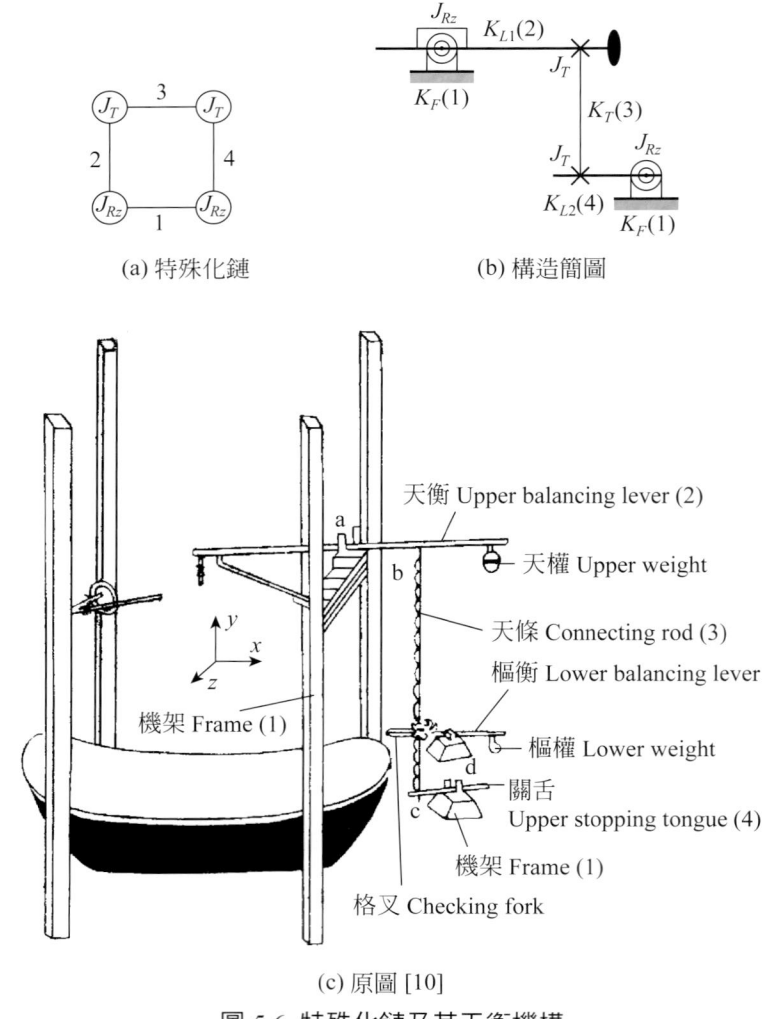

(a) 特殊化鏈　　　　　　(b) 構造簡圖

(c) 原圖 [10]

圖 5.6 特殊化鏈及其天衡機構

原設計的核心概念。

　　以下以圖 5.4 所示具四桿與四接頭的一般化運動鏈為例，說明特殊化的概念。若指定接頭 a 與接頭 d 是旋轉接頭 J_{Rz}、接頭 b 與接頭 c 是線接頭 J_T，如圖 5.6(a) 所示，則特殊化成為蘇頌水運儀象台定時秤漏裝置的天衡機構 [10]，如圖 5.6(b)-(c) 所示。若接頭 a 與接頭 d 是旋轉接頭 J_{Rx}，接頭 b 與接頭 c 是迴繞接頭 J_W，則特殊化成為腳踏翻車的鏈條傳動機構 [8]，如圖 5.7(b)-(c) 所示。

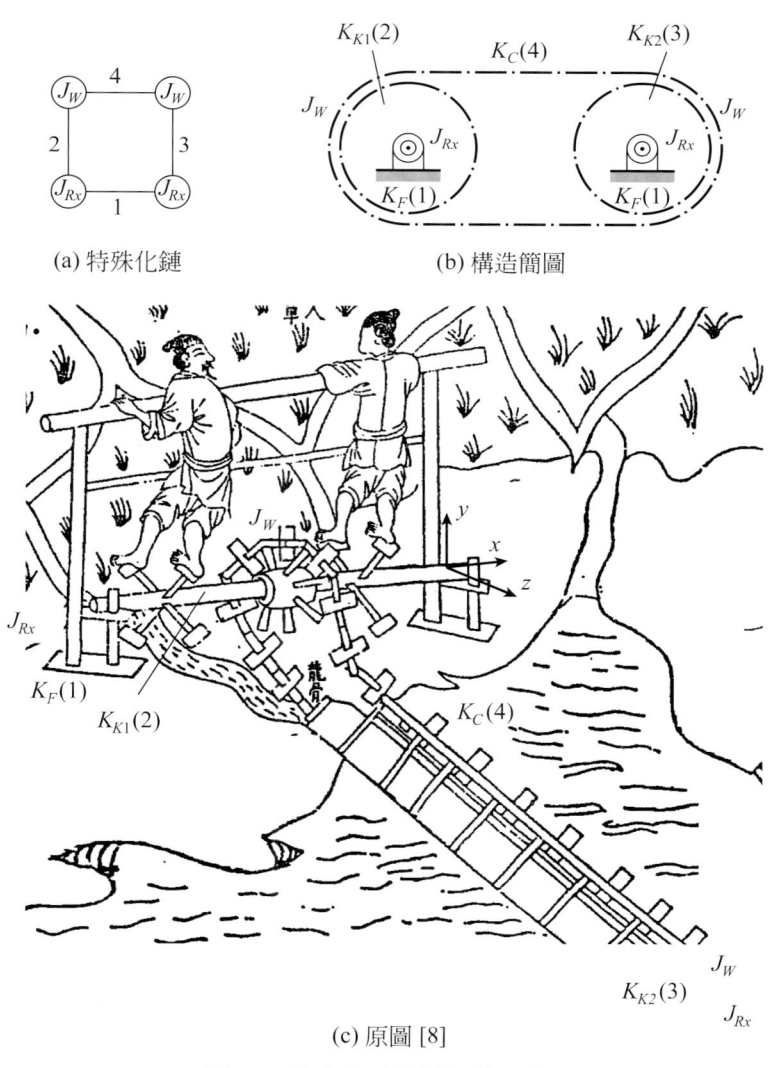

(a) 特殊化鏈　　　　　　　(b) 構造簡圖

(c) 原圖 [8]

圖 5.7　特殊化鏈及其腳踏翻車

步驟 4：具指定接頭特殊化鏈

為表示圖畫中的機構構造，定義一組笛卡爾 (Cartesian) 右手直角坐標系統，用以描述機件的運作。通常以器械中特定機件的轉軸方向作為一軸，再依描述與說明的需要，定義出垂直於該軸向的其它二軸。根據古文圖畫中的機構功能，在能達到相同機構功能的前提之下，考慮不確定接頭運動的類型與方向，列出所有可能的接頭類型。經由指定所有可能接頭類型至步驟 3 所得的特殊化鏈，得到具指定接頭特殊化鏈。

圖 5.3 所示的桔橰，不確定接頭 J_α 與 J_β 有多種可能類型，皆能達成汲水的功能。考慮橫桿 (桿 2) 運動的類型與方向，接頭 J_α 有三種可能類型：第一為橫桿只能相對於機架繞 z 軸旋轉，表示為 J_{Rz}；第二為橫桿除繞 z 軸旋轉外，還沿 x 軸滑動，表示為 J_{Rz}^{Px}；第三為橫桿除繞 y 與 z 軸旋轉外，還沿 x 與 z 軸滑動，表示為 J_{Ryz}^{Pxz}；考慮連接桿 (桿 3) 運動的類型與方向，J_β 則有二種可能類型：第一為連接桿相對於橫桿，繞 z 軸向旋轉，以符號 J_{Rz} 表示；第二為連接桿相對於橫桿，除繞 z 軸向旋轉外，還繞 x 軸向旋轉，以符號 J_{Rxz} 表示。指定接頭 J_α 與 J_β 可能類型至圖 5.3(b) 所示的特殊化鏈，可得到對應的具指定接頭特殊化鏈。

步驟 5：可行設計圖譜

復原設計的最後步驟是將步驟 4 所產生之具指定接頭特殊化鏈，轉換成為對應的等效構造簡圖。式 (3.1) 與式 (3.2) 可用於判定機構之拘束運動，並考慮當代的工藝技術水準，最後獲得所有可行設計。

5.3 復原設計實例

本節介紹古機構分類程序與復原設計方法，以下分別針對構造明確 (類型 I)、僅接頭類型不確定 (類型 II)、及桿件與接頭的類型和數量皆不確定 (類型 III) 等三種不同類別的機構，舉例說明插圖機構分類判定與復原設計流程。

5.3.1　實例 1– 水礱

水礱 (Water-driven mill) 是透過齒輪驅動礱磨的器械，如圖 5.8(a) 所示 [11]，其組成包含立式水輪、橫軸、立式齒輪、及磨盤齒輪。橫軸以水平方向橫貫立式水輪與立

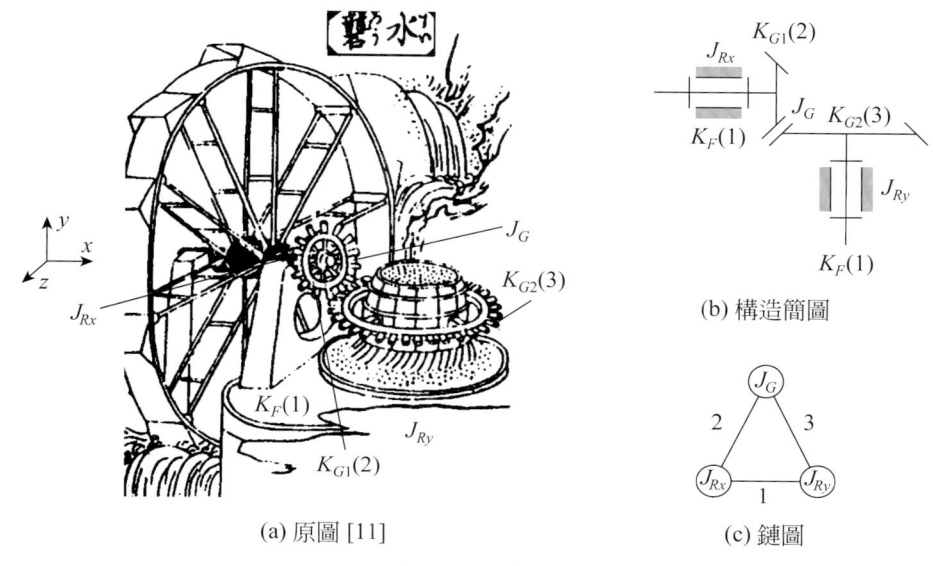

(a) 原圖 [11]

(b) 構造簡圖

(c) 鏈圖

圖 5.8 水礱

式齒輪，彼此間沒有相對運動，可視為同一桿件。以水力驅動立式水輪，當水輪轉動時，橫軸與立式齒輪也隨之運轉，透過磨盤齒輪之間的相互嚙合，驅動礱磨研磨穀物。

根據文字敘述與圖畫表示，此水礱之所有桿件與接頭均可直觀的確定其數量和類型，因此歸類為構造明確型 (類型 I)，是一種三桿三接頭的齒輪機構，包含機架 (桿 1，K_F)、具水輪的立式齒輪 (桿 2，K_{G1})、及磨盤齒輪 (桿 3，K_{G2})。在接頭方面，具水輪的立式齒輪以旋轉接頭與機架相鄰接，轉軸方向為水平方向，表示為 J_{Rx}；磨盤齒輪亦以旋轉接頭與機架相鄰接，轉軸方向為垂直方向，表示為 J_{Ry}；而齒輪之間的嚙合則為齒輪接頭 (J_G)。圖 5.8(b)-(c) 所示者為其構造簡圖與鏈圖。

5.3.2　實例 2– 鐵碾槽

《天工開物》[8] 中的**鐵碾槽** (Iron roller) 主要用於研磨朱砂礦石，用以製作紅色染劑的原料。製作染劑時，將礦石放入碾槽中，藉由人力驅動推桿，帶動滾輪將礦石碾成細粉，再將細粉入缸，注清水沉浸，如圖 5.9(a) 所示 [8]，其組成包含推桿、立桿、滾輪、及碾槽。推桿與立桿之間沒有相對運動，可視為同一桿件。由於礦石須研磨至細粉狀態，碾槽內一般製成近似 V 字形型，以利滾輪碾磨。

82　古中國書籍具插圖之機構

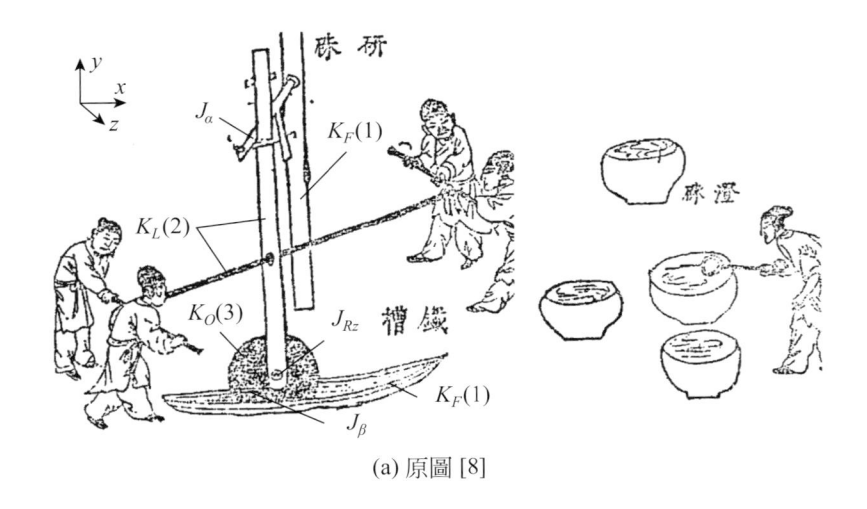

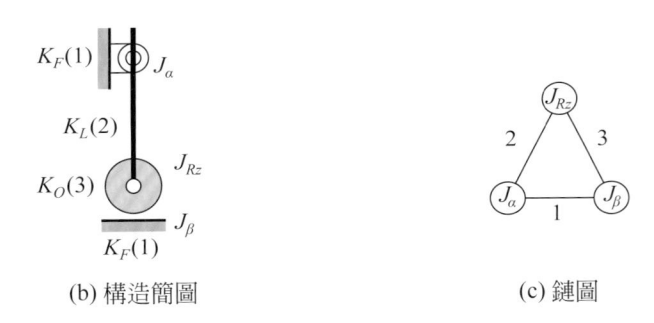

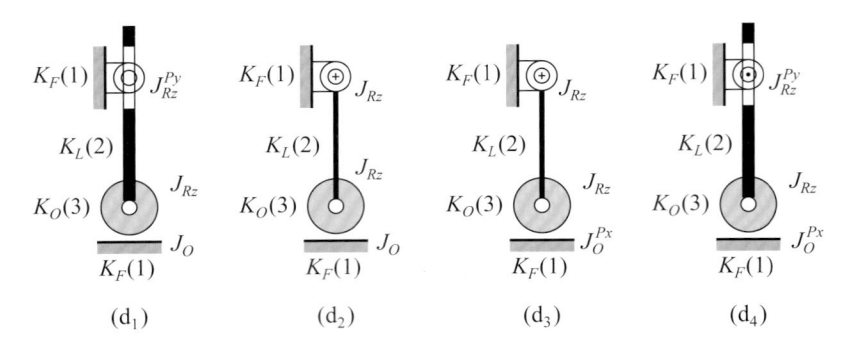

(a) 原圖 [8]

(b) 構造簡圖

(c) 鏈圖

(d₁)　　(d₂)　　(d₃)　　(d₄)

(d) 可能設計圖譜

圖 5.9　鐵碾槽

根據文字敘述與圖畫表示，鐵碾槽的桿件數量明確，但是附隨於推桿與機架的接頭 J_α 及滾輪與碾槽的接頭 J_β，皆無法明確判定其類型，因此屬於僅接頭類型不確定類 (類型 II)。鐵碾槽為三桿三接頭的平面機構，包含以木架與碾槽為機架 (桿 1，K_F)、具立桿的推桿 (桿 2，K_L)、及滾輪 (桿 3，K_O)。在接頭方面，推桿以旋轉接頭 J_{Rz} 與不確定接頭 J_α 分別和滾輪與機架相鄰接，而滾輪則以不確定接頭 J_β 與機架相鄰接，圖 5.9(b)-(c) 所示者為其構造簡圖與鏈圖。

鐵碾槽的作用是藉由滾輪將礦石研磨成粉，不確定接頭有多種可能，皆能達成鐵碾槽的功能。考慮推桿運動的類型與方向，不確定接頭 J_α 有二種可能類型：第一為推桿繞著機架旋轉，以符號 J_{Rz} 表示；第二為推桿除繞著機架 z 軸旋轉外，還可以沿著 y 軸滑動，以符號 J_{Rz}^{Py} 表示。另考慮滾輪運動的類型與方向，則不確定接頭 J_β 亦有二種可能類型：第一為滾輪與碾槽之間的相對運動，是不帶滑動的純滾動，以符號 J_O 表示；第二為滾輪與碾槽之間的相對運動，是滾動加滑動的組合，以符號 J_O^{Px} 表示。經由指定不確定接頭 J_α (J_{Rz} 與 J_{Rz}^{Py}) 與 J_β (J_O 與 J_O^{Px}) 的可能類型至圖 5.9(b) 的構造簡圖，產生四個結果，如圖 5.9(d_1)-(d_4) 所示。根據式 (3.1)，圖 5.9(d_2) 所示者自由度為零，具有機件之間無法傳動的問題，因此去除此結果，最後得到三個可行設計，如圖 5.9(d_1)、(d_3)、及 (d_4) 所示。

5.3.3　實例 3– 颺扇

颺扇 (Winnowing device) 或稱**風車扇**、**揚扇**，用以去除穀物中的糠粃及塵土。古中國出現過手搖式與腳踏式二種，腳踏式颺扇是在手搖的風車扇加置連桿機構，以便用腳踏驅動。手搖式風車扇須二人合力操作，腳踏式颺扇則可由一人手腳並用，節省人力並提升效率，圖 5.10 所示者為《天工開物》[12] 中颺扇的原圖。

颺扇是以踏板的往復運動作為動力輸入，經由連桿帶動曲柄旋轉，由於曲柄與扇葉之間沒有相對運動，因此扇葉隨之轉動，其構造組成包含機架 (桿 1，K_F)、踏板 (桿 2，K_{Tr})、具曲柄的扇葉 (桿 3，K_W)、以及一或二根連桿 (桿 4，K_{L1} 與桿 5，K_{L2})[4]；由於古籍的文字敘述與圖畫表示，無法得知踏板的往復運動如何經由連桿傳動，轉換為扇葉的旋轉運動，因此，颺扇歸類為桿件與接頭的數量和類型皆不確定的機構 (類型 III)。以下根據不確定插圖機構復原設計方法，進行機構構造的復原設計。

步驟 1、研究史料並歸納其構造特性如下：

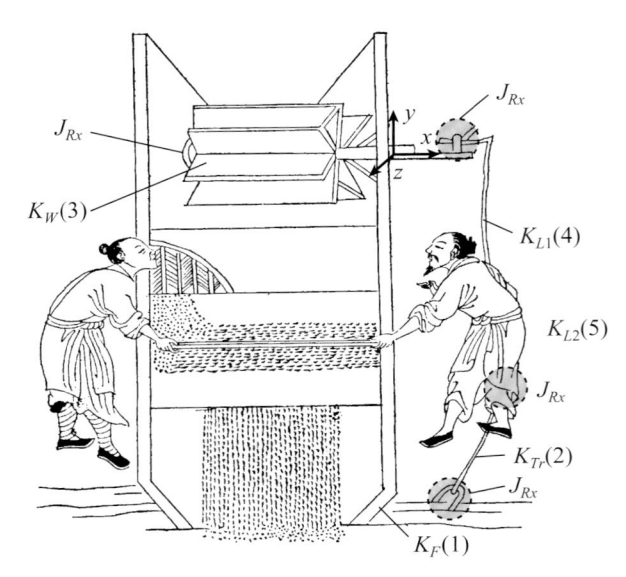

圖 5.10 颺扇 [12]

1. 此機構為平面四桿 (桿 1-4) 或五桿 (桿 1-5) 的機構。
2. 踏板 (K_{Tr}) 為雙接頭桿，並以旋轉接頭 (J_{Rx}) 與機架 (K_F) 相鄰接。
3. 具曲柄的扇葉 (K_W) 為雙接頭桿，並以旋轉接頭 (J_{Rx}) 與機架 (K_F) 相鄰接。
4. 至少有一根雙接頭桿作為連桿，並以旋轉接頭 (J_{Rx}) 分別與踏板 (K_{Tr}) 和 / 或扇葉 (K_W) 相鄰接。

步驟 2、由步驟 1 的歸納，此器械為四桿或五桿機構，故從圖 3.12-3.16 中，找出四桿與五桿的一般化運動鏈圖譜，重現於圖 5.11。

步驟 3、必須有一對相鄰的雙接頭桿，分別作為踏板與連桿、或連桿與扇葉，故步驟 2 得到的圖譜中，僅圖 5.11(a)、(d)、及 (f) 符合需求。所有可行的特殊化鏈可經由以下步驟獲得：

固定桿 (K_F)
由於必須有一根固定桿作為機架，且須有一對相鄰的雙接頭桿與固定桿相鄰接，所以可如下指定固定桿：

1. 對於圖 5.11(a) 所示的一般化運動鏈，指定固定桿的結果有 1 個，如圖 5.12(a_1) 所示。

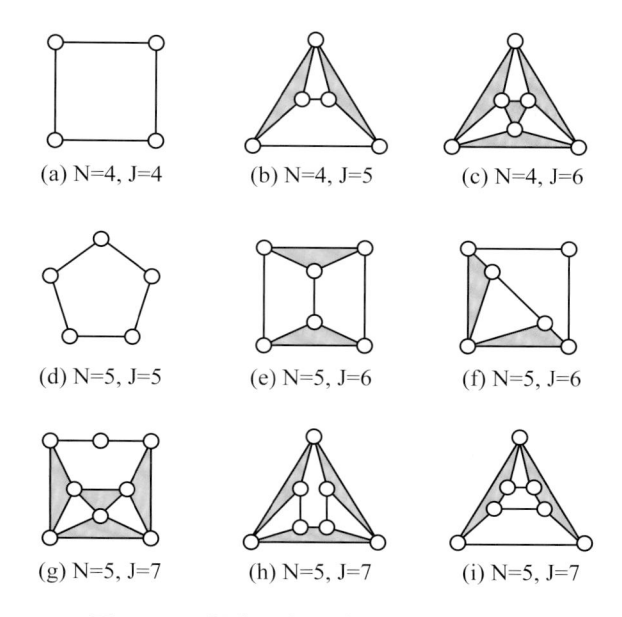

(a) N=4, J=4　　(b) N=4, J=5　　(c) N=4, J=6

(d) N=5, J=5　　(e) N=5, J=6　　(f) N=5, J=6

(g) N=5, J=7　　(h) N=5, J=7　　(i) N=5, J=7

圖 5.11　四桿與五桿一般化運動鏈圖譜

2. 對於圖 5.11(d) 所示的一般化運動鏈，指定固定桿的結果有 1 個，如圖 5.12(a_2) 所示。

3. 對於圖 5.11(f) 所示的一般化運動鏈，指定固定桿的結果有 1 個，如圖 5.12(a_3) 所示。

因此，指定固定桿後的特殊化鏈有 3 個可行的結果，如圖 5.12(a_1)-(a_3) 所示。

踏板 (K_{Tr})

由於必須有一根雙接頭桿作為踏板，且踏板必須以旋轉接頭 (J_{Rx}) 與機架 (K_F) 相鄰接，所以如下指定出踏板：

1. 對於圖 5.12(a_1) 所示的情形，指定踏板的結果有 1 個，如圖 5.12(b_1) 所示。
2. 對於圖 5.12(a_2) 所示的情形，指定踏板的結果有 1 個，如圖 5.12(b_2) 所示。
3. 對於圖 5.12(a_3) 所示的情形，指定踏板的結果有 2 個，如圖 5.12(b_3)-(b_4) 所示。

因此，指定固定桿與踏板後的特殊化鏈有 4 個可行的結果，如圖 5.12(b_1)-(b_4) 所示。

圖 5.12 颶扇特殊化

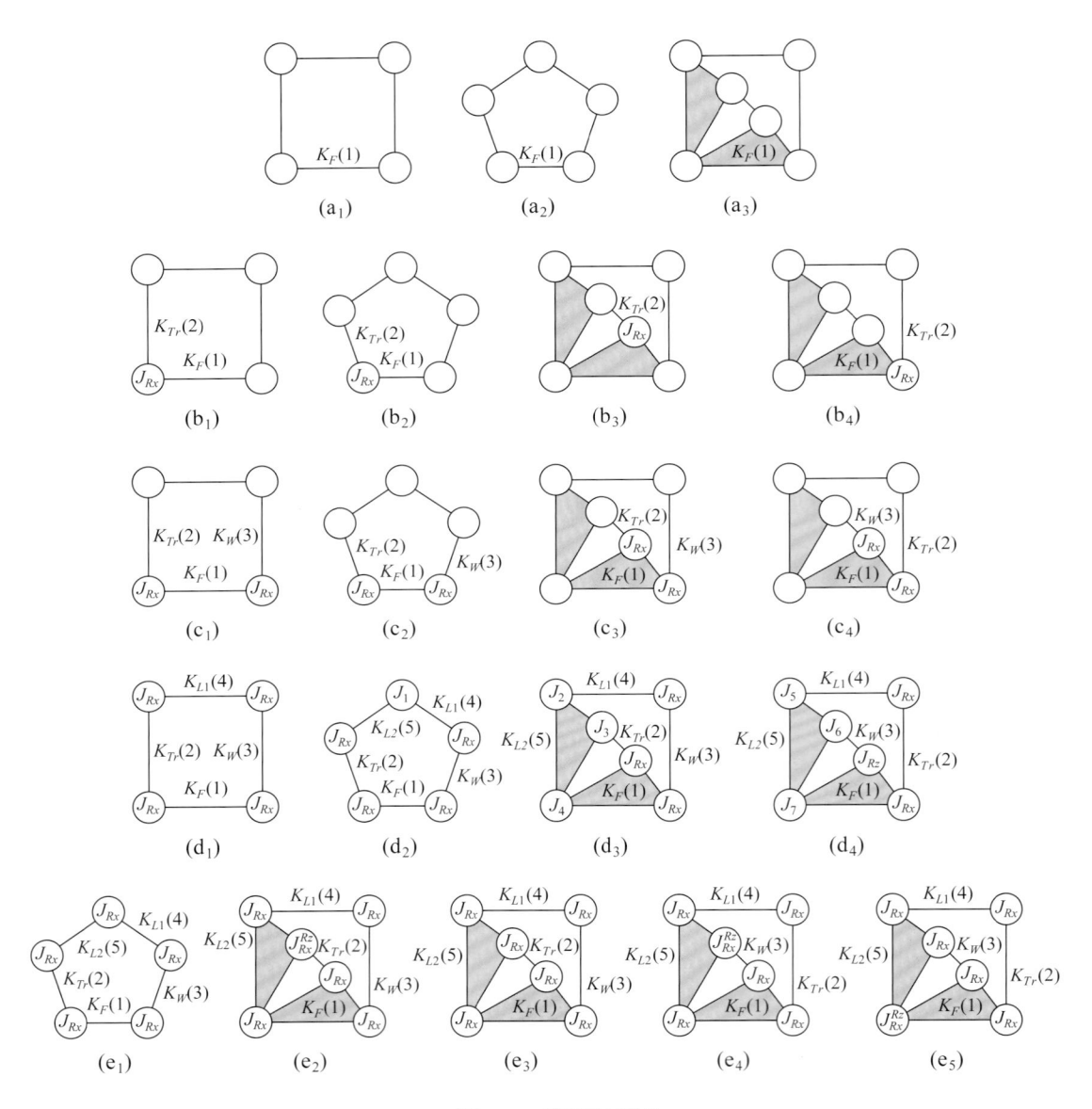

具曲柄的扇葉 (K_W)

由於必須有一根雙接頭桿作為扇葉,且扇葉必須以旋轉接頭 (J_{Rx}) 與機架 (K_F) 相鄰接,所以如下指定出扇葉:

1. 對於圖 5.12(b_1) 所示的情形,指定扇葉的結果有 1 個,如圖 5.12(c_1) 所示。
2. 對於圖 5.12(b_2) 所示的情形,指定扇葉的結果有 1 個,如圖 5.12(c_2) 所示。
3. 對於圖 5.12(b_3) 所示的情形,指定扇葉的結果有 1 個,如圖 5.12(c_3) 所示。
4. 對於圖 5.12(b_4) 所示的情形,指定扇葉的結果有 1 個,如圖 5.12(c_4) 所示。

因此,指定固定桿、踏板、及扇葉後的特殊化鏈有 4 個可行的結果,如圖 5.12(c_1)-(c_4) 所示。

連桿 1 與連桿 2 (K_{L1} 與 K_{L2})

由於必須有一根雙接頭桿作為連桿 1,且連桿 1 必須以旋轉接頭 (J_{Rx}) 與踏板 (K_{Tr}) 相鄰接,且 / 或以旋轉接頭 (J_{Rx}) 與扇葉 (K_W) 相鄰接;再者,尚未指定的桿件為連桿 2。所以如下指定出連桿:

1. 對於圖 5.12(c_1) 所示的情形,指定連桿 1 的結果有 1 個,如圖 5.12(d_1) 所示。圖 5.12(d_1) 中所有的桿件與接頭皆已定義,完成特殊化流程。
2. 對於圖 5.12(c_2) 所示的情形,指定連桿 1、連桿 2、及不確定接頭 J_1 的結果有 1 個,如圖 5.12(d_2) 所示。
3. 對於圖 5.12(c_3) 所示的情形,指定連桿 1、連桿 2、及不確定接頭 J_2、J_3、J_4 的結果有 1 個,如圖 5.12(d_3) 所示。
4. 對於圖 5.12(c_4) 所示的情形,指定連桿 1、連桿 2、及不確定接頭 J_5、J_6、J_7 的結果有 1 個,如圖 5.12(d_4) 所示。

因此,指定固定桿、踏板、扇葉、連桿 1、及連桿 2 後的特殊化鏈有 4 個可行的結果,如圖 5.12(d_1)-(d_4) 所示。

步驟 4、定義一組直角坐標系統,如圖 5.10 所示。x 軸定為曲柄扇葉的軸向方向,y 軸定義於曲柄扇葉的徑向方向,z 軸根據右手定則而定。颶扇的作動方式是將踏板的往復運動,經連桿機構轉換為曲柄扇葉的旋轉運動。不確定的接頭具有多種可能性,皆可達到文獻中描述的功能;由於該機構為平面機構,故不確定接頭的類型亦為平面接頭。

1. 考慮不確定接頭 J_1、J_2、及 J_5 各有一種可能的類型，即連桿 1 以旋轉接頭 J_{Rx} 與連桿 2 相鄰接。
2. 考慮不確定接頭 J_3 與 J_4 各有二種可能的類型，且不可相同。當一接頭為旋轉接頭 J_{Rx} 時，另一接頭除旋轉外也可滑動，是為銷接頭（J_{Rx}^{Pz}）。
3. 考慮不確定接頭 J_6 與 J_7 各有二種可能的類型，且不可相同。當一接頭為旋轉接頭 J_{Rx} 時，另一接頭除旋轉外也可滑動，是為銷接頭（J_{Rx}^{Pz}）。

經由指定不確定接頭 J_1 (J_{Rx})、J_2 (J_{Rx})、J_3 (J_{Rx} 與 J_{Rx}^{Pz})、J_4 (J_{Rx} 與 J_{Rx}^{Pz})、J_5 (J_{Rx})、J_6 (J_{Rx} 與 J_{Rx}^{Pz})、及 J_7 (J_{Rx} 與 J_{Rx}^{Pz}) 的可能類型至圖 5.12(d_2)-(d_4) 的特殊化鏈，產生 5 個結果，如圖 5.12(e_1)-(e_5) 所示。

步驟 5、根據式 (3.1)，圖 5.12(e_1) 所示者自由度為 2，具有傳動不確定的問題，亦即無法產生拘束運動。去除後，包含圖 5.12(d_1) 與圖 5.12(e_2)-(e_5) 共有 5 個可行的具指定接頭特殊化鏈。考慮機構之運動與功能的要求，將每一個具指定接頭特殊化鏈具體化，獲得滿足古代工藝技術水準的可行設計圖譜，並繪製其電腦模型圖畫，如圖 5.13(a)-(e) 所示。圖 5.14 所示者為《天工開物》[11] 中颺扇原圖的仿製圖。

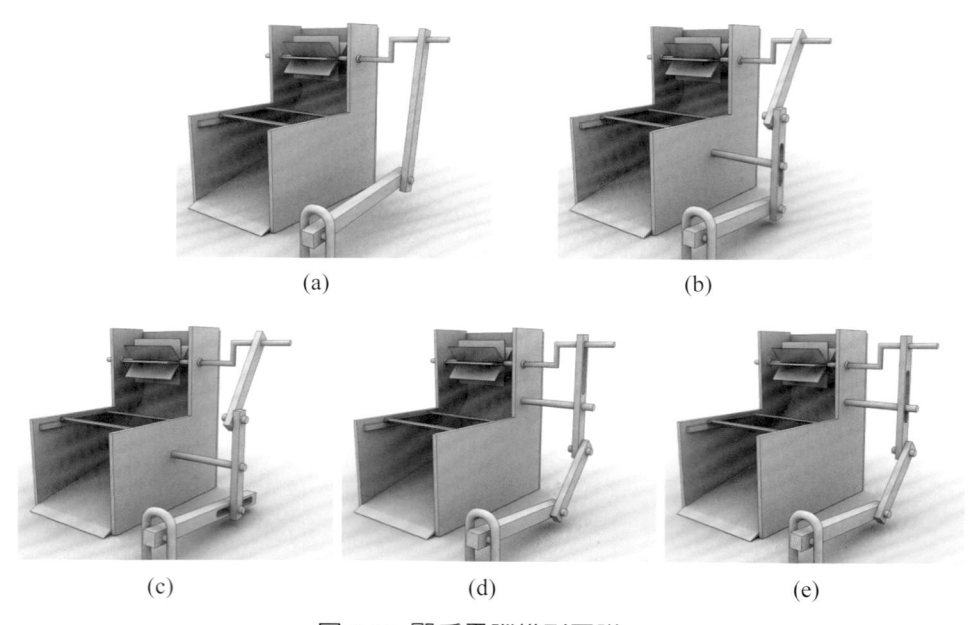

圖 5.13 颺扇電腦模型圖譜

圖 5.14 颺扇仿製圖 [4]

5.4 小結

　　古文獻之插圖機構可依繪製的清晰程度，分為構造明確 (類型 I)、僅接頭類型不確定 (類型 II)、以及桿件與接頭的類型和數量皆不確定 (類型 III) 等三大類型。本章提出古籍插圖機構分類判定與復原設計方法，是研究古籍插圖機構的新穎方法；對於不確定構造的插圖機構，可應用所提的復原設計方法，有系統地合成出符合古代工藝與技術的可行設計。此外，第 2 章介紹之五本專書中，共有 72 件類型 I 的機構、14 件類型 II 的機構、及 10 件類型 III 的機構。

參考文獻

1. 陳羽薰，三本古中國農業類專書中具圖畫機構之復原設計，碩士論文，國立成功大學機械工程學系，台南，2010 年。
2. Yan, H. S., Creative Design of Mechanical Devices, Springer-Verlag, Singapore, 1998.
3. Yan, H. S., Reconstruction Designs of Lost Ancient Chinese Machinery, Springer, Netherlands, 2007.
4. Yan, H. S. and Hsiao, K. H., "Structural Synthesis of the Uncertain Joints in the Drawings of Tian Gong Kai Wu," *Journal of Advanced Mechanical Design, Systems, and Manufacturing–Japan Society Mechanical Engineering,* Vol. 4, No. 4, pp. 773-784, 2010.
5. Hsiao, K. H., Chen, Y. H., and Yan, H. S., "Structural Synthesis of Ancient Chinese Foot-operated Silk-reeling Mechanism," *Frontiers of Mechanical Engineering in China,* Vol. 5, No. 3, pp. 279-288, 2010.
6. Hsiao, K. H. and Yan, H. S., "Structural Identification of the Uncertain Joints in the Drawings of Tian Gong Kai Wu," *Journal of the Chinese Society of Mechanical Engineers,* Taipei, Vol. 31, No. 5, pp. 383-392, 2010.
7. Hsiao, K. H., Chen, Y. H., Tsai, P. Y., and Yan, H. S., "Structural Synthesis of Ancient Chinese Foot-operated Slanting Loom," Proceedings of the Institution of Mechanical Engineers, Part C, *Journal of Mechanical Engineering Science,* Vol. 225, pp. 2685-2699, 2011.
8. 《天工開物譯注》；宋應星 [明朝] 撰，潘吉星譯注，上海古籍出版社，上海，1998 年。
9. 顏鴻森、吳隆庸，機構學，第三版，東華書局，台北，2006 年。
10. 《新儀象法要》；蘇頌 [北宋] 撰，台灣商務印書館，台北，1969 年。
11. 陸敬嚴、華覺明主編，中國科學技術史，機械卷，科學出版社，北京，2000 年。
12. Song, Y. X., Chinese Technology in the Seventeen Century (in Chinese, trans. Sun, E. Z. and Sun, S. C.), Dover Publications, New York, 1966.

第 6 章

滾輪器械
Roller Devices

　　古中國應用滾輪元件的機械裝置，可根據功能分為農田整地、收穫與運輸、穀物加工、汲水、戰爭武器、及其它器械等六類。本章分別簡述各類器械的用途與組成，並繪出其構造簡圖。

6.1　農田整地器械

　　應用滾輪的**農田整地器械** (Soil preparation device) 包含礰礋、磟碡、輥軸、砘車、及石陀等五項，分別如圖 6.1(a)-(e) 所示 [1-2]，其組成是以木製或石製的中空圓柱加上凹洞或尖刺，套於木框上。使用時以獸力挽行，使木圓柱或石圓柱在田地裡滾動，用以破除泥塊與平整田地，並使各種乾濕程度的泥土相混和；其中，石質的整地農器適用於旱地，而木質農器則用於水田。

　　上述五項整地農器皆為二桿一接頭構造明確的機構 (類型 I)，包含以木框為機架 (桿 1，K_F) 及套於木框上的滾輪機件 (桿 2，K_O)，滾輪機件以旋轉接頭 J_{Ry} 與機架相鄰接，圖 6.1(f) 所示者為其構造簡圖。

6.2　收穫與運輸器械

　　收穫與運輸的器械 (Harvest and transportation device) 有下澤車、大車、推鐮、麥籠、合掛大車、南方獨推車、及雙遣獨輪車等七項，分別如圖 6.2(a)-(g) 所示 [1-2]。下澤車與大車用於裝載運送，推鐮與麥籠用於收割和乘載，合掛大車、南方獨推車、及雙遣獨輪車則除了可以裝運穀物之外，還可以載人乘物。

　　上述七項器械皆為構造明確的機構 (類型 I)，組成均為車架上裝設車輪，前三者裝置二輪，第四與第五者架設四輪，而後二者則裝置單一輪子。由於機構分析時，對

(a) 木礰礋與石礰礋 [1]

(b) 磟碡 [1]　　(c) 輥軸 [1]

(d) 吨車 [1]　　(e) 石陀 [2]　　(f) 構造簡圖

圖 6.1 農田整地器械

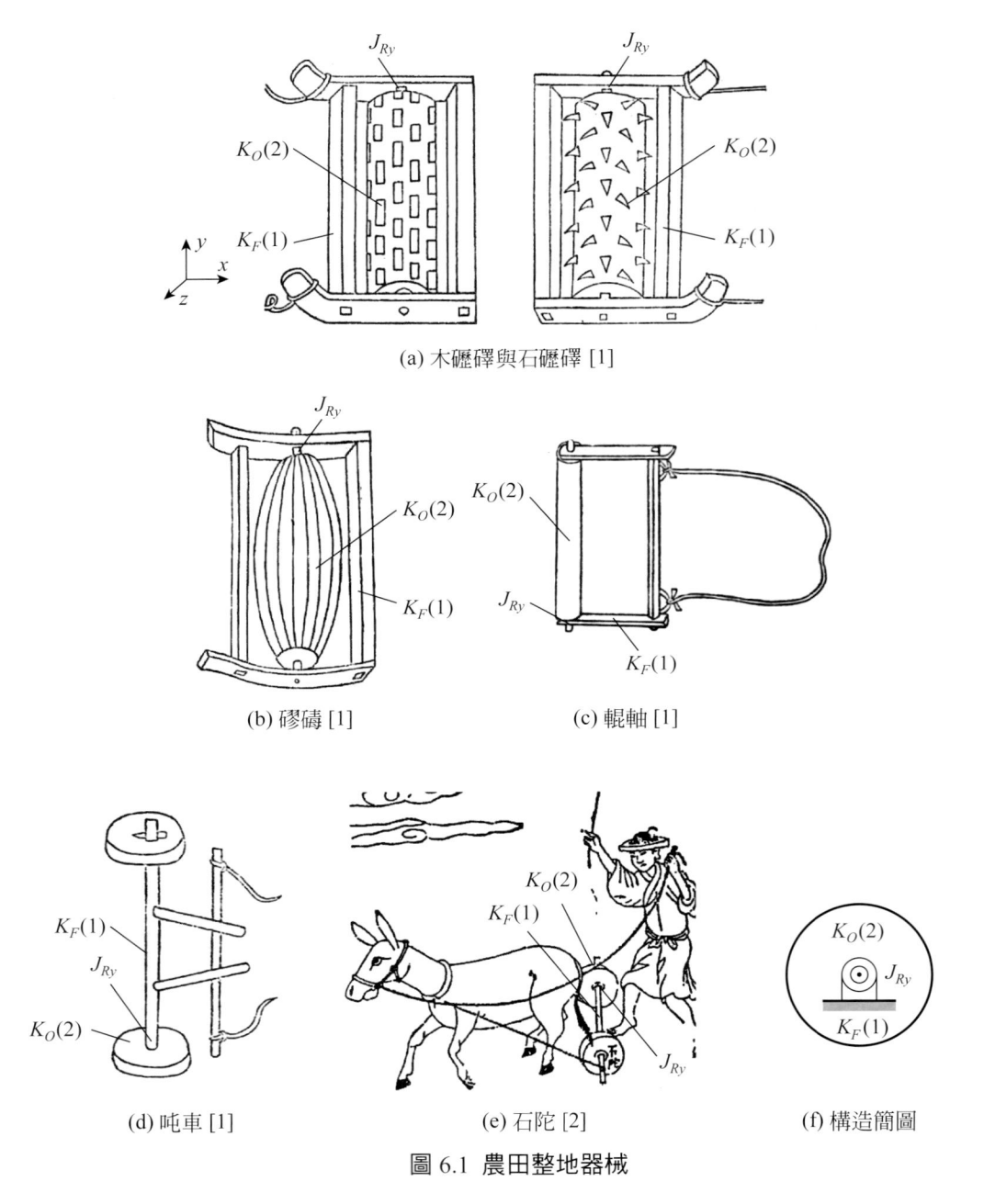

於構造上對稱的器械只取一組討論，因此這七項器械都判別為二桿一接頭的機構，以車架為機架 (桿 1，K_F)，套於機架的車輪為滾輪機件 (桿 2，K_O)，車輪以旋轉接頭 J_{Rz} 與機架相鄰接，圖 6.2(h) 所示者為其構造簡圖。

第 6 章　滾輪器械　93

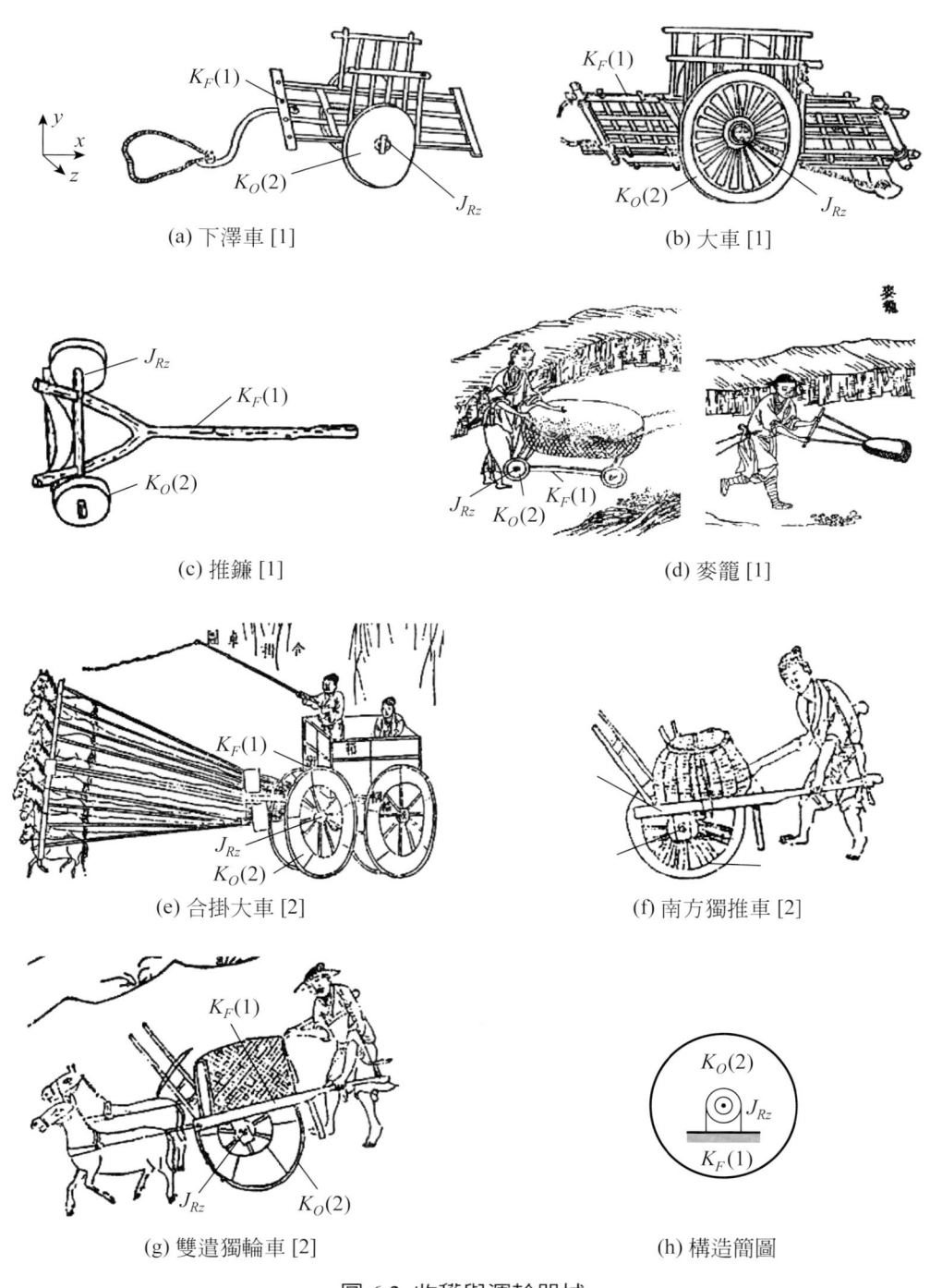

(a) 下澤車 [1]

(b) 大車 [1]

(c) 推鐮 [1]

(d) 麥籠 [1]

(e) 合掛大車 [2]

(f) 南方獨推車 [2]

(g) 雙遣獨輪車 [2]

(h) 構造簡圖

圖 6.2　收穫與運輸器械

6.3 穀物加工器械

應用滾輪的**穀物加工器械** (Grain processing device) 包含風車扇、磑、水磨、小碾、及滾石等五項農器，上述農器皆為**構造明確的機構**(類型 I)，茲分別敘述如下。

6.3.1 風車扇

風車扇 (Winnowing device) 或稱**揚扇**、**颺扇**，用以去除稻米中的糠粃與塵土，如圖 6.3(a) 所示 [1]，有手搖式與腳踏式二種。腳踏式風車扇的復原設計可見於第 5.3 節。手搖風車扇的組成包含箱體、曲柄、及轉軸，並於轉軸上嵌四或六頁薄板作為扇面。使用時將糠米置於箱體上方的木檻，檻底開有縫隙，可使稻米均勻的漏下；此時

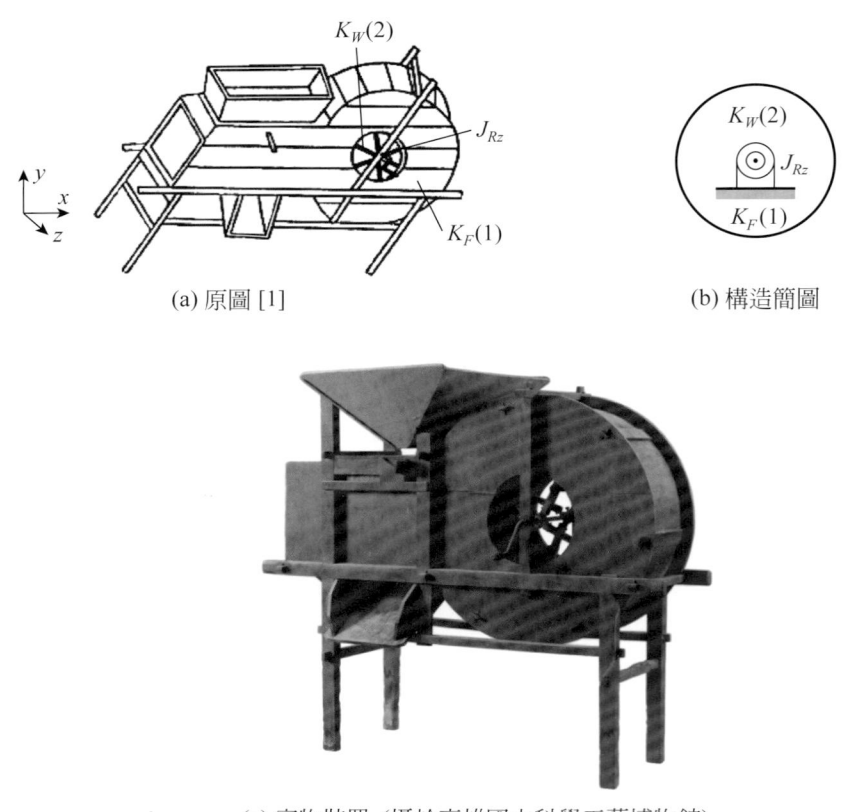

(a) 原圖 [1]　　　　　　　　　(b) 構造簡圖

(c) 實物裝置 (攝於高雄國立科學工藝博物館)

圖 6.3 風車扇

轉動扇葉，搧出的風力可將較輕的糠秕吹去，落到箱體底部的即是淨米。

手搖式風車扇為二桿一接頭的機構，包含以箱體為機架 (桿 1，K_F)，外部的曲柄與內部的轉軸扇葉沒有相對運動，可視為同一桿件 (桿 2，K_W)，轉軸扇葉以旋轉接頭 J_{Rz} 與機架相鄰接，圖 6.3(b)-(c) 分別為其構造簡圖與實物裝置。

6.3.2 礃與水磨

礃 (Animal-driven grinder) 與**水磨** (Water-driven grinder) 皆是磨的一種型態，用於粉碎穀物，分別如圖 6.4(a)-(b) 所示 [1]。其基本構造有上下二層，下層固定，上層旋轉。上層磨盤底部刻有磨槽，形狀以平行等分的多道斜紋為主，使得磨面均勻。中心以貫穿的軸連接，以便使上下層滑動摩擦。礃以獸力驅動，使其繞基座行走，並拖動

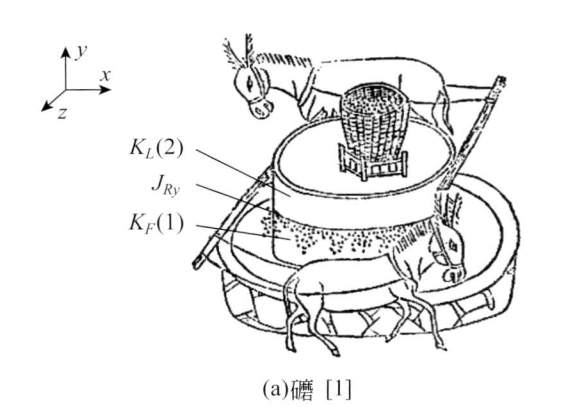

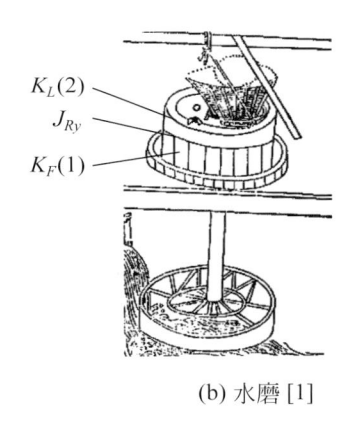

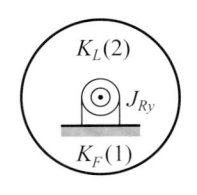

(a)礃 [1]　　　　　　　　　　(b) 水磨 [1]

(c) 構造簡圖　　　　　　　　(d) 實物裝置 (關曉武攝於西藏拉薩)

圖 6.4　礃與水磨

上層磨盤轉動。水磨則是在磨盤上裝置一長軸，並在長軸的另一端裝置臥式水輪，當流水推動水輪，即可帶動石磨轉動，達到研磨穀物的目的 [3]。

䃺與水磨均為二桿一接頭的機構。䃺的下層為固定機架 (桿 1，K_F)，上層的磨盤為運動桿件 (桿 2，K_L)，磨盤以旋轉接頭 J_{Ry} 與機架相鄰接。水磨的機構組成包含機架 (桿 1，K_F) 及具有水輪的磨盤 (桿 2，K_L)，磨盤以旋轉接頭 J_{Ry} 與機架相鄰接。二者的構造簡圖如圖 6.4(c) 所示，而圖 6.4(d) 所示者為水磨實物裝置。

6.3.3　小碾與滾石

小碾 (Small stone roller) 與**滾石** (Rolling stone) 常用來脫除稻殼或去除麥麩，如圖 6.5(a)-(b) 所示 [2]。小碾與滾石分別以雙手和獸力為動力來源，其組成包含中軸與中

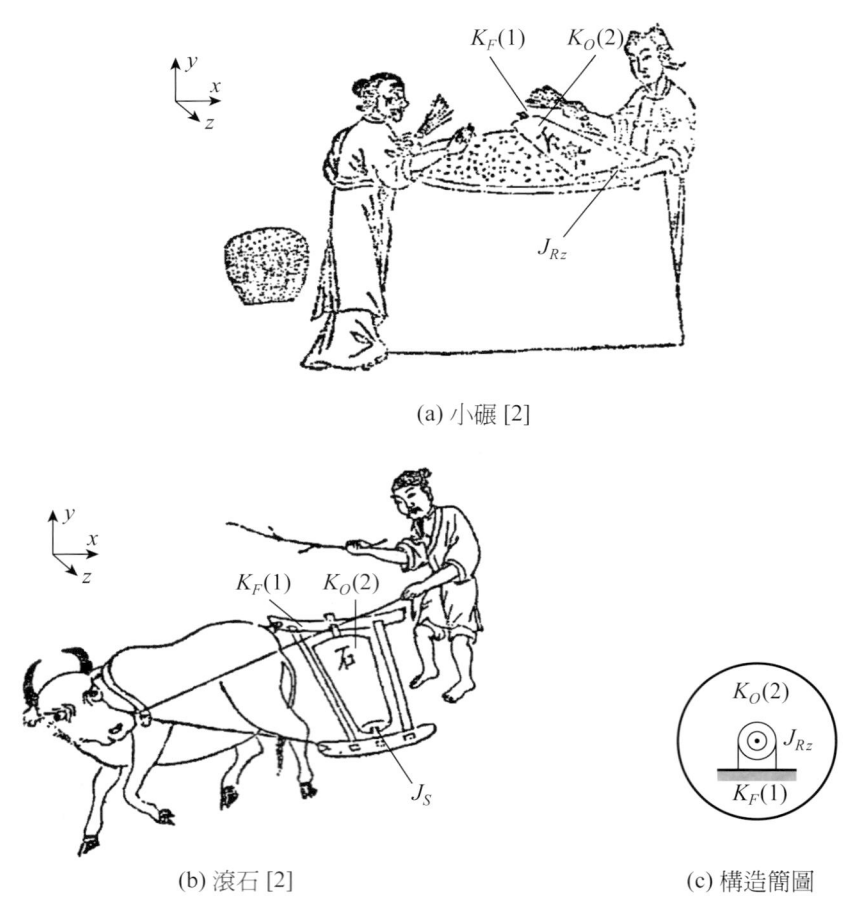

(a) 小碾 [2]

(b) 滾石 [2]

(c) 構造簡圖

圖 6.5 小碾與滾石

空圓柱。使用時，推動中軸，使圓柱輾過穀物，藉由碾壓脫去穀物外殼。兩裝置皆為二桿一接頭的機構，以中軸為機架 (桿 1，K_F)，中空圓柱為滾輪機件 (桿 2，K_O)，滾輪機件以旋轉接頭 J_{Rz} 與機架相鄰接，圖 6.5(c) 所示者為其構造簡圖。

6.4　汲水器械

應用滾輪的**汲水器械** (Water lifting device) 包含刮車、筒車、及龍尾等三項器械，上述器械皆為構造明確的機構 (類型 I)，茲分別敘述如下。

6.4.1　刮車

刮車 (Scrape wheel) 的組成包含支架與水輪，如圖 6.6(a) 所示 [1]。限用於高度一公尺以下的矮岸，於渠塘之側掘成與車輻同寬的峻槽；刮車裝置於槽內，使用時轉動與水輪相連的木拐 (曲柄)，水輪外圍的薄板即刮水上岸。刮車為二桿一接頭的機構，以支架為機架 (桿 1，K_F)，水輪為運動連桿 (桿 2，K_L)，具木拐的水輪以旋轉接頭 J_{Rz} 與機架相鄰接，圖 6.6(b) 所示者為其構造簡圖。

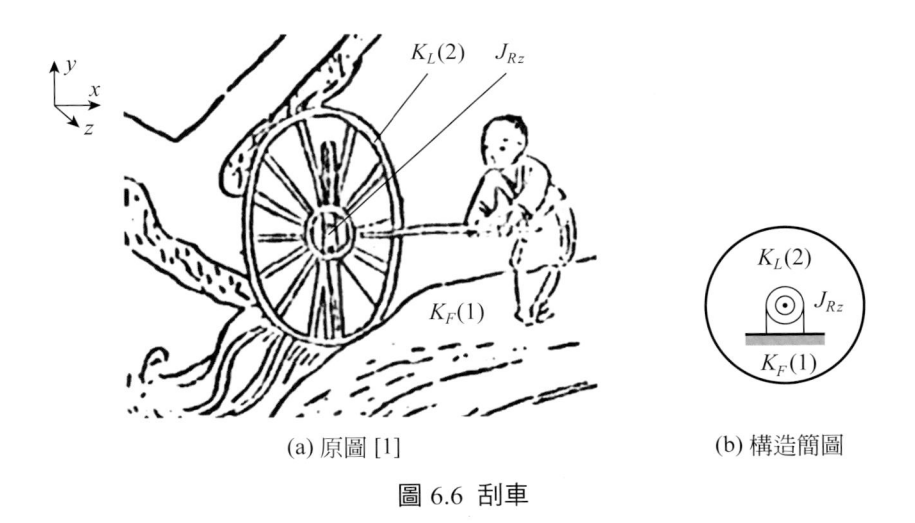

(a) 原圖 [1]　　(b) 構造簡圖

圖 6.6　刮車

6.4.2 筒車

筒車 (Cylinder wheel) 亦稱為水輪、竹車，用於舀水上岸，如圖 6.7(a) 所示 [2]。筒車由支架與水輪組成，水輪直徑視岸高而定，架設後須使輪高於岸；輪輻之間夾有受水板與竹筒，限用於激流險灘之處，以水流推動受水板使水輪轉動。

筒車為二桿一接頭機構，以支架為機架 (桿 1，K_F)，水輪為運動連桿 (桿 2，K_L)，水輪以旋轉接頭 J_{Rx} 與機架相鄰接。圖 6.7(b) 所示者為其構造簡圖，而圖 6.7(c)-(d) 分別為《天工開物》[2] 中筒車的仿製圖與實物裝置。

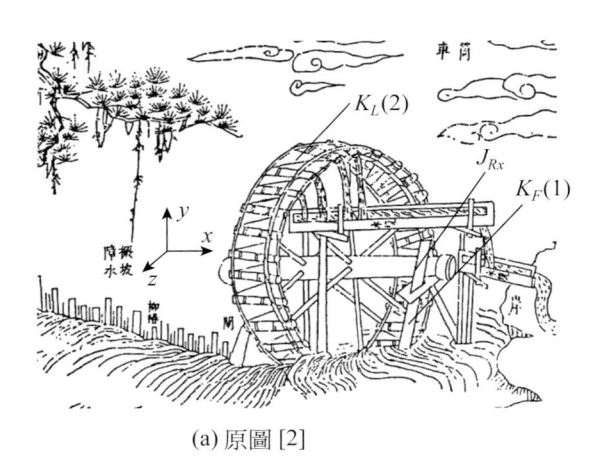

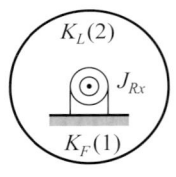

(a) 原圖 [2]　　　　(b) 構造簡圖

(c) 仿製圖　　　　(d) 實物裝置 (關曉武攝於甘肅蘭州)

圖 6.7 筒車

6.4.3 龍尾

龍尾 (Archimedean screw) 是明朝徐光啟 (AD 1562-1633) 與傳教士熊三拔 (Sabatino de Ursis) 合譯《泰西水法》一書後，由西方引進的灌溉器械，其組成包含傾斜的中空外筒及設有螺紋的中軸，中軸轉動時可藉由螺紋刮水上岸。圖 6.8(a_1)-(a_4) 所示者為局部零件的幾何外型描繪，圖 6.8(a_5) 則為架設後的完成圖 [4]。

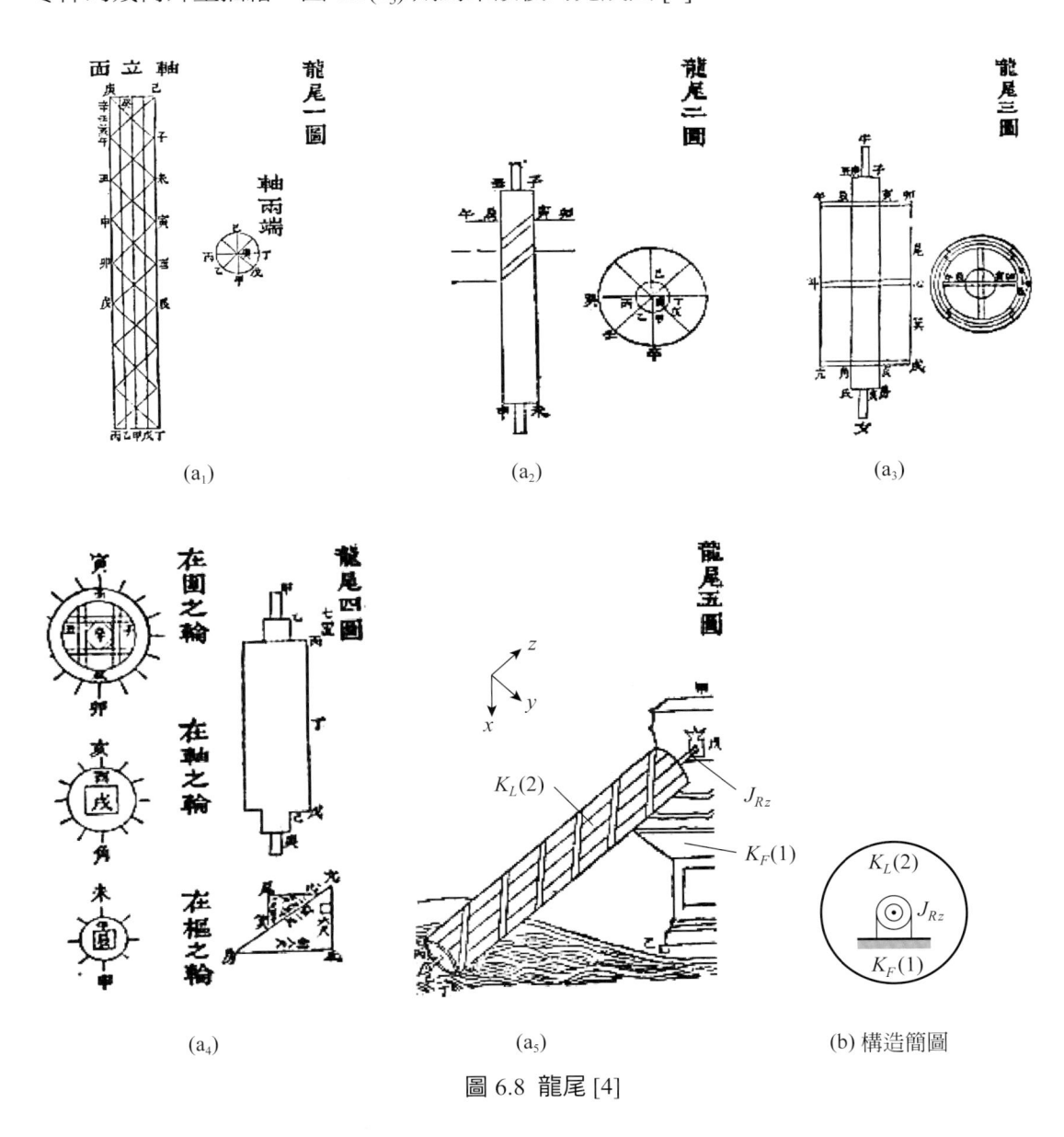

(a_1) (a_2) (a_3)

(a_4) (a_5) (b) 構造簡圖

圖 6.8 龍尾 [4]

龍尾為二桿一接頭機構，以外筒為機架（桿 1，K_F），中軸螺桿為運動連桿（桿 2，K_L），中軸螺桿以旋轉接頭 J_{Rz} 與機架相鄰接，圖 6.8(b) 所示者為其構造簡圖。

6.5 戰爭武器

應用滾輪的**戰爭武器** (War weapon)，根據功能可分為偵察、攻堅、及防禦等三類共 11 項，其中，具偵查功能的器械包含巢車與望樓車，攻堅功能的器械包含壕橋、風扇車、轒轀車、雲梯、砲車、及撞車，防禦功能的器械則有櫓、狼牙拍、及木幔車，上述器械皆為構造明確的機構（類型 I），茲分別敘述如下。

6.5.1 偵察器械

歷代兵家皆將偵察敵情列為重要工作，偵察用的**巢車** (Investigating wagon) 即是最具代表性的器械，如圖 6.9(a) 所示 [5]，可追溯至春秋時期 (770-476 BC)[6]。巢車中的板屋（能升降的木屋）可容二人，內用堅固木材，外披生牛皮，可防敵人石矢攻擊。偵察人員進入板屋後，需以滑輪提升高度，以使偵察人窺得敵軍狀態。巢車裝有數輪，使其可以推行，進而使偵察人乘車瞭望，隨處平衡。

巢車可分為滾輪裝置與滑輪裝置二部分，滾輪裝置為二桿一接頭的機構，以車身為機架（桿 1，K_F），套於機架的車輪為滾輪機件（桿 2，K_O），車輪以旋轉接頭 J_{Rz} 與機架相鄰接，圖 6.9(b) 所示者為其構造簡圖。滑輪裝置為四桿三接頭的機構，包含機架（桿 1，K_F）、滑輪（桿 3，K_U）、繩索（桿 4，K_T）、及板屋（桿 5，K_B）。在接頭方面，滑輪以旋轉接頭 (J_{Rz}) 與機架相鄰接，繩索以迴繞接頭 (J_W) 與線接頭 (J_T) 分別和滑輪與板屋相鄰接，圖 6.9(c) 所示者為其構造簡圖。

《武備志》[5] 中另有一款名為**望樓車** (Investigating wagon) 的偵察器械，如圖 6.9(d) 所示 [5]。其功能與巢車相同，但構造去除滑輪與繩索，簡化為只有滾輪裝置；板屋則直接固定於直立桿（機架）上，偵察人員須費力爬上板屋，其構造簡圖如圖 6.9(b) 所示。

(a) 巢車 [5]

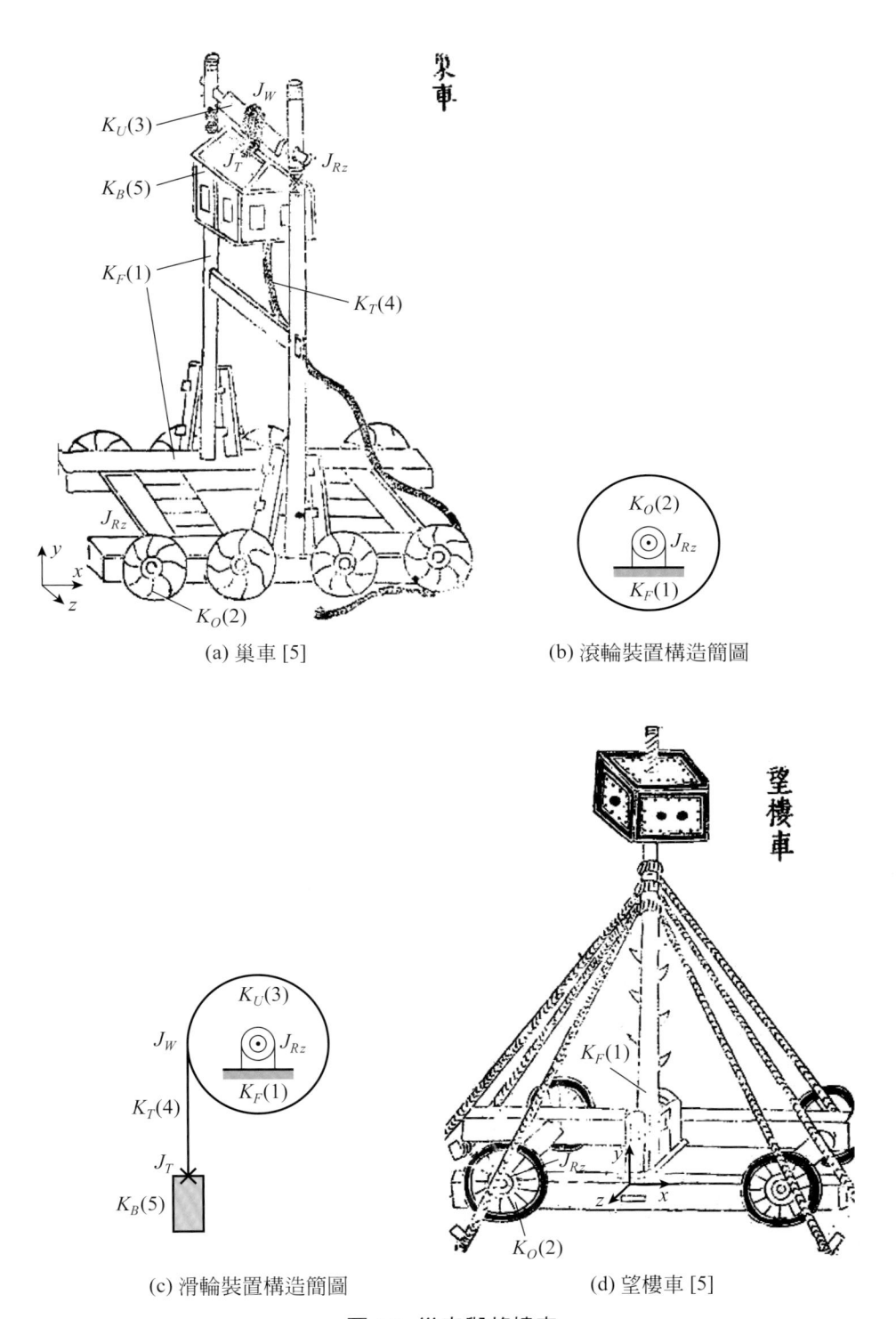

(b) 滾輪裝置構造簡圖

(c) 滑輪裝置構造簡圖

(d) 望樓車 [5]

圖 6.9 巢車與望樓車

6.5.2 攻堅器械

商朝時期 (1600-1100 BC) 已在城牆外挖掘壕溝，因此必須渡過壕溝後，才能開始攻城。**壕橋** (Moat bridge) 則用於協助軍隊與設備通過壕溝的裝置，如圖 6.10(a) 所示 [5]，其為二桿一接頭的機構，包含以橋架為機架 (桿 1，K_F)，套於機架的車輪為滾輪機件 (桿 2，K_O)，車輪以旋轉接頭 (J_{Rz}) 與機架相鄰接，圖 6.10(b) 所示者為其構造簡圖。

另有在傳統壕橋上加置一根連桿 (桿 3，K_L)，可以加長過溝的距離；不用時，亦可摺疊收放不佔空間，如圖 6.10(c) 所示 [5]。摺疊裝置亦為二桿一接頭機構，包含機架 (桿 1，K_F) 與摺疊桿 (桿 3，K_L)，摺疊桿以旋轉接頭 (J_{Rz}) 與機架相鄰接，圖 6.10(d) 所示者為其構造簡圖。

風扇車 (Winnowing device) 或稱**揚風車**，與第 6.3 節介紹的風車扇構造相似，但用途不同。戰爭器械中的揚風車，藉由轉動扇葉產生強風，達到燃火助攻或揚起沙土的功能，如圖 6.11(a)-(b) 所示 [5]。揚風車為二桿一接頭的機構，包含以腳架為機架 (桿 1，K_F) 及具曲柄的轉軸扇葉 (桿 2，K_W)，轉軸扇葉以旋轉接頭 (J_{Rx}) 與機架相鄰接，圖 6.11(c) 所示者為其構造簡圖。

轒輼車 (Digging wagon) 的功能為保護攻方士兵接近敵軍，並掩護士兵挖掘地道或進行其它工作，可追溯至春秋時期 (770-476 BC)[6]。轒輼車下置數個輪子，車架堅固且外披生牛皮。此類車的名稱、尺寸、及形狀或有不同，但必然沒有底板，便於隱藏車內的士兵推動車輛前進或挖掘地道，如圖 6.12(a)-(c) 所示 [5]。轒輼車為二桿一接頭的機構，包含以車架為機架 (桿 1，K_F)，套於機架的車輪為滾輪機件 (桿 2，K_O)，車輪以旋轉接頭 (J_{Rz}) 與機架相鄰接，圖 6.12(d) 所示者為其構造簡圖。

雲梯 (Tower ladder wagon) 或稱搭車、搭天車，使攻方士兵可藉由雲梯爬上城牆強行登城，具有快捷迅猛的特點，如圖 6.13(a)-(c) 所示 [5]。雲梯於春秋時期 (770-476 BC) 已有相關的文獻記錄 [3, 6]，應由單一木梯結合推車發展而成，其構造可分為滾輪裝置與木梯裝置二部分。滾輪裝置為二桿一接頭的機構，以車身為機架 (桿 1，K_F)，套於機架的車輪為滾輪機件 (桿 2，K_O)，車輪以旋轉接頭 J_{Rz} 與機架相鄰接，圖 6.13(d) 所示者為其構造簡圖。木梯裝置亦為二桿一接頭的機構，包含機架 (桿 1，K_F) 與木梯 (桿 3，K_L)，木梯以旋轉接頭 (J_{Rz}) 與機架相鄰接，圖 6.13(e) 所示者為其構造簡圖。

砲車 (Ballista wagon) 或稱行砲車、砲樓，即裝置在推車上的拋石機，用於拋射石球攻擊遠距離的目標，如圖 6.14(a)-(b) 所示 [5]。砲的發明使用源遠流長，根據考古資料，舊石器與新石器時代的遺址，分別有多處發現石球 [3, 6]。東漢末年 (AD 200)，

(a) 壕橋 [5]

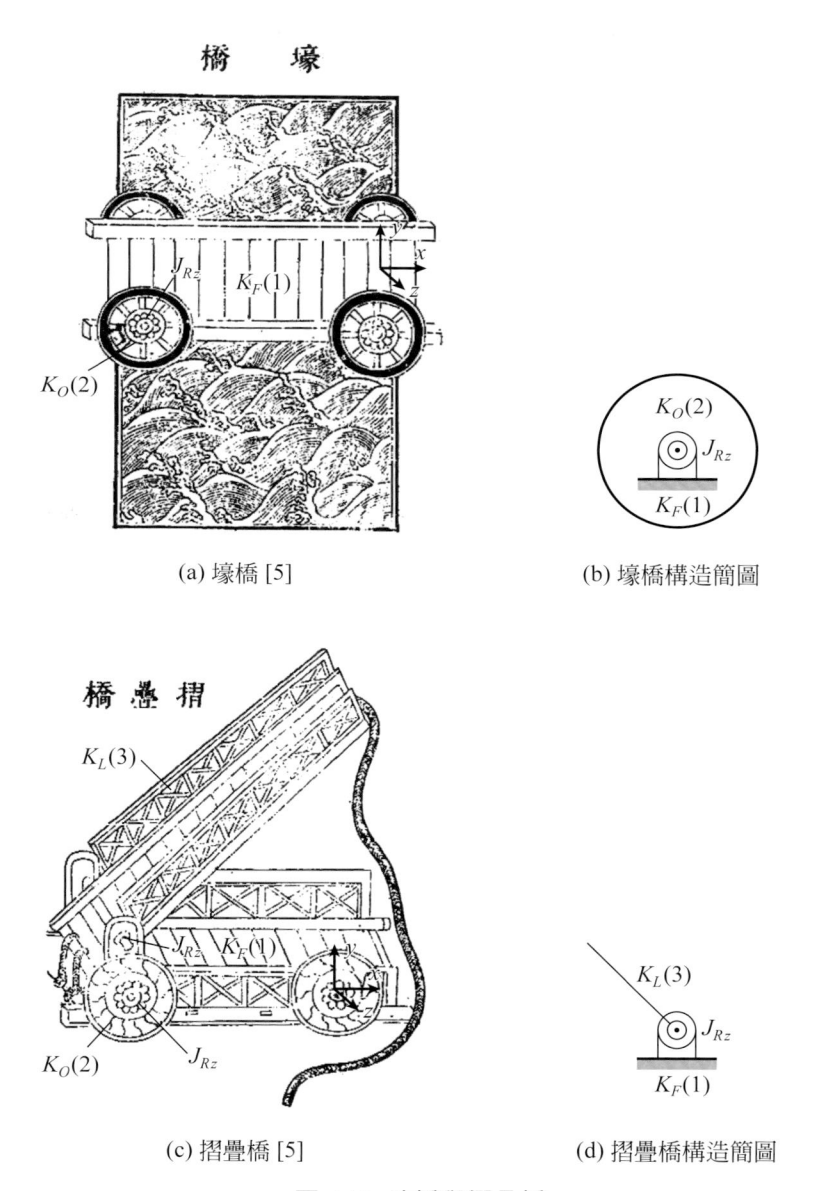

(b) 壕橋構造簡圖

(c) 摺疊橋 [5]

(d) 摺疊橋構造簡圖

圖 6.10 壕橋與摺疊橋

104　古中國書籍具插圖之機構

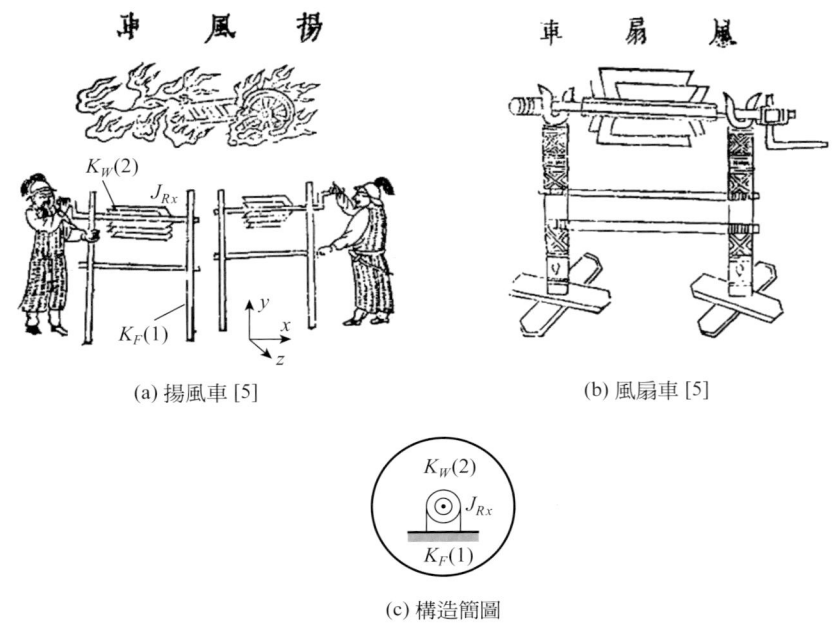

(a) 揚風車 [5]

(b) 風扇車 [5]

(c) 構造簡圖

圖 6.11　揚風車與風扇車

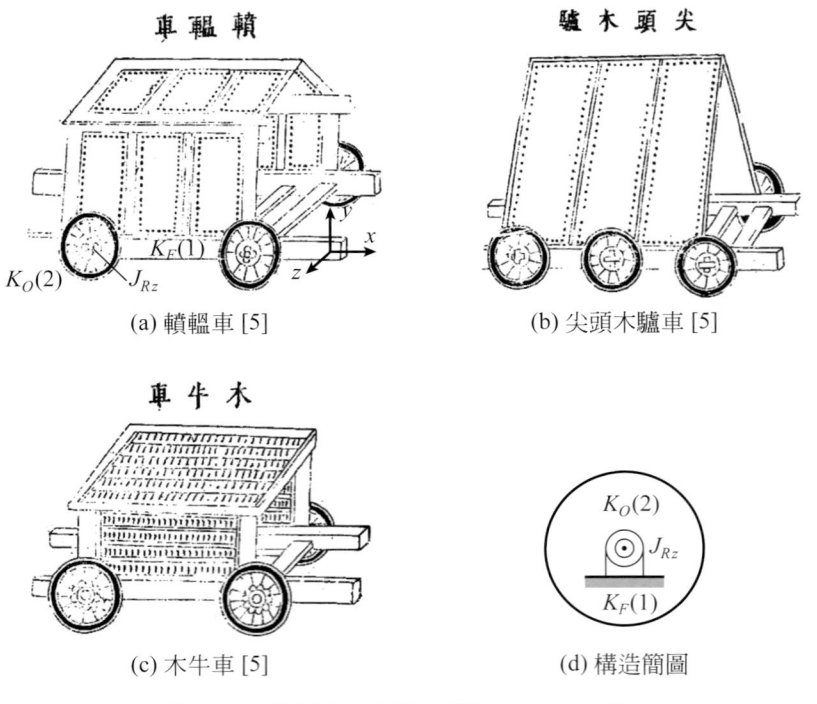

(a) 轒輼車 [5]

(b) 尖頭木驢車 [5]

(c) 木牛車 [5]

(d) 構造簡圖

圖 6.12　轒輼車、尖頭木驢車、及木牛車

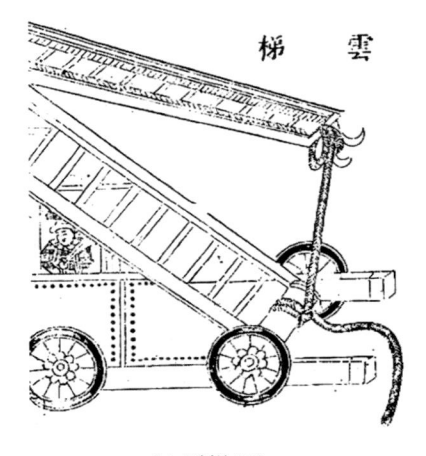

(a) 雲梯 [5]

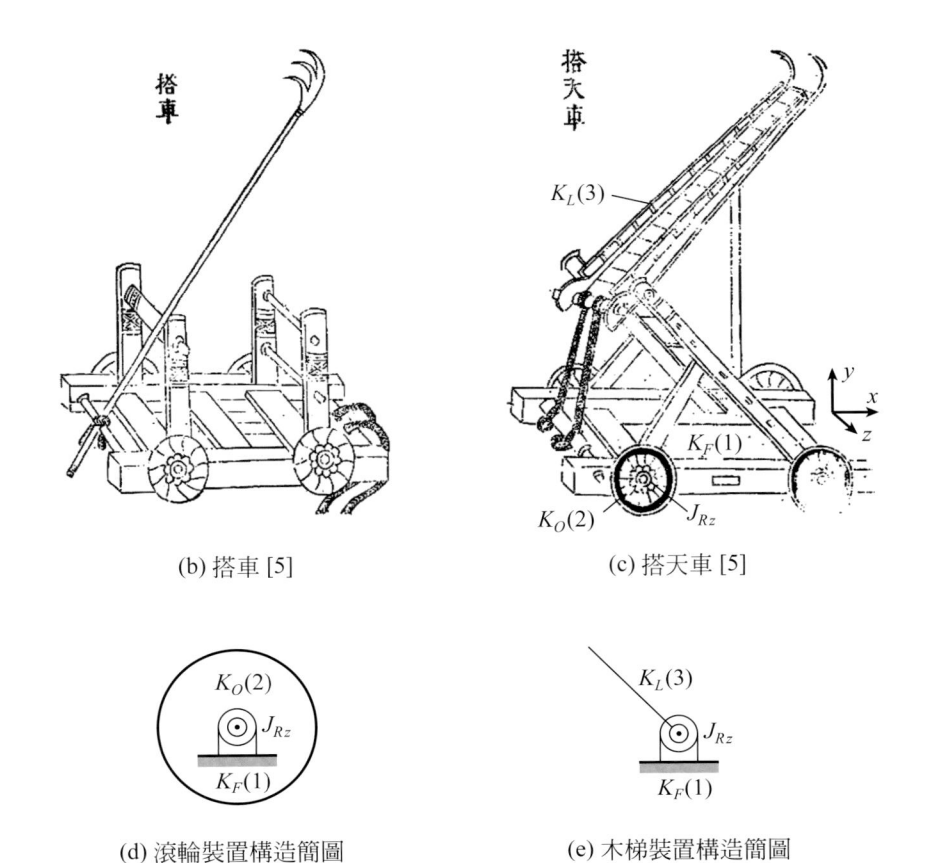

(b) 搭車 [5]

(c) 搭天車 [5]

(d) 滾輪裝置構造簡圖

(e) 木梯裝置構造簡圖

圖 6.13 雲梯、搭車、及搭天車

106　古中國書籍具插圖之機構

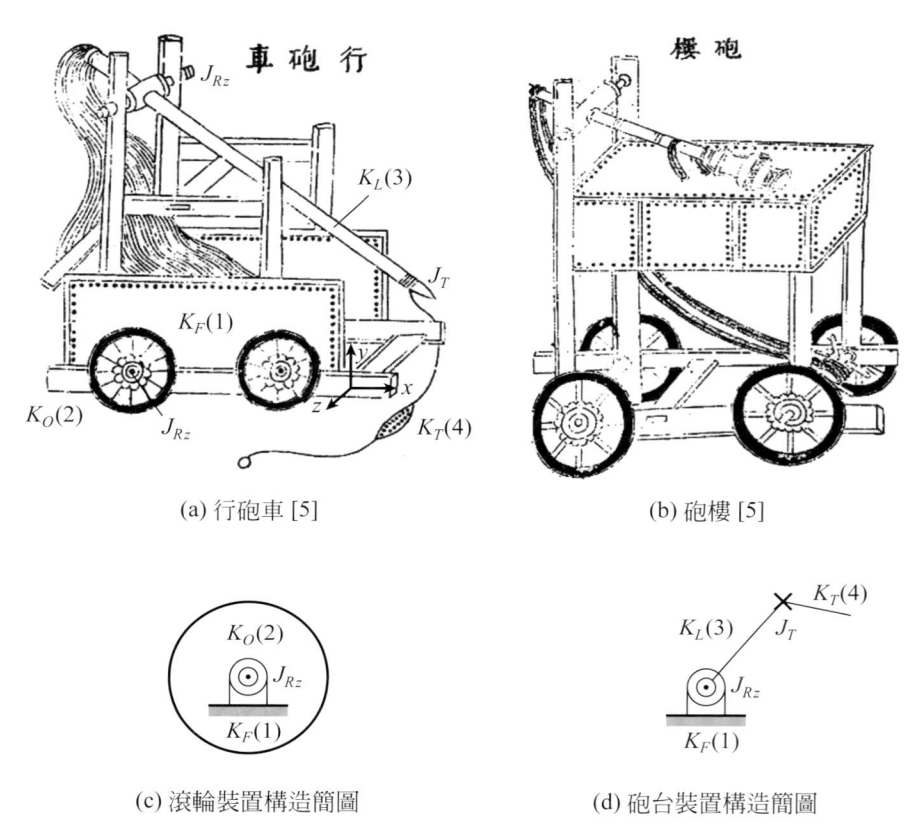

(a) 行砲車 [5]　　　　　　　　　(b) 砲樓 [5]

(c) 滾輪裝置構造簡圖　　　　　(d) 砲台裝置構造簡圖

圖 6.14　行砲車與砲樓

發展出兼具機動性與攻擊力的砲車，其構造包含滾輪裝置與砲台裝置二部分。滾輪裝置為二桿一接頭的機構，以車身為機架 (桿 1，K_F)，套於機架的車輪為滾輪機件 (桿 2，K_O)，車輪以旋轉接頭 J_{Rz} 與機架相鄰接，圖 6.14(c) 所示者為其構造簡圖。砲台裝置為三桿二接頭的機構，包含機架 (桿 1，K_F)、砲桿 (桿 3，K_L)、及繩索 (桿 4，K_T)，砲桿以旋轉接頭 (J_{Rz}) 與線接頭 (J_T) 分別和機架與繩索相鄰接，圖 6.14(d) 所示者為其構造簡圖。

撞車 (Colliding wagon) 或稱冲車，用於撞擊城門與城牆，墨子即把冲車攻城的方式稱作冲 [3]，如圖 6.15(a) 所示 [5]。撞車的構造包含滾輪裝置與撞桿裝置二部分。滾輪裝置為二桿一接頭的機構，以車身為機架 (桿 1，K_F)，套於機架的車輪為滾輪機件 (桿 2，K_O)，車輪以旋轉接頭 J_{Rz} 與機架相鄰接，圖 6.15(b) 所示者為其構造簡圖。撞桿裝置為三桿二接頭的機構，包含機架 (桿 1，K_F)、繩索 (桿 3，K_T)、及撞桿 (桿 4，K_L)，繩索以線接頭 (J_T) 分別和機架與撞桿相鄰接，圖 6.15(c) 所示者為其構造簡圖。

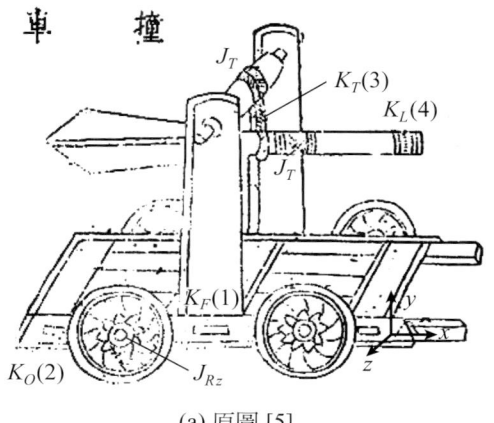

(a) 原圖 [5]

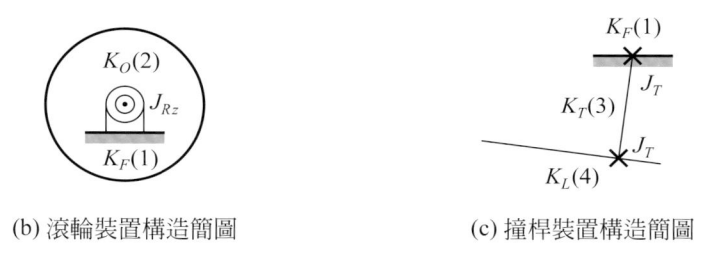

(b) 滾輪裝置構造簡圖　　　(c) 撞桿裝置構造簡圖

圖 6.15　撞車

6.5.3　防禦器械

檑或稱**雷** (Thrower)，用於向下投擲並打擊攻方士兵和器械的重物，有數種不同類型，如圖 6.16(a) 所示 [5]。檑為三桿二接頭的機構，包含木檑 (桿 1，K_L)、滾輪 (桿 2，K_O)、及繩索 (桿 3，K_T)，木檑以旋轉接頭 (J_{Rx}) 與線接頭 (J_T) 分別和滾輪與繩索相鄰接，圖 6.16(b) 所示者為其構造簡圖。

狼牙拍 (Thrower) 的功能與檑相同，只是加大尖銳物的範圍，並裝置在滑輪上，便於操作，如圖 6.17(a) 所示 [5]。狼牙拍為四桿三接頭的機構，包含機架 (桿 1，K_F)、滑輪 (桿 2，K_U)、繩索 (桿 3，K_T)、及狼牙拍 (桿 4，K_B)。在接頭方面，滑輪以旋轉接頭 (J_{Rx}) 與機架相鄰接，繩索以迴繞接頭 (J_W) 與線接頭 (J_T) 分別和滑輪與狼牙拍相鄰接，圖 6.17(b) 所示者為其構造簡圖。

晉朝 (AD 265-316) 之前，**木幔車** (Wooden shield wagon) 已用於戰爭中 [3]，最早的功能為掩護步兵爬城，後來逐漸轉為抵擋攻方發射之石球的防禦器械，如圖 6.18(a)

(a) 原圖 [5]　　　　　　　　　　　　(b) 構造簡圖

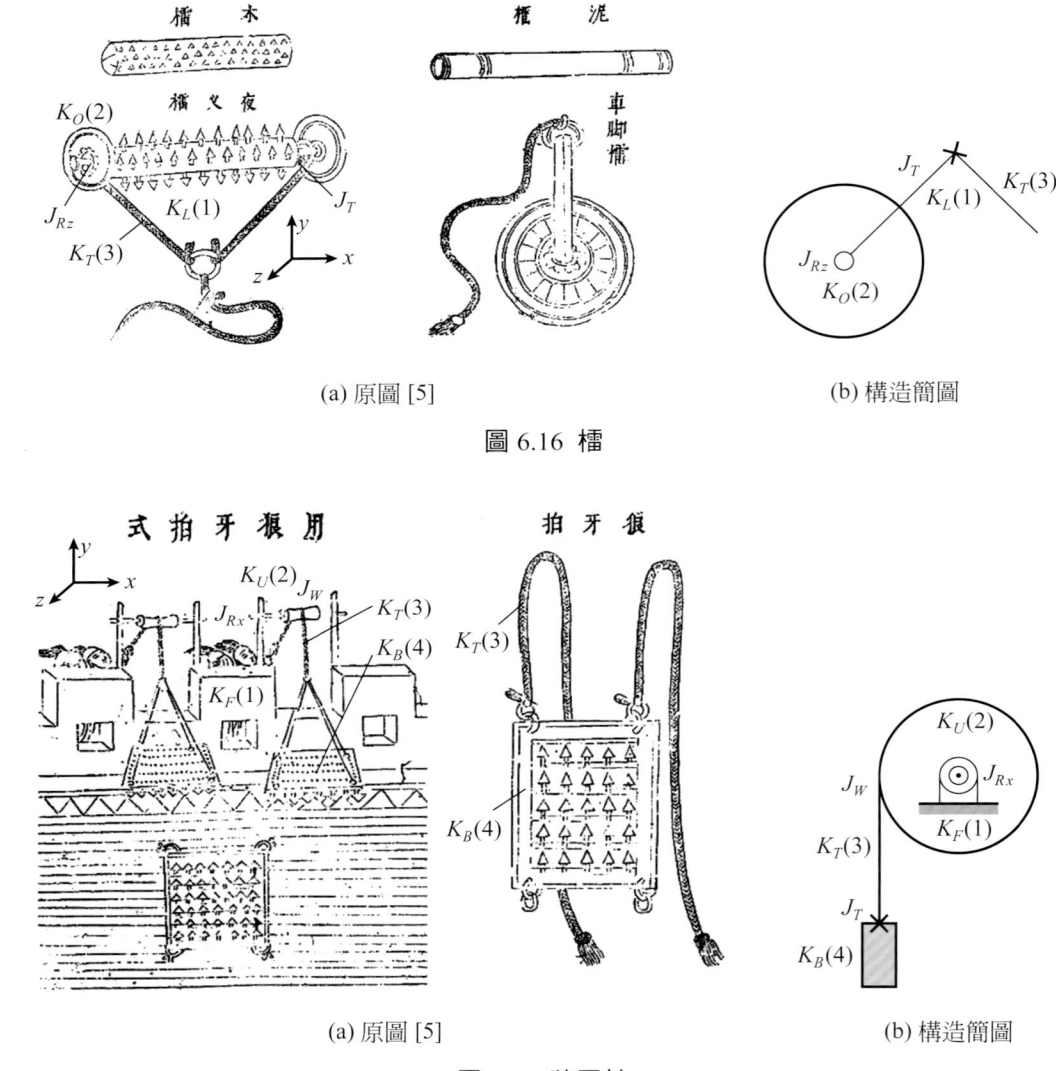

圖 6.16 檑

(a) 原圖 [5]　　　　　　　　　　　　(b) 構造簡圖

圖 6.17 狼牙拍

所示 [5]，其構造包含滾輪裝置與盾牌裝置二部分。滾輪裝置為二桿一接頭的機構，以車身為機架 (桿 1，K_F)，套於機架的車輪為滾輪機件 (桿 2，K_O)，車輪以旋轉接頭 J_{Rz} 與機架相鄰接，圖 6.18(b) 所示者為其構造簡圖。盾牌裝置為四桿三接頭的機構，包含機架 (桿 1，K_F)、連桿 (桿 3，K_L)、繩索 (桿 4，K_T)、及盾牌 (桿 5，K_B)。在接頭方面，繩索以線接頭 (J_T) 分別和連桿與盾牌相鄰接，連桿則以具 x 方向滑行與 yz 方向旋轉的接頭 (J_{Ryz}^{Px}) 和機架相鄰接，圖 6.18(c) 所示者為其構造簡圖。連桿與機架鄰接方式，可使士兵方便操作盾牌位置，降低攻方石球與弓箭的殺傷力。

(a) 原圖 [5]

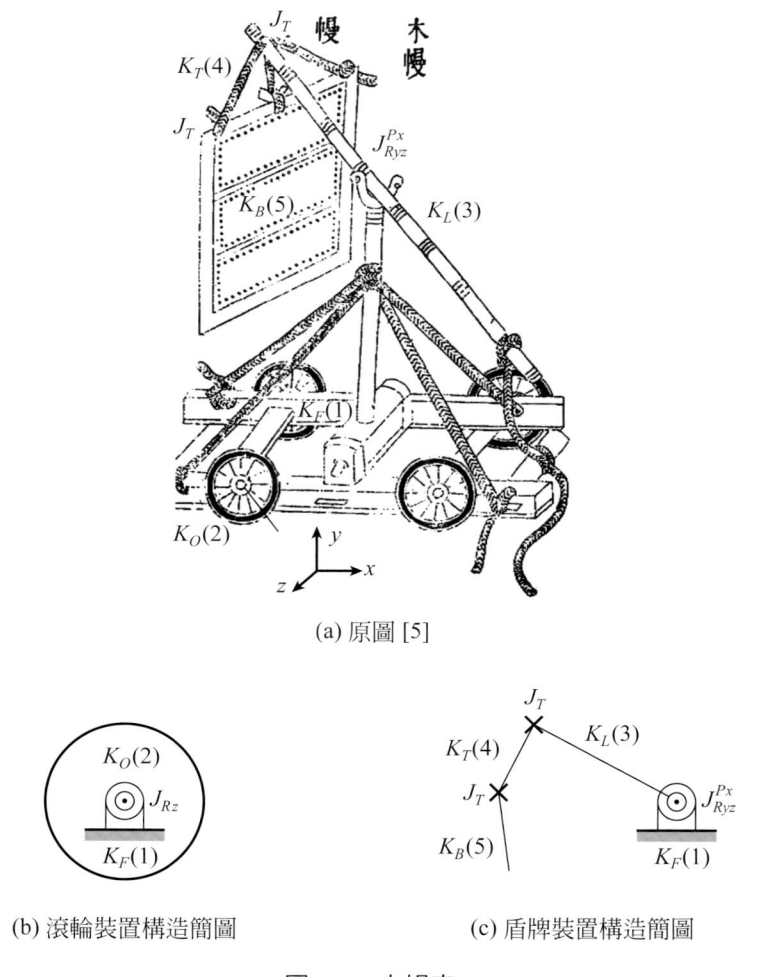

(b) 滾輪裝置構造簡圖

(c) 盾牌裝置構造簡圖

圖 6.18 木幔車

6.6　其它器械

應用滾輪且無法歸類於上述五類的器械包含活字板韻輪、木棉攪車、絞車、及陶車等四項，上述器械皆為構造明確的機構 (類型 I)，茲分別敘述如下。

6.6.1 活字板韻輪

在北宋畢昇 (AD ~970-1051) 發明膠泥活字排板印刷的基礎上，元朝王禎 (AD 1271-1368) 以木活字代替膠泥活字，改善膠泥活字「難以使墨、率多印壞，所以不能久行」的缺點，並發明轉輪儲字盤，活字依聲韻排列於盤內，使用時只要轉動輪盤就可以揀字，大幅提升揀字工的效率，如圖 6.19(a) 所示 [1]。

活字板韻輪 (Type keeping wheel) 為二桿一接頭的機構，以底座為機架 (桿 1，K_F)，活字板韻輪為運動連桿 (桿 2，K_L)，活字板韻輪以旋轉接頭 J_{Ry} 與機架相鄰接。圖 6.19(b)-(c) 所示者分別為其構造簡圖與原型機模型。

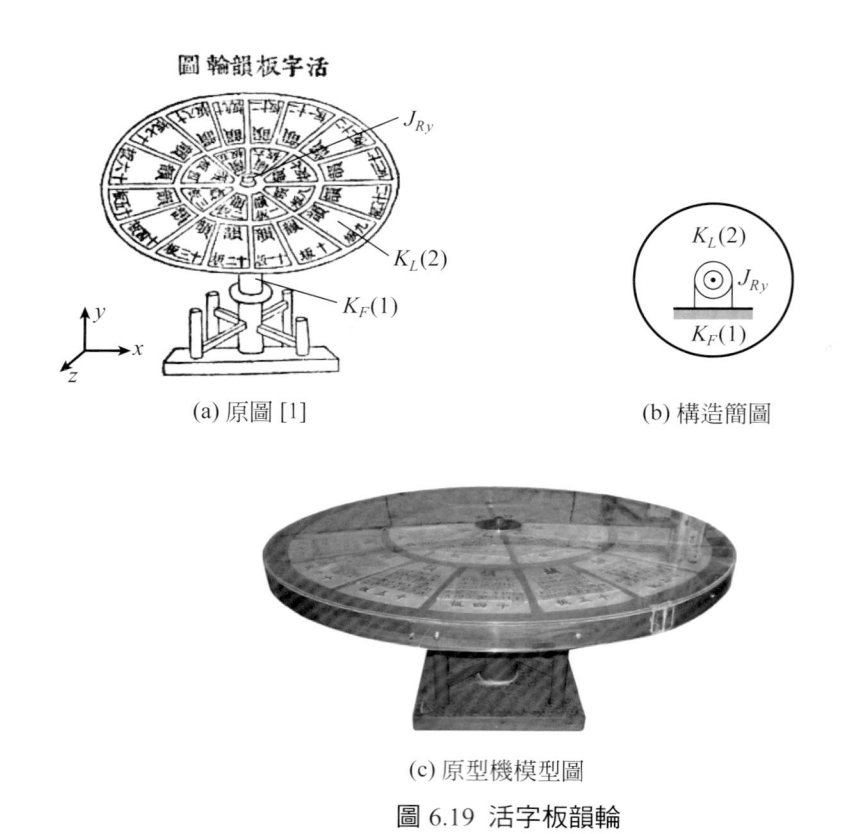

(a) 原圖 [1]

(b) 構造簡圖

(c) 原型機模型圖

圖 6.19 活字板韻輪

6.6.2 木棉攪車

木棉攪車 (Cottonseed removing device) 用於紡織前棉纖維的處理，如圖 6.20(a) 所示 [1]，有手搖式與腳踏式二種；本章僅分析手搖式木棉攪車，腳踏式者將於第 9 章撓性傳動機構中說明。棉花採收並晾乾後，以木棉攪車碾壓，以便分離棉花與棉核。其組成包含木框與二根轉軸，轉軸上各帶有掉拐 (曲柄) 以便轉動，轉軸與掉拐之間沒有相對運動，可視為同一桿件。手搖式木棉攪車需要二位操作者反方向同時轉動掉拐，並使棉花進入二根轉軸之間，軋出棉核。

分析機構時只採一組轉軸，因此木棉攪車為二桿一接頭的機構。以木框為機架 (桿 1，K_F)，具掉拐的轉軸為運動連桿 (桿 2，K_L)，具掉拐的轉軸以旋轉接頭 J_{Rx} 與機架相鄰接，圖 6.20(b) 所示者為其構造簡圖。

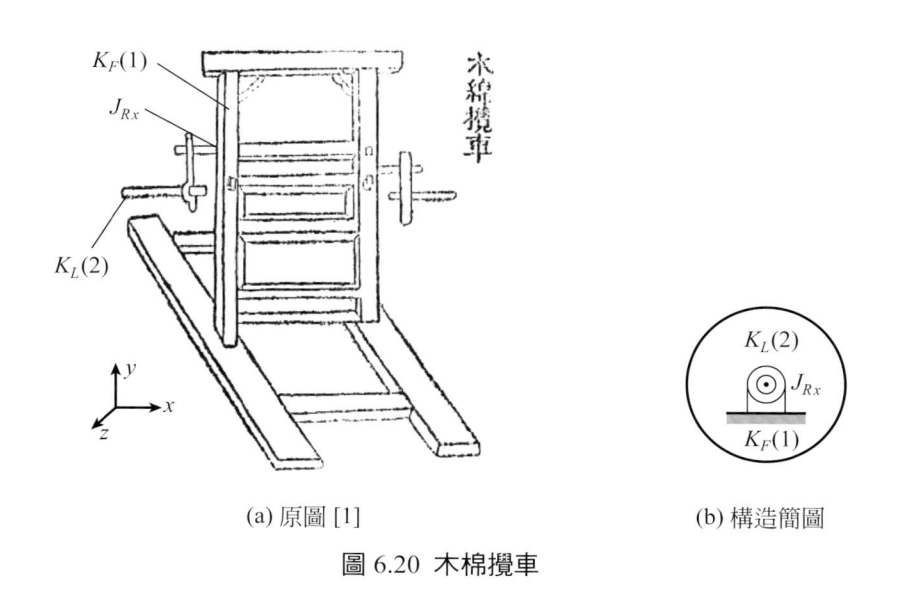

(a) 原圖 [1]　　　　　　　　　(b) 構造簡圖

圖 6.20　木棉攪車

6.6.3 絞車

絞車 (Linen spinning device) 用以處理麻枲纖維，如圖 6.21(a) 所示 [1]，其組成包含木架與軒轂，使用者左手牽捻麻枲纖維，右手轉動軒轂。絞車為二桿一接頭的機構，以木框為機架 (桿 1，K_F)，轉軸為運動連桿 (桿 2，K_L)，轉軸以旋轉接頭 J_{Rx} 與機架相鄰接，圖 6.21(b) 所示者為其構造簡圖。

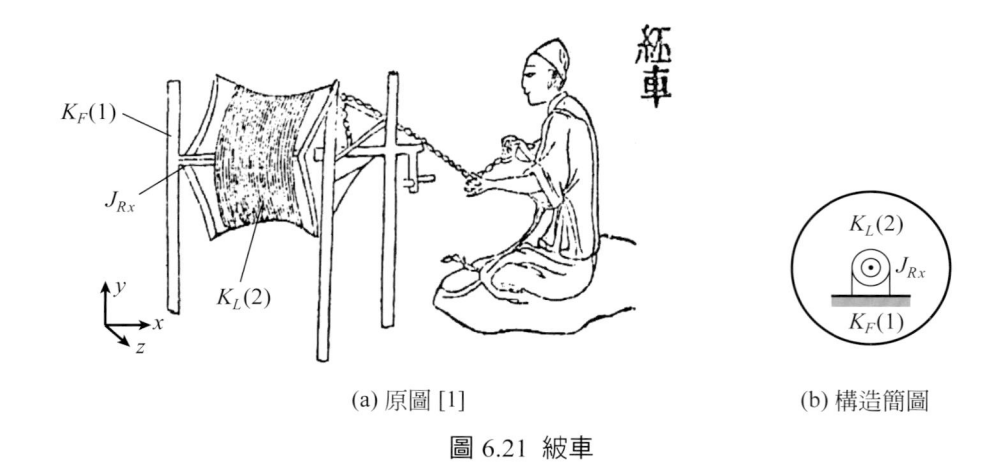

(a) 原圖 [1]

(b) 構造簡圖

圖 6.21 絃車

6.6.4 陶車

陶車 (Pottery making device) 用於製作各種陶瓷器具，如圖 6.22(a) 所示 [2]。陶瓷的製作首先調查土質，確定泥土後，根據器物大小取泥於陶車的旋盤上，以拇指按壓泥的底部，輕轉旋盤，即成坯形。

陶車為二桿一接頭的機構，以底座為機架 (桿 1，K_F)，旋盤為運動連桿 (桿 2，K_L)，旋盤以旋轉接頭 J_{Ry} 與機架相鄰接，圖 6.22(b) 所示者為其構造簡圖。

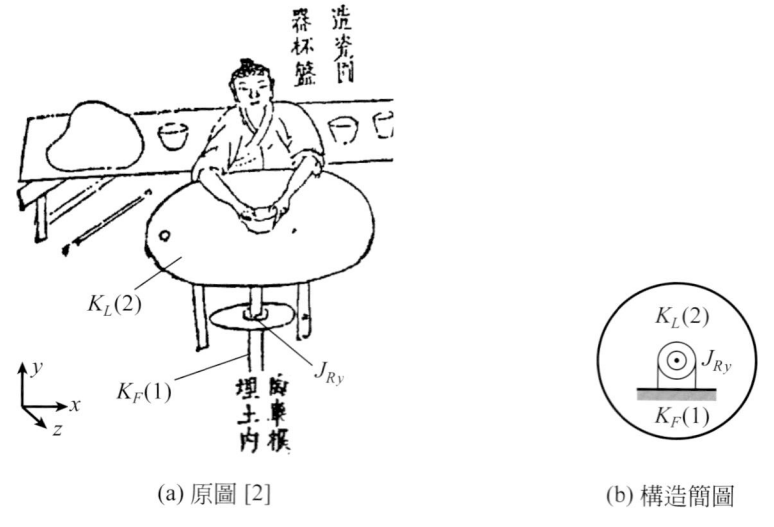

(a) 原圖 [2]

(b) 構造簡圖

圖 6.22 陶車

6.7　小結

　　本章以現代機構學的觀點，分析古籍技術類專書中具滾輪元件的器械。由於旋轉接頭具有容易製造與功能廣泛等優點，因此古中國的機械裝置大量使用旋轉接頭與轉動元件。

　　第 2 章所介紹之五本專書中，共有 35 件具滾輪元件的器械，這些裝置皆為構造明確的機構 (類型 I)，如表 6.1 所列。本章共有 42 張原圖、28 張構造簡圖、一張仿製圖、一張原型機模型圖、及三張實物裝置圖。若轉動元件作為滾輪之用，則該器械多屬整地、運輸等用途；此外，轉動元件也廣泛應用於農業生產、穀物加工、汲水灌溉、紡織纖維處理、及陶瓷製作等用途。本章介紹之機械元件與接頭包含滾輪、連桿、繩索、旋轉接頭、迴繞接頭、及線接頭，在動力來源方面，則包含人力、獸力、及水力。

❍ 表 6.1 滾輪裝置（35 件）

機構名稱　　書名	《農書》	《武備志》	《天工開物》	《農政全書》	《欽定授時通考》
礰礋 　　圖 6.1 　　類型 I	《耒耜》			《農器》	
䃀碌 　　圖 6.1 　　類型 I	《耒耜》			《農器》	
輥軸 　　圖 6.1 　　類型 I	《杷朳》			《農器》	《收穫》
砘車 　　圖 6.1 　　類型 I	《耒耜》			《農器》	
石陀 　　圖 6.1 　　類型 I			《乃粒》		
下澤車 　　圖 6.2 　　類型 I	《舟車》				
大車 　　圖 6.2 　　類型 I	《舟車》				

○ 表 6.1 滾輪裝置（35 件）（續）

機構名稱 \ 書名	《農書》	《武備志》	《天工開物》	《農政全書》	《欽定授時通考》
推鎌 圖 6.2 類型 I	《銍艾》			《農器》	
麥籠 圖 6.2 類型 I	《麰麥》			《農器》	《收穫》
合掛大車 圖 6.2 類型 I			《舟車》		
南方獨推車 圖 6.2 類型 I			《舟車》		
雙遣獨輪車 圖 6.2 類型 I			《舟車》		
風車扇 圖 6.3 類型 I	《杵臼》		《碎精》		《攻治》
磑 圖 6.4 類型 I	《杵臼》		《碎精》	《農器》	《攻治》
水磨 圖 6.4 類型 I	《利用》			《水利》	《攻治》
小碾 圖 6.5 類型 I			《碎精》		《攻治》
滾石 圖 6.5 類型 I			《碎精》		
刮車 圖 6.6 類型 I	《灌溉》			《水利》	《灌溉》
筒車 圖 6.7 類型 I	《灌溉》		《乃粒》	《水利》	《灌溉》
龍尾 圖 6.8 類型 I		《軍資乘》		《水利》	《泰西水法》
巢車 圖 6.9 類型 I		《軍資乘》			

○ 表 6.1 滾輪裝置（35 件）（續）

機構名稱 書名	《農書》	《武備志》	《天工開物》	《農政全書》	《欽定授時通考》
望樓車 圖 6.9 類型 I		《軍資乘》			
壕橋 圖 6.10 類型 I		《軍資乘》			
揚風車 圖 6.11 類型 I		《軍資乘》			
輶輼車 圖 6.12 類型 I		《軍資乘》			
雲梯 圖 6.13 類型 I		《軍資乘》			
砲車 圖 6.14 類型 I		《軍資乘》			
撞車 圖 6.15 類型 I		《軍資乘》			
櫓 圖 6.16 類型 I		《軍資乘》			
狼牙拍 圖 6.17 類型 I		《軍資乘》			
木幔車 圖 6.18 類型 I		《軍資乘》			
活字板韻輪 圖 6.19 類型 I	《麻苧》				
木棉攪車 圖 6.20 類型 I	《纊絮》			《蠶桑廣類》	《桑餘》
緯車 圖 6.21 類型 I	《麻苧》			《蠶桑廣類》	《桑餘》
陶車 圖 6.22 類型 I			《陶埏》		

參考文獻

1. 《農書》；王禎 [元朝] 撰，中華書局，第一版，北京，1991 年。
2. 《天工開物譯注》；宋應星 [明朝] 撰，潘吉星譯注，上海古籍出版社，上海，1998 年。
3. 張春輝、游戰洪、吳宗澤、劉元諒，中國機械工程發明史 - 第二編，清華大學出版社，北京，2004 年。
4. 《農政全書校注》；徐光啟 [明朝] 撰，石聲漢校注，明文書局，台北，1981 年。
5. 《武備志》；茅元儀 [明朝] 撰，海南出版社，海南，2001 年。
6. 陸敬嚴，中國機械史，中華古機械文教基金會 (台南，台灣)，越吟出版社，台北，2003 年。

第 7 章

連桿機構
Linkage Mechanisms

　　古中國應用連桿的機械裝置，可根據作用原理與功能分為槓桿、抽水筒、穀物加工器械、及其它器械等四類。本章首先簡述各類器械的用途與組成，接著判斷該器械的構造明確程度，並應用第 5 章介紹的復原設計方法，分析機構的桿件數目及可能的接頭類型，最後繪出各類器械所有可能的機構圖譜。

7.1　槓桿

　　應用**槓桿** (Lever) 的器械包含踏碓、槽碓、鍘、桑夾、連枷、權衡、鶴飲、及桔槔等八項裝置，茲分別敘述如下。

7.1.1　踏碓與槽碓

　　碓舂器械 (Pestle device) 藉由鈍器舂搗穀物，用以去除稻殼或麥皮，自漢朝 (206 BC - AD 220) 以來即廣泛應用於民間 [1]，其作用方式類似以手操作的杵臼，槌擊的效果取決於槌頭的質量，以及接觸到穀物的速度。透過槓桿與其它機構作用，不僅改變操作方法，更達到省力的目的。

　　踏碓由木架與碓梢組成，如圖 7.1(a) 所示 [2]，其中碓梢包含石製槌頭與木製梢柄，並以木架為支點。操作時踩踏梢柄末端，透過槓桿放大作用力，使槌頭達到舂碓穀物所需的速度與動量 (即槌頭質量與速度的乘積)。槽碓的構成與踏碓大致相同，如圖 7.1(b) 所示 [3]，唯碓梢的末端加裝一凹槽，並需位於水邊。引上游水流注入槽中，注滿水的重量會壓下碓梢，使槌頭翹起，而在碓梢轉動後，槽中的水自然洩出，使得槌頭重於凹槽而落下並舂擊穀物。

118　古中國書籍具插圖之機構

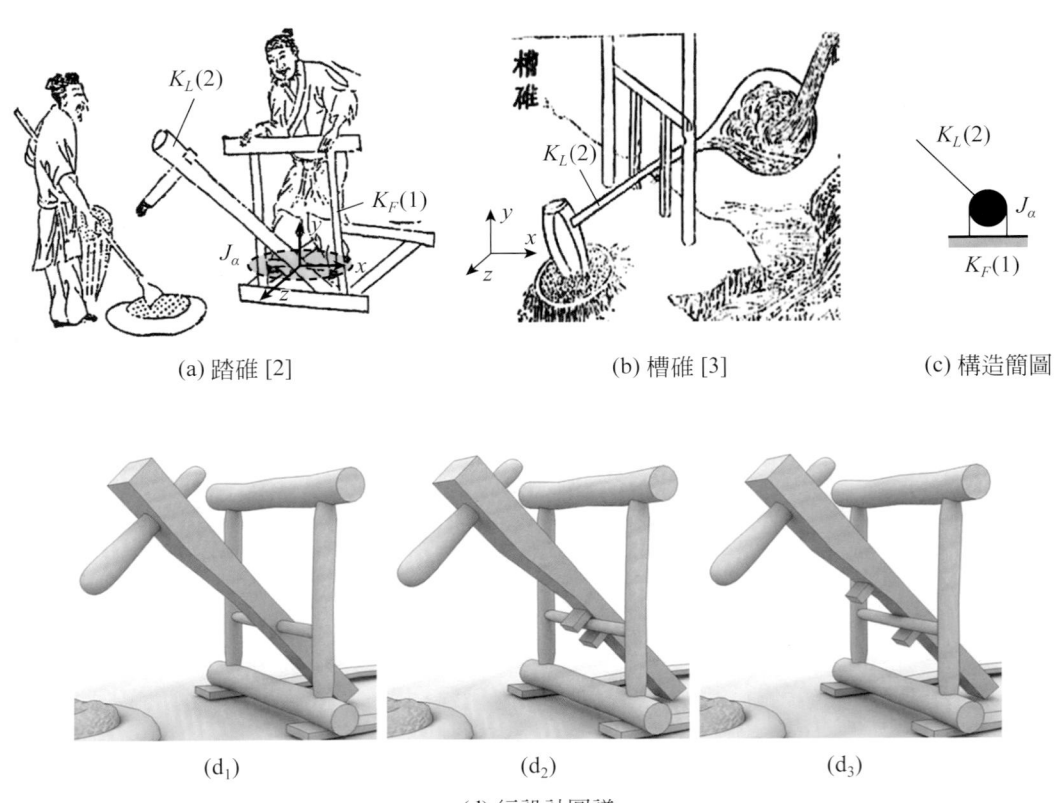

(a) 踏碓 [2]

(b) 槽碓 [3]

(c) 構造簡圖

(d_1)　　　　　　　　　(d_2)　　　　　　　　　(d_3)

(d) 行設計圖譜

(e) 仿製圖 [4]

圖 7.1　踏碓與槽碓

踏碓與槽碓的動力來源雖然不同，但其構造特性相同，皆為二桿一接頭的連桿機構 [4]；其中，木架為機架 (桿 1，K_F)，碓梢為運動連桿 (桿 2，K_L)，碓梢以不確定接頭 J_a 與機架相鄰接，屬於接頭類型不確定的機構 (類型 II)，其構造簡圖如圖 7.1(c) 所示。考慮碓的功能及碓梢運動的類型與方向，接頭 J_a 有三種可能的類型：碓梢繞著機架 x 軸旋轉，以符號 J_{Rx} 表示，如圖 7.1(d_1) 所示；碓梢除了繞著機架旋轉外，還可以沿著 x 軸滑動，以符號 J_{Rx}^{Px} 表示，如圖 7.1(d_2) 所示；碓梢除了繞著機架旋轉外，還可以沿著 x 與 z 軸滑動，以 J_{Rx}^{Pz} 符號表示，如圖 7.1(d_3) 所示。z 軸方向的移動，可讓使用者更容易舂擊 z 軸方向的穀物。此外，圖 7.1(e) 所示者為《天工開物》[2] 中踏碓原圖的仿製圖。

7.1.2 鍘與桑夾

鍘與桑夾均為草料處理的**切裁器械** (Cutting device)，鍘用於切牧草飼牛，桑夾用於裁桑葉養蠶，分別如圖 7.2(a) 和 (b) 所示 [3]；其組成包含鍛鐵製的鍘刀及木製的基座，鍘刀的刀尖以細桿穿過，並與基座連接。使用時，操作者一手送入牧草或桑葉，另一手壓下刀柄裁斷。此器械為二桿一接頭機構，以基座為機架 (桿 1，K_F)，鍘刀為運動連桿 (桿 2，K_L)，並以旋轉接頭 J_{Rz} 相互鄰接，屬於構造明確之機構 (類型 I)，圖 7.2(c) 所示者為其構造簡圖。

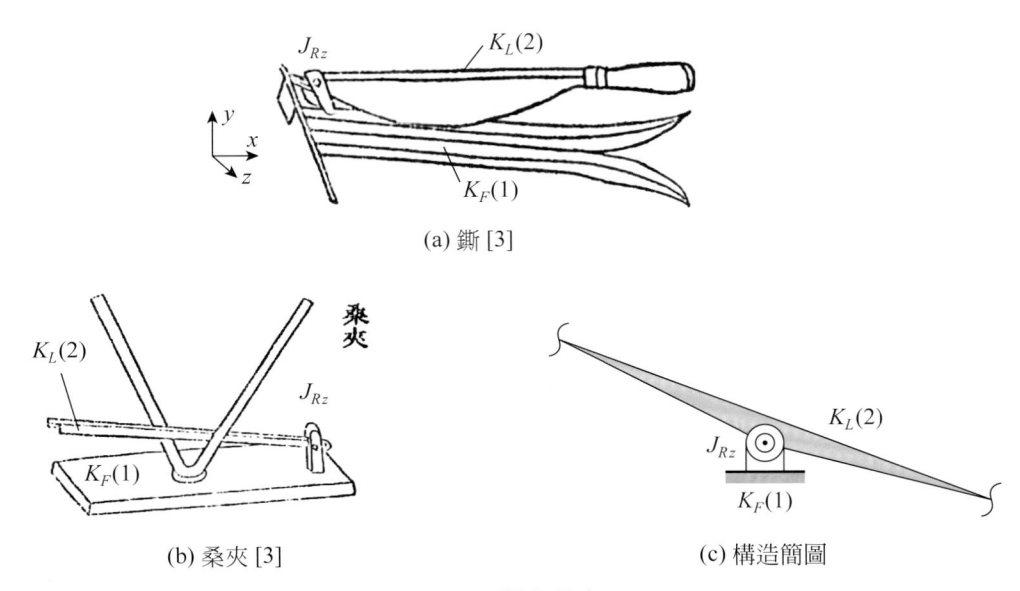

(a) 鍘 [3]

(b) 桑夾 [3]

(c) 構造簡圖

圖 7.2 鍘與桑夾

7.1.3　連枷

連枷 (Flail) 用於穀物的脫粒，以木條編成一束，再與長柄組合，成為可放大手部動作並增加擊打效果的脫粒工具，如圖 7.3(a)-(b) 所示 [2-3]。連枷為二桿一接頭的機構 [5]，以長柄為機架（桿 1，K_F），木條束為運動連桿（桿 2，K_L），木條束以不確定接頭 J_a 與機架相鄰接，屬於接頭類型不確定的機構（類型 II），其構造簡圖如圖 7.3(c) 所示。考慮連枷的功能及木條束運動的類型與方向，接頭 J_a 為旋轉接頭（J_{Rx}）、球接頭（J_{Rxyz}）、及銷接頭（J_{Rz}^{Px}）等三種類型皆可達到文獻中記載的功能。經由分配不確定接頭 J_a（J_{Rx}、J_{Rxyz}、J_{Rz}^{Px}）於構造簡圖中，得到的可行設計圖譜分別如圖 7.3 (d_1)、(d_2)、(d_3) 所示。此外，圖 7.3 (e) 所示者為《天工開物》[2] 中打枷原圖的仿製圖。

7.1.4　權衡

在槓桿上安裝吊繩作為支點，一端掛上重物，另一端掛上砝碼或秤錘，就可以秤量物體的重量，這種裝置稱為**權衡** (Weighing balance) 或**衡器**。權是砝碼或秤錘，衡則指秤桿。圖 7.4(a) 所示者為使用權衡測試弓力 [2]，吊重物於弓腰，再將秤鉤掛於弓弦，弦滿時移動秤錘稱平，則知弓力大小。權衡包含秤桿（桿 1，K_L）、吊繩（桿 2，K_{T1}）、及秤鉤繩（桿 3，K_{T2}），秤桿以線接頭（J_T）分別與吊繩和秤鉤繩相鄰接，屬於構造明確之機構（類型 I），圖 7.4(b) 所示者為其構造簡圖。

7.1.5　鶴飲

鶴飲 (Water lifting device) 用於取低處水至稍高岸上灌溉，如圖 7.5(a) 所示 [6]。以竹或木製成長槽，槽的末端設一戽斗；另設木架為支點，長槽為槓桿。使用時，使末端轉入水中盛水，再將末端升起，水沿槽流入岸旁農地。此裝置為二桿一接頭機構，以木架為機架（桿 1，K_F），長槽為運動連桿（桿 2，K_L），並以旋轉接頭 J_{Rz} 相互鄰接，屬於構造明確的機構（類型 I），圖 7.5(b) 所示者為其構造簡圖。

7.1.6　桔槔

桔槔 (Shadoof) 用於從水井或河裡汲水，又稱為吊桿、拔桿、架斗、或橋，是古中國最早使用的灌溉機械，也是槓桿原理的典型應用，如圖 7.6(a) 所示 [2]。其構造包含豎立的支架與橫桿，橫桿一端繫著連接桿，另一端縛以重石，連接桿末端連接

第 7 章 連桿機構 121

(a) 打枷 [2]

(b) 連枷 [3]

(c) 構造簡圖

(d₁)　　　　　　　(d₂)　　　　　　　(d₃)

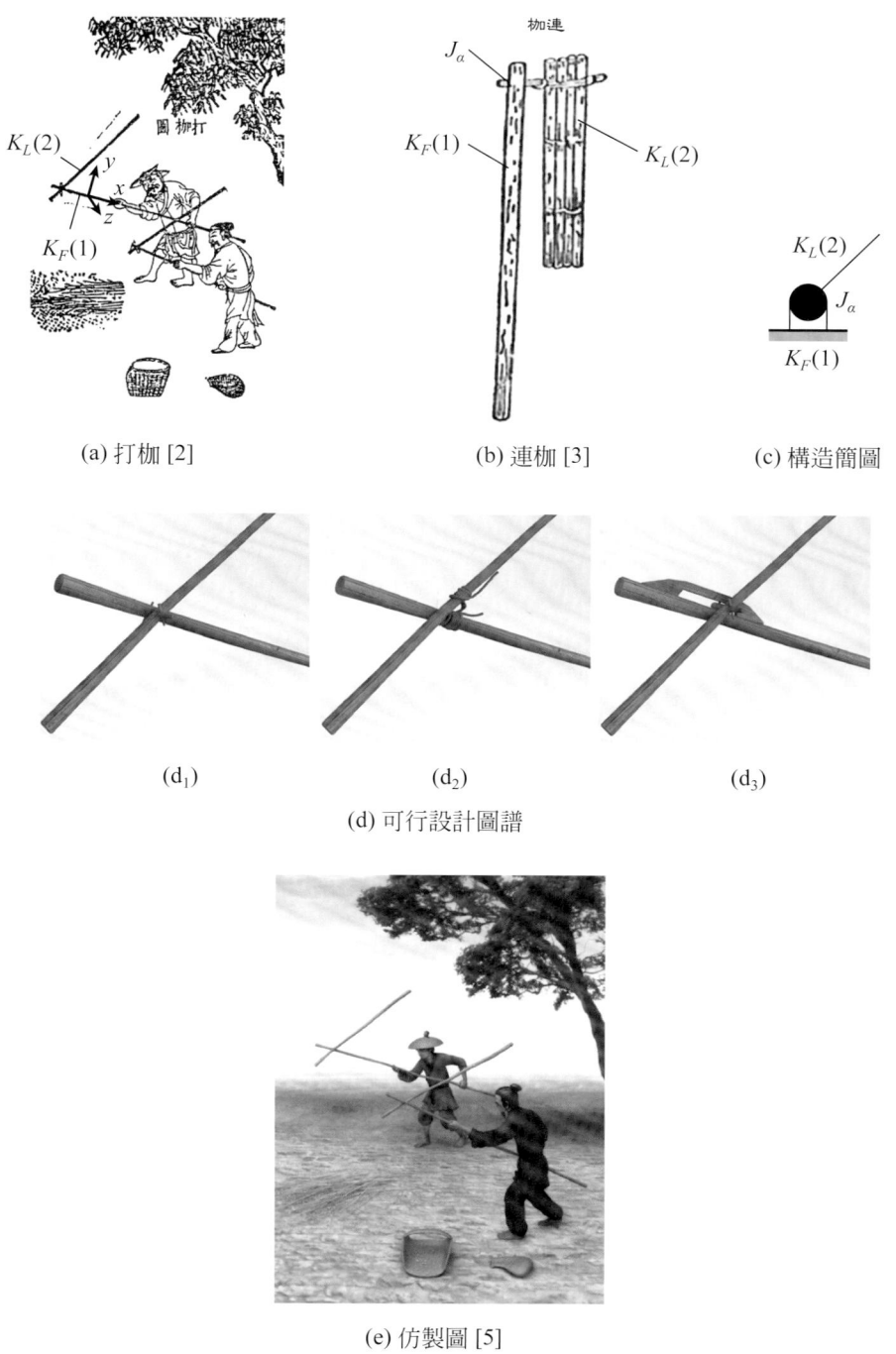

(d) 可行設計圖譜

(e) 仿製圖 [5]

圖 7.3 打枷

122　古中國書籍具插圖之機構

(a) 原圖 [2]　　　　　　　　　　(b) 構造簡圖

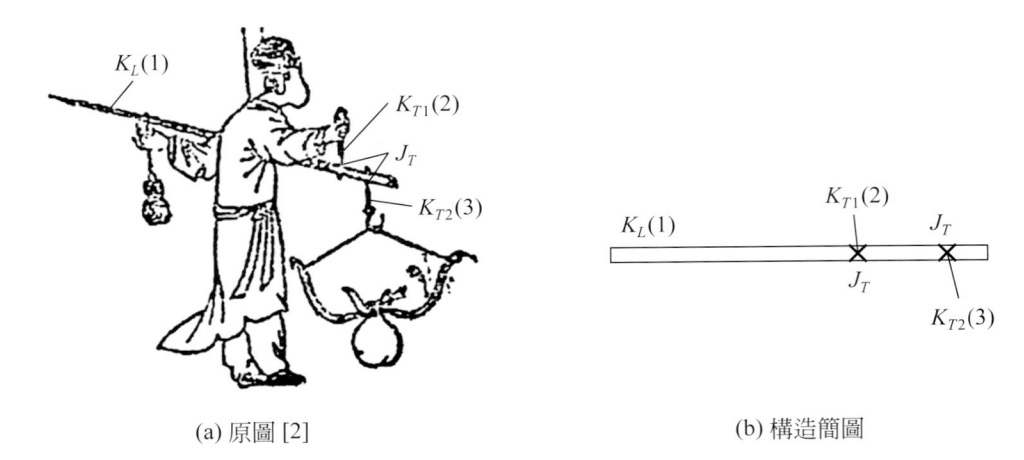

圖 7.4　權衡

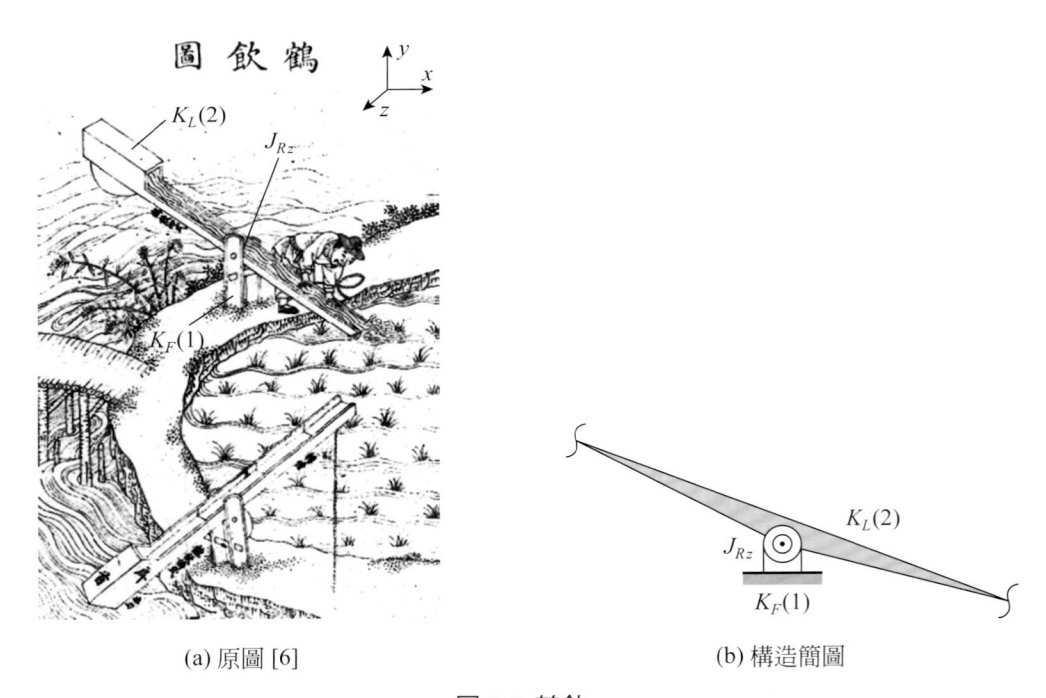

(a) 原圖 [6]　　　　　　　　　　(b) 構造簡圖

圖 7.5　鶴飲

第 7 章　連桿機構

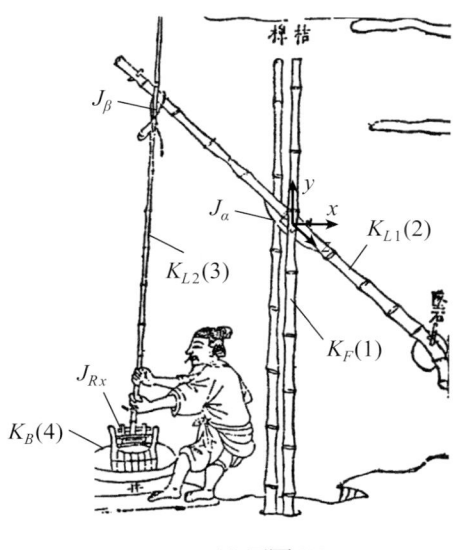

(a) 原圖 [2]

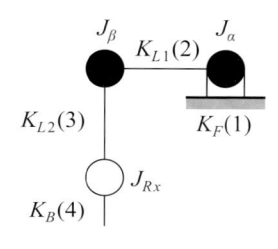

(b) 構造簡圖

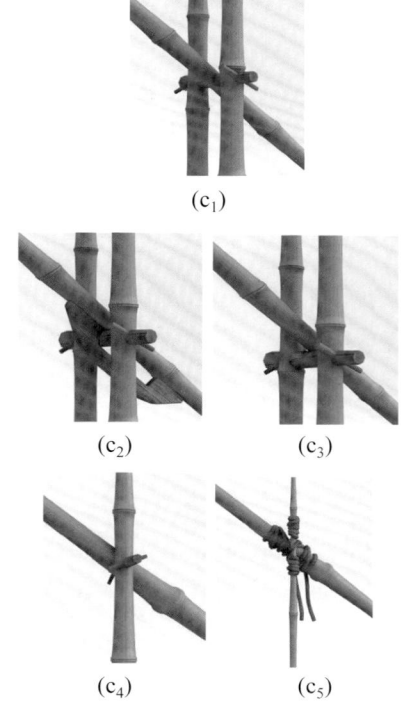

(c_1)

(c_2)　　(c_3)

(c_4)　　(c_5)

(c) 可行設計圖譜

(d) 仿製圖 [4]

圖 7.6　桔槔

水桶。使用時，將連接桿下壓，使水桶入井裝水；由於橫桿一端縛有重石，水滿後稍用力即可令水桶升起 [1, 7]。

根據文字敘述與機構圖像，桔槔的桿件數量明確，但是附隨於橫桿與機架的接頭 J_α 及橫桿與連接桿的接頭 J_β，皆無法明確判定其類型，因此定為接頭類型不確定的機構 (類型 II)。桔槔包含機架 (桿 1，K_F)、橫桿 (桿 2，K_{L1})、連接桿 (桿 3，K_{L2})、及汲水桶 (桿 4，K_B)；在接頭方面，橫桿以不確定接頭 J_α 與機架相鄰接，連接桿以不確定接頭 J_β 與旋轉接頭 J_{Rx} 分別和橫桿與汲水桶相鄰接，其構造簡圖如圖 7.6(b) 所示。

桔槔的作用是以人力拉動連接桿，經由橫桿與重石的帶動，從低處提水上升，不確定接頭有多種可能，皆能達成汲水的功能。考慮橫桿運動的類型與方向，接頭 J_α 的類型有三種可能：橫桿繞著機架旋轉，以符號 J_{Rz} 表示，如圖 7.6(c$_1$) 所示；橫桿除了繞著機架 z 軸旋轉外，還可以沿著 x 軸滑動，以符號 J_{Rz}^{Px} 表示，如圖 7.6(c$_2$) 所示；橫桿除了繞著機架 y 與 z 軸旋轉外，還可以沿著 x 與 z 軸滑動，以符號 J_{Ryz}^{Pxz} 表示，如圖 7.6(c$_3$) 所示；考慮連接桿運動的類型與方向，不確定接頭 J_β 的類型則有二種可能：一為連接桿相對於橫桿，繞 z 軸向旋轉，以符號 J_{Rz} 表示，如圖 7.6(c$_4$) 所示；另一為連接桿相對於橫桿，除繞 z 軸向旋轉外，還繞 x 軸向旋轉，以符號 J_{Rxz} 表示，如圖 7.6(c$_5$) 所示。此外，圖 7.6(d) 所示者為《天工開物》[2] 中桔槔原圖的仿製圖。

7.2　抽水筒

抽水筒包含虹吸、恒升、及玉衡等三項器械，用以製造出壓力差，迫使水往高處流動的虹吸原理取水，是明清時期 (AD 1368-1911) 由西方引進中國的水利器械，用於汲取井水，茲分別敘述如下。

7.2.1　虹吸

虹吸 (Water lifting device using siphon principle) 的組成包含中空的木筒 (桿 1，K_F)、附有長柄的橫木板 (桿 2，K_p)、及長管，如圖 7.7(a) 所示 [6]。橫木板與木筒底端各有一方孔與一細縫，並各以一薄木片 (舌片) 插入縫中，使薄木片可在細縫內些微轉動，亦可蓋住方孔，如圖 7.7(b) 所示。將長柄橫木板插入筒內，二者之間盡可能密合；並將長管一端浸入井水中，另一端接於木筒下端。

虹吸的作動分為以下四個步驟，如圖 7.8 所示：

步驟 1：空筒。此時筒內尚未進水，筒底與橫木板之舌片皆閉合，如圖 7.8(a) 所示。
步驟 2：橫木板在筒中向上滑動。此時筒底的舌片被筒外的水壓推開，露出方孔，井水經由長管被吸入筒中；而橫木板上的舌片仍維持閉合，如圖 7.8(b) 所示。
步驟 3：橫木板向下滑動。此時橫木板的舌片被水壓沖開，水流過方孔穿過木板；而筒底的舌片則受筒內水壓推動，回復閉合狀態。是以橫木板向下滑動時，水不會被擠出桶外，如圖 7.8(c) 所示。

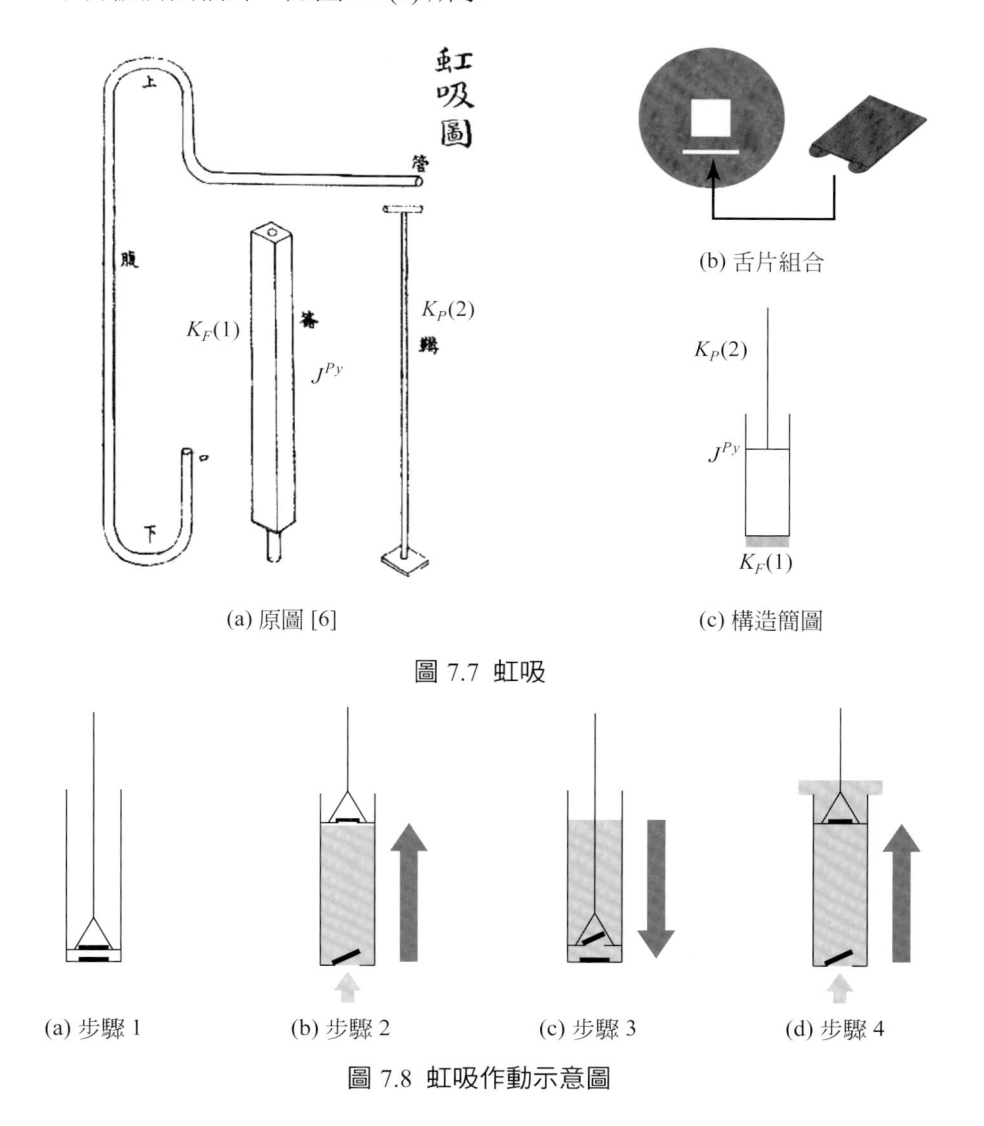

(a) 原圖 [6]　　　　　　　　　(b) 舌片組合

　　　　　　　　　　　　　　　(c) 構造簡圖

圖 7.7 虹吸

(a) 步驟 1　　(b) 步驟 2　　(c) 步驟 3　　(d) 步驟 4

圖 7.8 虹吸作動示意圖

步驟 4：橫木板再次向上滑動。此時筒底的舌片再次打開，吸入更多井水進入筒中；而橫木板上的舌片閉合，將步驟 2 吸入的井水由上方壓出筒外，達到汲水出井的目的，如圖 7.8(d) 所示。

藉由二個舌片的開合，水只能單一方向由木筒下端進入筒中，並由木筒上端流出井外。分析虹吸為二桿一接頭的機構，以木筒為機架 (桿 1，K_F)，長柄與橫木板為活塞滑件 (桿 2，K_P)，並以滑行接頭 (J^{Py}) 相互鄰接，屬於構造明確之機構 (類型 I)，圖 7.7 (c) 所示者為其構造簡圖。

7.2.2 恒升

恒升 (Water lifting device using siphon principle) 是在虹吸的構造上加設一根槓桿，可較為省力的達到橫木板的上下運動，形成三桿三接頭的機構，圖 7.9(a_1)-(a_4) 所示者

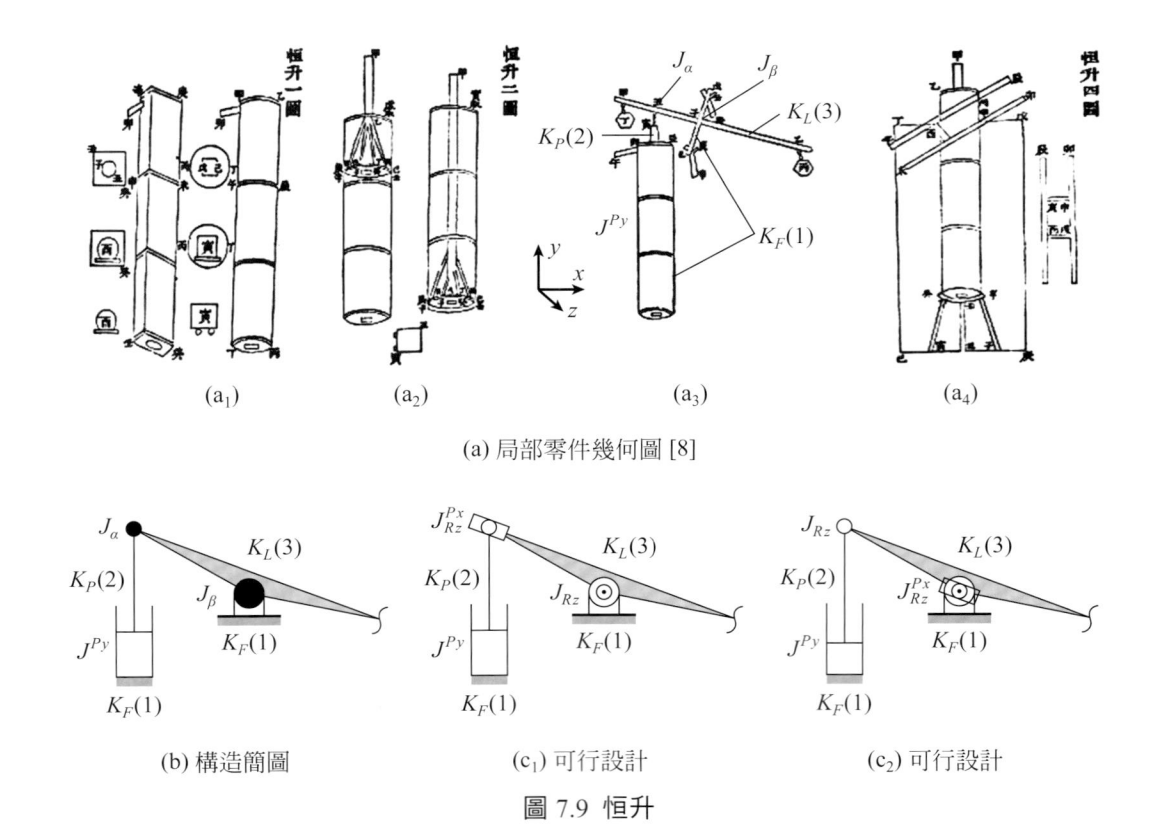

(a) 局部零件幾何圖 [8]

(b) 構造簡圖　　　　(c_1) 可行設計　　　　(c_2) 可行設計

圖 7.9 恒升

為局部零件的幾何外型 [8]。木筒與槓桿的支架固定不動，作為機架 (桿 1，K_F)；橫木板為活塞滑塊 (桿 2，K_P)，槓桿為運動連桿 (桿 3，K_L)。在接頭方面，桿 3 分別以不確定接頭 J_α 與 J_β 和桿 2 與機架相鄰接，桿 2 則以滑行接頭 (J^{Py}) 與機架相鄰接，其構造簡圖如圖 7.9(b) 所示。為了達到文獻所描述的器械功能，接頭 J_α 與 J_β 各有二種可能的類型，且不可相同；當一接頭為旋轉接頭 (J_{Rz}) 時，另一接頭除旋轉外也可滑動，是為銷接頭 (J_{Rz}^{Px})。恒升屬於接頭類型不確定的機構 (類型 II)，圖 7.9(c₁)-(c₂) 所示者為其可行設計圖譜。

7.2.3 玉衡

玉衡 (Water lifting device using siphon principle) 是以恒升的構造為基礎，再加置一組長柄橫木與木筒而成，圖 7.10(a₁)-(a₄) 所示者為局部零件的幾何外型 [8]。由於左右

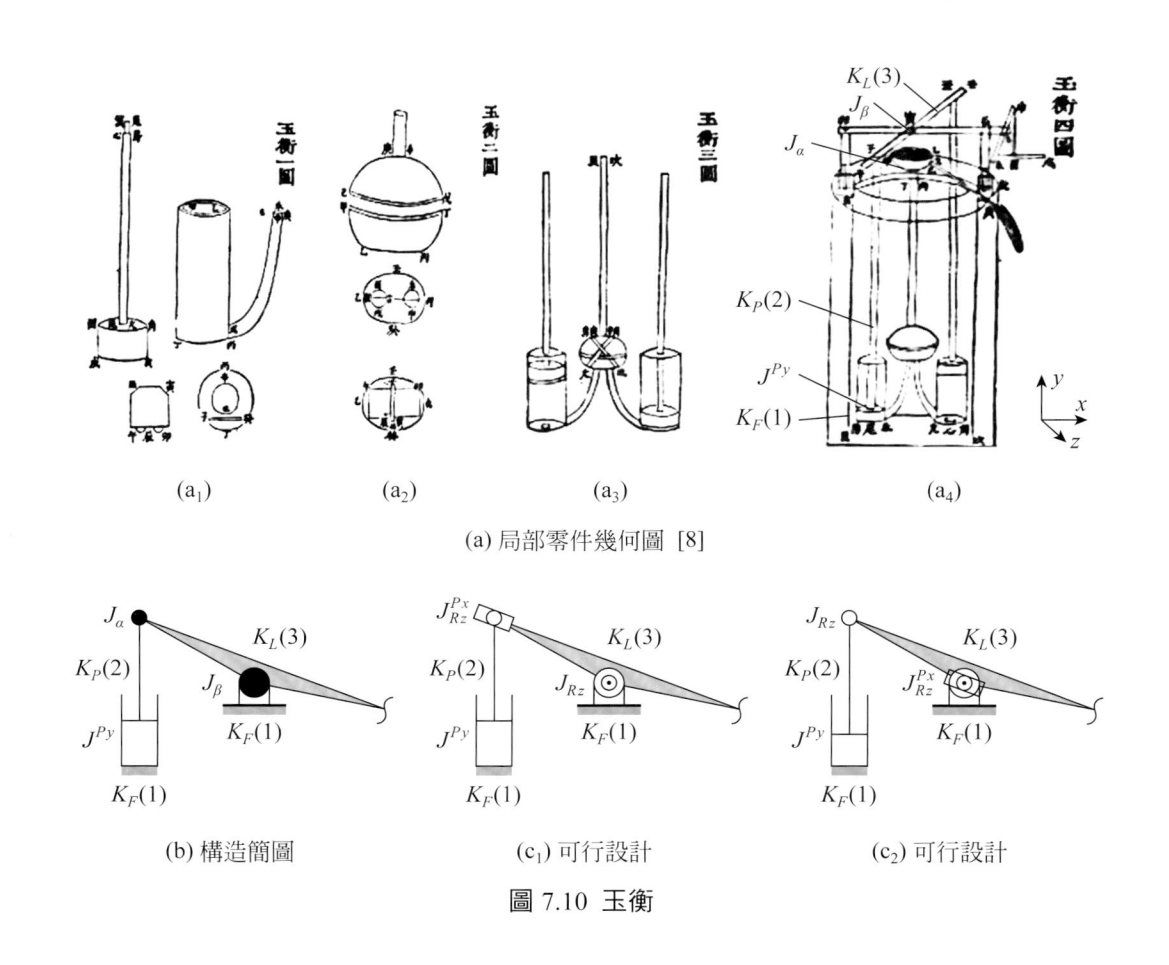

(a) 局部零件幾何圖 [8]

(b) 構造簡圖 　　　 (c₁) 可行設計 　　　 (c₂) 可行設計

圖 7.10 玉衡

二組裝置的槓桿桿為同一桿件，可使左右二橫木板產生一上一下交替的運動，因此玉衡的取水效率較恒升為高。由於玉衡的構造左右對稱，只取一組分析即可，其機構構造與恒升相同，屬於接頭類型不確定的機構 (類型 II)，圖 7.10(b) 所示者為其構造簡圖，而圖 7.10(c$_1$)-(c$_2$) 所示者為其可行設計圖譜。

7.3　穀物加工器械

應用連桿機構的**穀物加工器械** (Grain processing device) 包含石碾、牛碾、水碾、輥碾、礱、麪羅、及颺扇等七項農器，茲分別敘述如下。

7.3.1　石碾

碾 (Roller) 常用於脫除稻殼或去除麥麩，其應用始於三國時代 (AD 220-280) [1]，基本組成包含圓型磨盤基座、直立磨盤中心的中軸、水平橫軸、及可旋轉的滾輪，動力方面則有獸力與水力。**石碾** (Stone roller) 乃一座圓型磨盤，其基座周圍有一環型凹槽，並將穀物置於槽內，如圖 7.11(a) 所示 [3]。水平橫軸中間設有一孔並套於磨盤中軸上，其兩端裝設滾輪，並使其活動範圍受限於凹槽內。當驢繞著磨盤拖動橫桿時，滾輪便在槽內碾壓穀物。石碾設有二個滾輪同時作動，可提升工作效率。

7.3.2　牛碾

牛碾 (Cow-driven roller) 與石碾的機構構造相同，不同之處在於只裝設一個滾輪，如圖 7.11(b) 所示 [2]。

7.3.3　水碾

水碾 (Water-driven roller) 通常是木造材質，較石碾為輕，構造上與石碾十分相似，如圖 7.11(c) 所示 [3]；唯中軸較長，中軸的底端加裝一臥式水輪，以水力驅動整組器械。此器械為三桿三接頭的機構，與石碾不同之處在於水碾的中軸並非機架，而是與橫桿同為運動連桿；其它的桿件與接頭則和石碾相同。

(a) 石碾 [3]

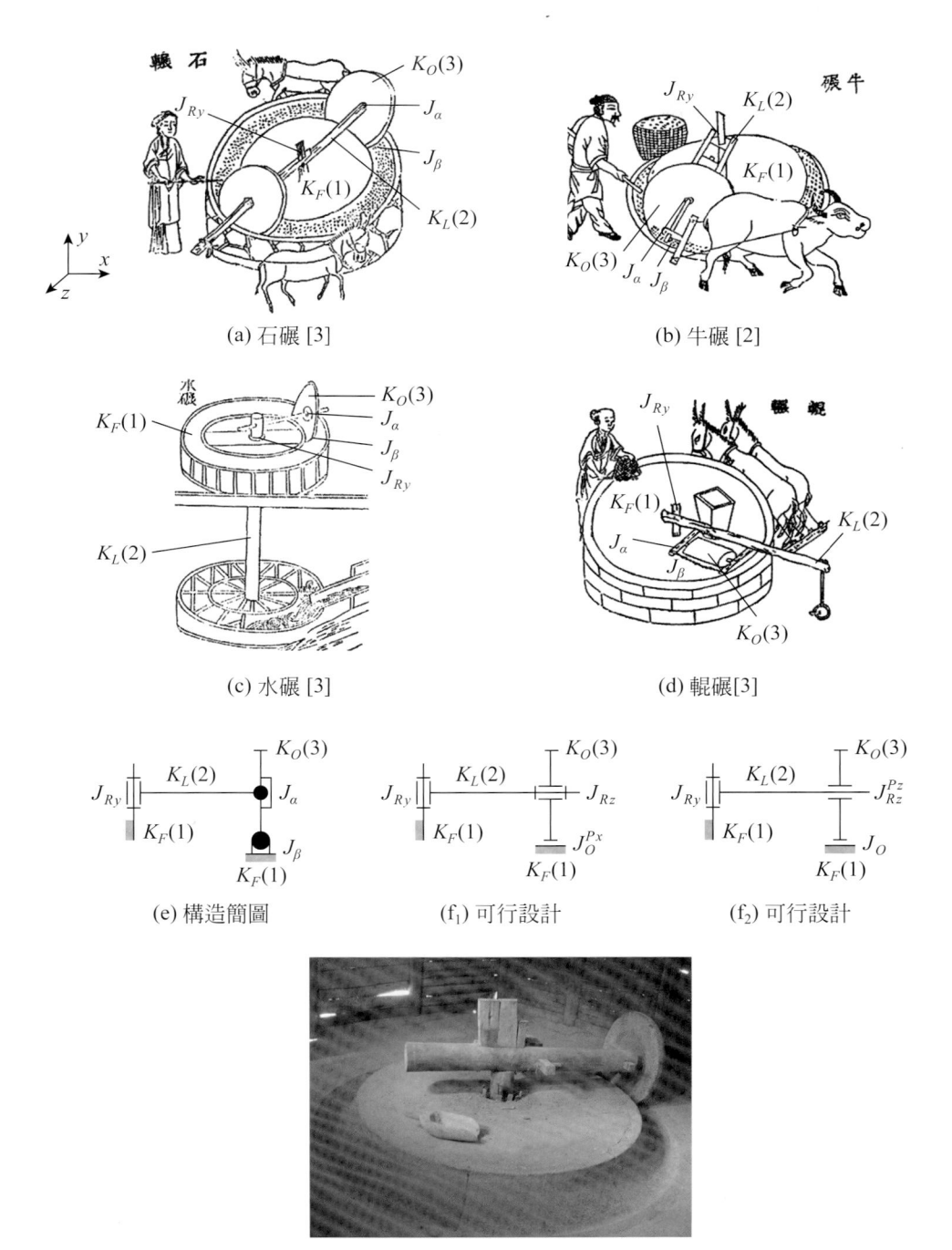

(b) 牛碾 [2]

(c) 水碾 [3]

(d) 輥碾 [3]

(e) 構造簡圖

(f$_1$) 可行設計

(f$_2$) 可行設計

(g) 水碾實物裝置（關曉武攝於廣西融水桿洞鄉）

圖 7.11 碾具

7.3.4 輥碾

輥碾 (Animal-driven roller) 的磨盤基座周高中低，且滾輪為圓柱狀或圓錐狀，如圖 7.11(d) 所示 [2]。在功能上同樣是脫殼或去麩，碾壓的面積較其它碾具稍大；雖幾何特徵略有不同，但機構構造皆與石碾相同。

由於石碾之橫軸與滾輪的配置兩側對稱，只取其中一組進行分析，因此與其它碾具相同，皆為為三桿三接頭的機構。磨盤基座為機架 (桿 1，K_F)，橫桿為運動連桿 (桿 2，K_L)，滾輪 (桿 3，K_O) 則套於橫桿上。橫桿以旋轉接頭 J_{Ry} 與不確定接頭 J_α 分別和機架與滾輪相鄰接，而滾輪則以不確定接頭 J_β 與機架相鄰接，因此屬於接頭類型不確定之機構 (類型 II)，其構造簡圖如圖 7.11(e) 所示。定義一組直角坐標系統，如圖 7.11(a) 所示，z 軸定為橫桿的軸向方向，y 軸定義於橫桿的徑向方向，x 軸根據右手定則而定。考量碾具的功能，接頭 J_β 可能既有滾動亦有滑動，其接頭特性類似滾動接頭加滑行接頭的組合，以符號 J_O^{Px} 表示之；此時接頭 J_α 可為旋轉接頭 (J_{Rz})，如圖 7.11(f$_1$) 所示。若接頭 J_β 為純滾動接頭 (J_O)，則接頭 J_α 必須為圓柱接頭 (J_{Rz}^{Pz})，如圖 7.11(f$_2$) 所示。圖 07.11(g) 所示者為水碾實物裝置。

7.3.5 礱

礱 (Mill) 為磨的一種型態，用於碾穀 (脫除穀物外殼)，在構造上與磨相同，如圖 7.12(a) 所示 [3]。其組成是在基座上設置具曲柄的磨盤，並使曲柄連接一水平橫桿，此橫桿以二條繩索懸掛，支撐其重量以便使用者作業。以人力為動力，操作者以手推動水平橫桿，使磨盤在基座上轉動，達到研磨穀物的目的 [1, 9]。

礱為四桿四接頭的空間機構，包含機架 (桿 1，K_F)、繩索 (桿 2，K_T)、水平橫桿 (桿 3，K_{L1})、及曲柄磨盤 (桿 4，K_{L2})。在接頭方面，繩索以線接頭 (J_T) 與機架和水平橫桿相鄰接，曲柄磨盤以旋轉接頭 (J_{Ry}) 與機架和水平橫桿相鄰接，屬於構造明確之機構 (類型 I)，圖 7.12(b) 所示者為其構造簡圖。

7.3.6 麪羅

麪羅 (Flour bolter) 是篩麪用具，其目的是從粉碎後的糧食中，區分出細粉與尚未磨碎的部分，如圖 7.13(a) 所示 [6]。組成機件有箱體 (機架)、具搖桿的踏板、具篩麪框的連接桿、及繩索。篩麪框以竹製或木製而成，框底覆蓋微小孔眼的網格布，連

第 7 章　連桿機構　131

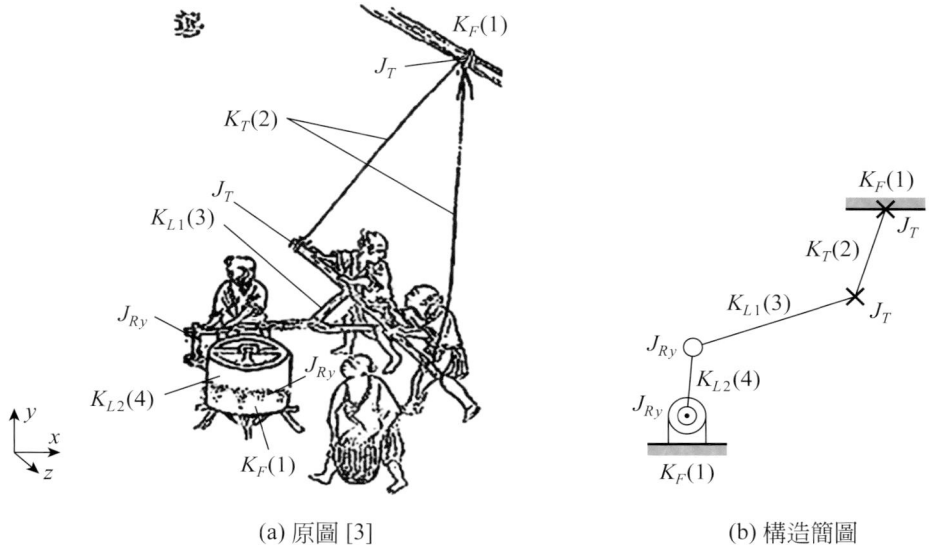

(a) 原圖 [3]　　　　　　　　　　　(b) 構造簡圖

圖 7.12　礱

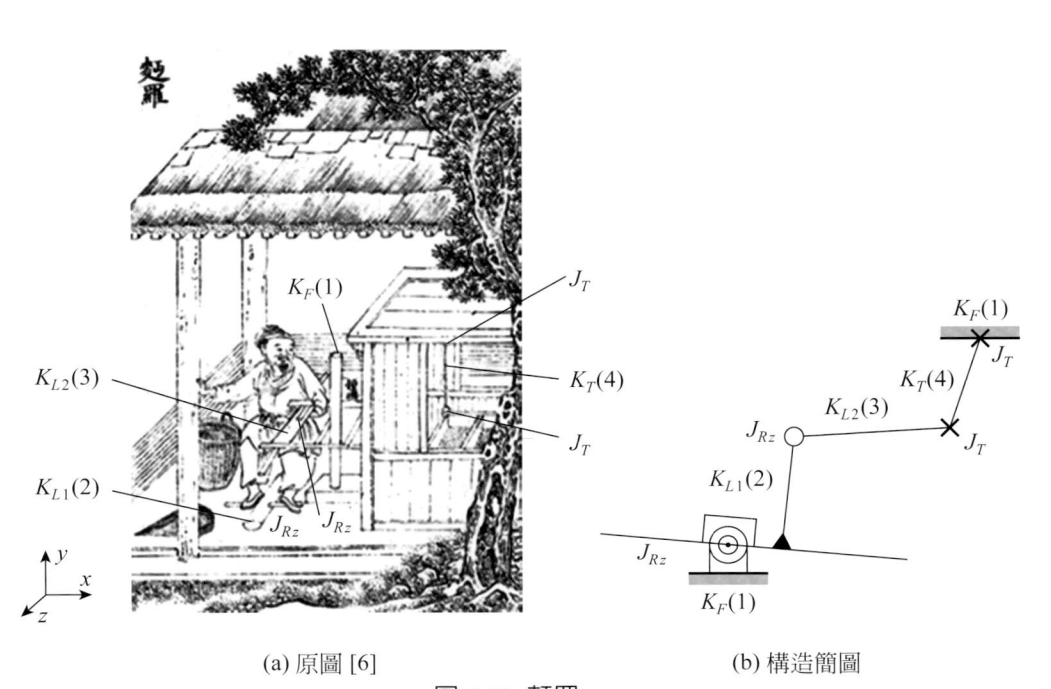

(a) 原圖 [6]　　　　　　　　　　　(b) 構造簡圖

圖 7.13　麪羅

接桿固定於篩麵框並延伸出箱體。搖桿固定於踏板的中心位置，藉由踏板的轉動，使搖桿產生搖擺運動。操作時，將磨碎的穀物置於框內布上，以雙腳左右交替踩踏板兩端，使其上的搖桿產生搖擺運動，即可帶動具篩麵框的連接桿往復擺動並篩出細粉。再者，箱體外部之撞機（固定不動，視為機架）立於連接桿的運動範圍內，使得連接桿進行往復運動時，撞擊撞機達到加速篩麵的效果 [10]。

麵羅的搖桿篩麵裝置為四桿四接頭的機構，包含機架（桿 1，K_F）、具搖桿的踏板（桿 2，K_{L1}）、具篩麵框的連接桿（桿 3，K_{L2}）、及繩索（桿 4，K_T）。具搖桿的踏板以旋轉接頭 J_{Rz} 分別與機架和具篩麵框的連接桿相鄰接，繩索則以線接頭 J_T 分別與機架和篩麵框相鄰接，屬於構造明確之機構（類型 I），圖 7.13(b) 所示者為其構造簡圖。

7.3.7　颺扇

颺扇 (Winnowing device) 是一種腳踏驅動裝置，用以去除稻米中的糠秕與塵土，如圖 7.14(a) 所示 [11]。藉由踏板（桿 2，K_{Tr}）的搖擺運動，經過連接桿的帶動，使得具葉片的曲柄（桿 3，K_W）轉動，來達到所需功能。由於無法明確得知如何透過踏板與連接桿的作動，使曲柄產生旋轉，因此，颺扇屬於為桿件與接頭的數量和類型皆不確定的機構（類型 III）。颺扇的復原設計過程可參考第 5.3 節，圖 7.14(b_1)-(b_5) 所示者為其可行設計電腦模擬圖。

7.4　其它器械

應用連桿且無法歸類於上述三類的器械包含風箱、水排、水擊麵羅、及鐵碾槽等四項，茲分別敘述如下。

7.4.1　風箱

風箱 (Wind box) 是古中國常見的鼓風冶金裝置，經由人力推動活塞，加大空氣壓力，自動開閉活門，連續供給較大的風壓與風量，可以提高冶煉強度並增加產量，如圖 7.15(a) 所示 [2]。

風箱為二桿一接頭的平面機構，包含以箱體為機架（桿 1，K_F），外部的推桿與內部的活塞沒有相對運動，可視為同一桿件（桿 2，K_P），活塞以滑行接頭 J^{Px} 與機架相鄰接，屬於構造明確的機構（類型 I），圖 7.15(b) 所示者為其構造簡圖。

第 7 章　連桿機構　133

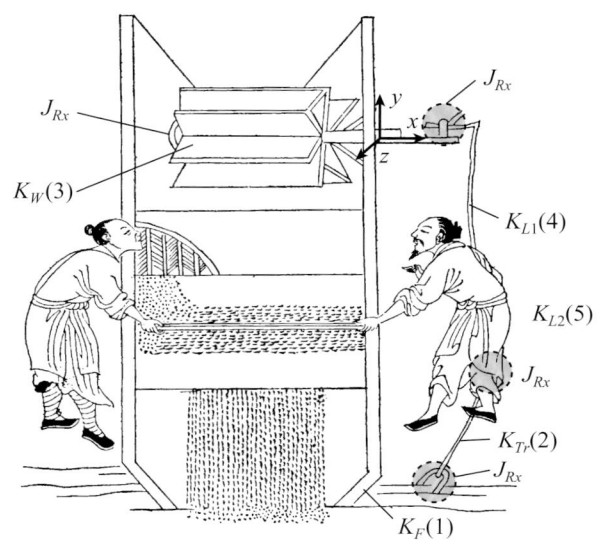

(a) 原圖 [11]

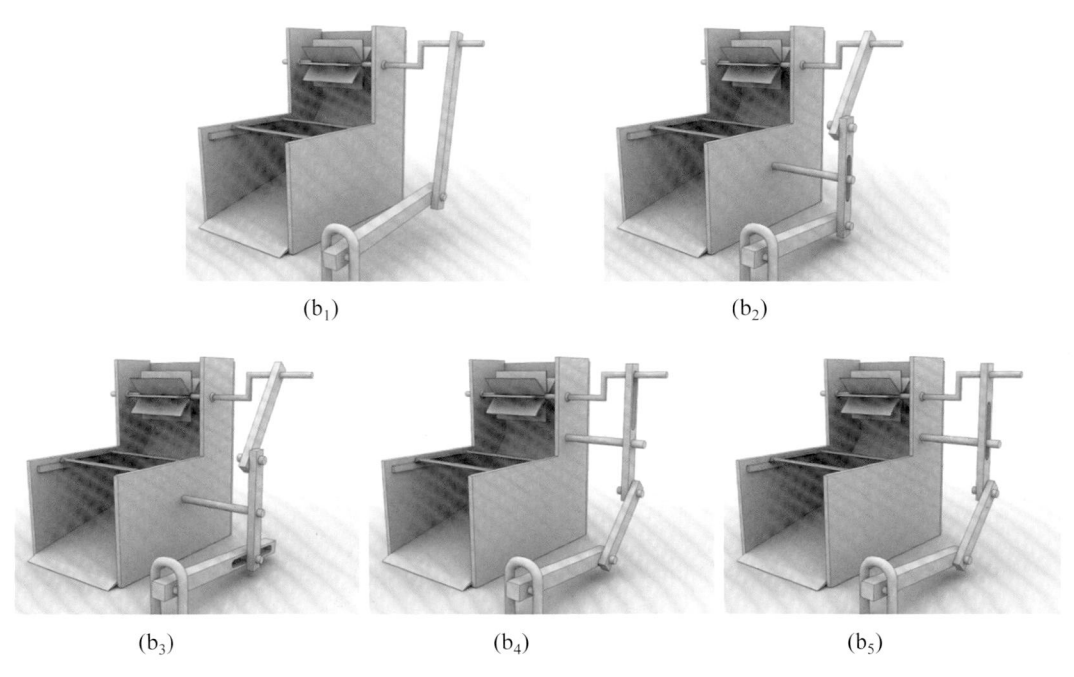

(b₁)　　(b₂)

(b₃)　　(b₄)　　(b₅)

(b) 可行設計圖譜圖

圖 7.14　颺扇

(a) 原圖 [2]　　　　　　　　　　(b) 構造簡圖

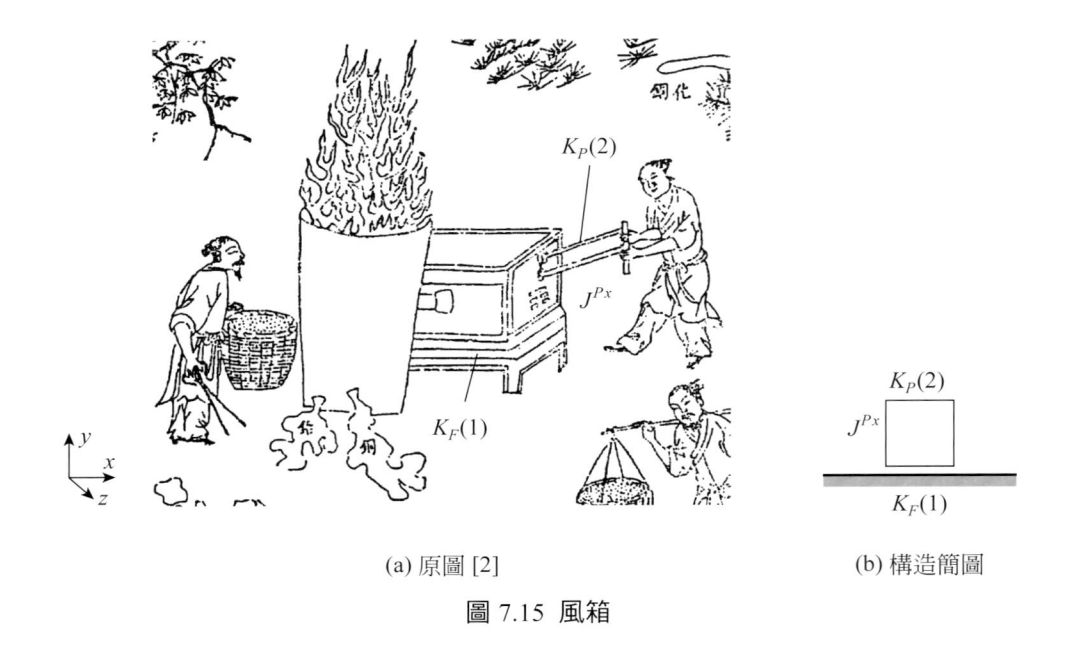

圖 7.15　風箱

7.4.2　水排

　　《農書》[3] 中的臥輪式**水排** (Water-driven wind box) 是另一種古中國使用的鼓風冶金裝置，以水力驅動，藉由連桿機構的傳動，使輸出的木扇產生鼓風效果，如圖 7.16 所示。水排的構造與作動情形如下：架設立軸，並於立軸上下各套一個臥輪；下輪半浸於水中，且上下二輪均固定於軸上；上輪周圍縛有環狀的粗繩 (絃索)，繩索亦環過位於上輪前的旋鼓，鼓上伸出一短桿為掉枝；又以一長桿 (行桄) 穿過掉枝，並與臥軸的左攀耳連接；臥軸的右攀耳則連接另一長桿 (直木)，再連接鼓風爐箱體上的木扇；當流水轉動下輪時，藉由立軸的傳動，上輪隨之旋轉，再以絃索傳動旋鼓與掉枝；透過行桄與左攀耳，使臥軸產生往復擺動，最後帶動與臥軸右攀耳相接的直木，使得木扇亦作往復的擺動，達到鼓風進入箱體的目的 [12]。

　　《農書》的臥輪式水排圖畫中有許多不合理或不清楚的地方，例如旋鼓 (桿 4) 上的絃索 (桿 3) 太粗、掉枝 (桿 4) 位置錯誤、行桄 (桿 5) 兩端接頭不明確、及直木 (桿 7) 穿過另一攀耳 (桿 6)。圖 7.17 所示者為劉仙洲復原修正的結果 [12]，雖然解決部分構造上不清楚的問題，如將絃索的直徑改細、更正掉枝的位置、及修改直木穿過攀耳的問題，並將行桄兩端表示為旋轉接頭。但是以旋轉接頭的方式，在機構運動上仍舊存在著行桄如何將掉枝的旋轉運動轉換成攀耳往復搖擺運動的問題。

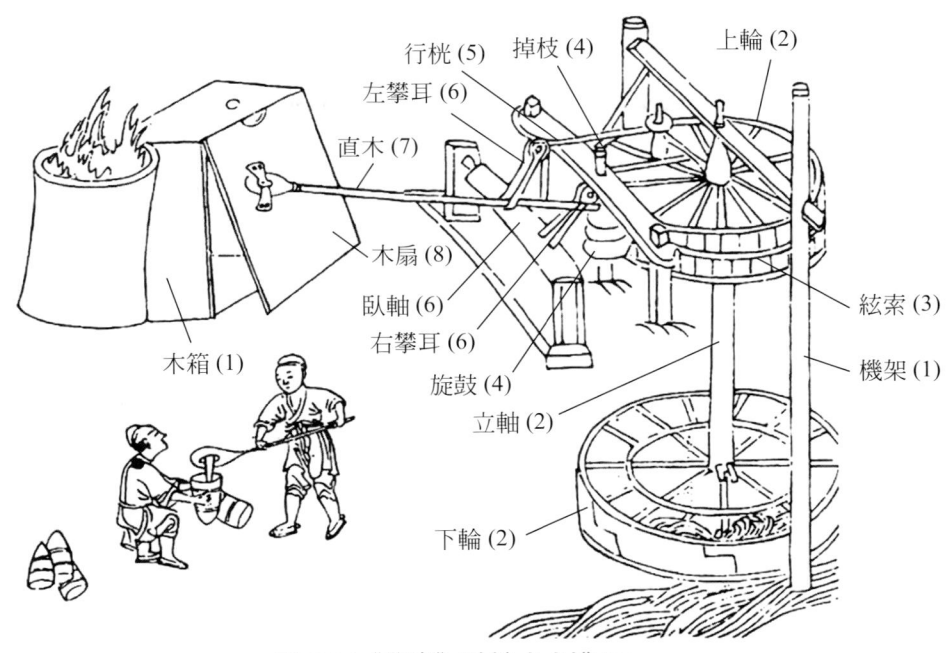

圖 7.16《農書》臥輪式水排 [3]

　　由文獻記錄的圖畫與文字敘述，臥輪式水排可判定為桿件與接頭數量確定，僅接頭類型不確定的機構 (類型 II)。定義一組直角坐標系統，如圖 7.17 所示，x 軸定為臥軸的軸向方向，y 軸定義於臥軸的徑向方向，z 軸根據右手定則而定。將臥輪式水排構造分為繩索滑輪機構、空間曲柄搖桿機構、及平面雙搖桿機構等三組子機構 [13]，茲分別說明如下。

1. 繩索滑輪機構包含機架 (桿 1，K_F)、一根與下輪和上輪無相對運動的立軸 (桿 2，K_{U1})、一條絃索 (桿 3，K_T)、及一個旋鼓 (桿 4，K_{U2})。桿 2 以旋轉接頭 (J_{Ry}) 與機架 (K_F) 相鄰接，桿 3 以迴繞接頭 (J_W) 分別與桿 2 和桿 4 相鄰接，桿 4 以旋轉接頭 (J_{Ry}) 與機架 (K_F) 相鄰接，其構造簡圖如圖 7.18(a) 所示。

2. 空間曲柄搖桿機構包含機架 (桿 1，K_F)、一個與掉枝無相對運動的旋鼓 (桿 4，K_{U2})、一根行桄 (桿 5，K_{L1})、及一根與攀耳無相對運動的臥軸 (桿 6，K_{L2})。桿 4 以旋轉接頭 (J_{Ry}) 與機架 (K_F) 相鄰接，桿 5 以不確定接頭 (J_α 與 J_β) 分別和桿 4 與桿 6 相鄰接，桿 6 以旋轉接頭 (J_{Rx}) 與機架 (K_F) 相鄰接，其構造簡圖如圖 7.18(b) 所示。

3. 平面雙搖桿機構包含機架 (桿 1，K_F)、具右攀耳的臥軸 (桿 6，K_{L2})、一根直木 (桿 7，

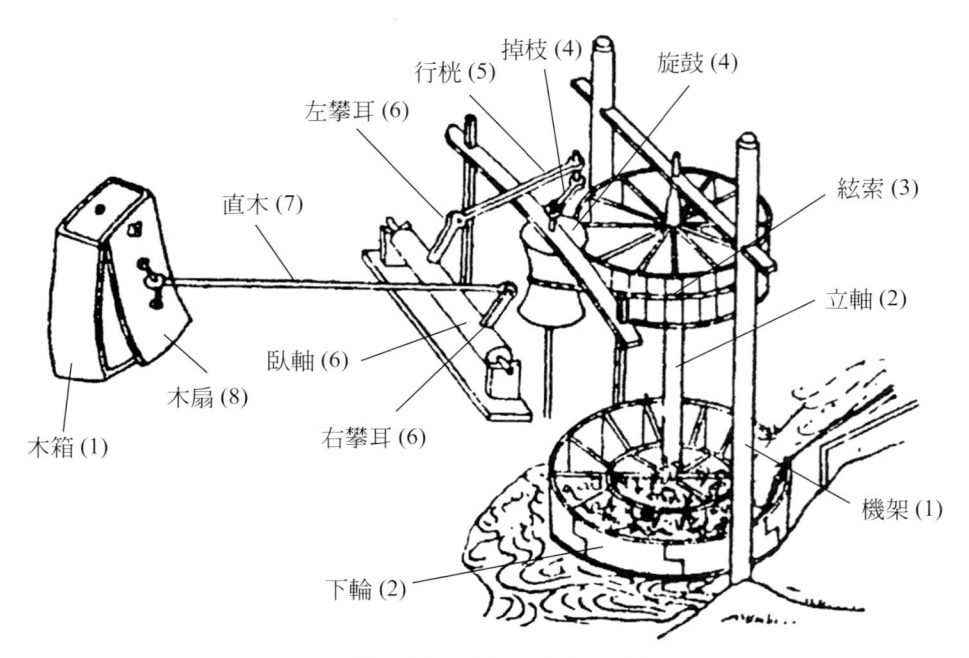

圖 7.17 劉仙洲復原修正臥輪式水排 [12]

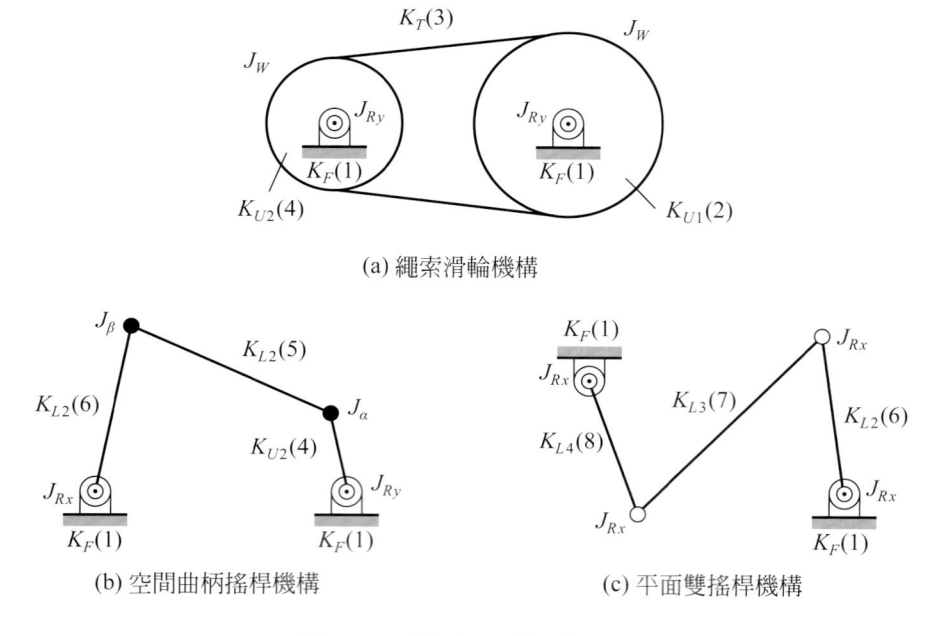

(a) 繩索滑輪機構

(b) 空間曲柄搖桿機構

(c) 平面雙搖桿機構

圖 7.18 臥輪式水排構造簡圖

K_{L3})、及輸出桿木扇 (桿 8，K_{L4})。桿 6 以旋轉接頭 (J_{Rx}) 與機架 (K_F) 相鄰接，桿 7 以旋轉接頭 (J_{Rx}) 分別與桿 6 和桿 8 相鄰接，桿 8 也以旋轉接頭 (J_{Rx}) 與機架 (K_F) 相鄰接，其構造簡圖如圖 7.18(c) 所示。

　　空間曲柄搖桿機構的功能，主要是將掉枝 (桿 4，K_{U2}) 的旋轉運動藉由行桄 (桿 5，K_{L1}) 的帶動，轉換成臥軸 (桿 6，K_{L2}) 的搖擺運動，行桄兩端的接頭有多種可能，皆能達成上述的功能。考慮行桄與掉枝運動的類型與方向，不確定接頭 J_α 有三種可能類型：第一種是行桄相對於掉枝可繞著 x 與 y 軸旋轉，以符號 J_{Rxy} 表示；第二種是行桄相對於掉枝可以繞著 xyz 軸旋轉，以符號 J_{Rxyz} 表示；第三種是行桄相對於掉枝可繞著 x 與 y 軸旋轉，並可沿著 z 軸平移，表示為 J_{Rxy}^{Pz}。考慮行桄與左攀耳運動的類型與方向，不確定接頭 J_β 亦有三種可能類型：第一種是行桄相對於左攀耳可繞著 x 與 y 軸旋轉，以符號 J_{Rxy} 表示；第二種是行桄相對於左攀耳可以繞著 xyz 軸旋轉，以符號 J_{Rxyz} 表示；第三種是行桄相對於左攀耳可繞著 x 與 y 軸旋轉，並可沿著 z 軸平移，以符號 J_{Rxy}^{Pz} 表示。

　　經由指定不確定接頭 J_α(J_{Rxy}、J_{Rxyz}、J_{Rxy}^{Pz}) 與 J_β(J_{Rxy}、J_{Rxyz}、J_{Rxy}^{Pz}) 至圖 7.18(b) 的構造簡圖，產生 9 個結果。然而，當接頭 J_α 為 J_{Rxy} 時，接頭 J_β 若為 J_{Rxy}，機構將無法作動。綜合上述，並扣除無法傳動的構型後，臥輪式水排共有 8 種可行設計，如圖 7.19(a)-(h) 所示。圖 7.20 與圖 7.21 所示者分別為圖 7.19(g) 所對應的臥輪式水排電腦模擬圖與原型機模型。

7.4.3　水擊麪羅

　　水擊麪羅 (Water-driven flour bolter) 是以水力驅動的麪羅，功能與第 7.3 節所介紹的麪羅相同，如圖 7.22(a) 所示 [3]。水擊麪羅的機構構造與臥輪式水排相仿，唯將水排中的直木、木扇、及鼓風爐分別置換為具篩麪框的連接桿、繩索、及箱體，屬於接頭類型不確定的機構 (類型 II)。水擊麪羅可分為繩索滑輪機構、空間曲柄搖桿機構、及連桿與繩索機構等三組子機構，藉由具篩麪框的連接桿 (桿 7) 輸出的往復運動篩檢穀物，圖 7.22(b_1)-(b_8) 所示者為其可行設計。

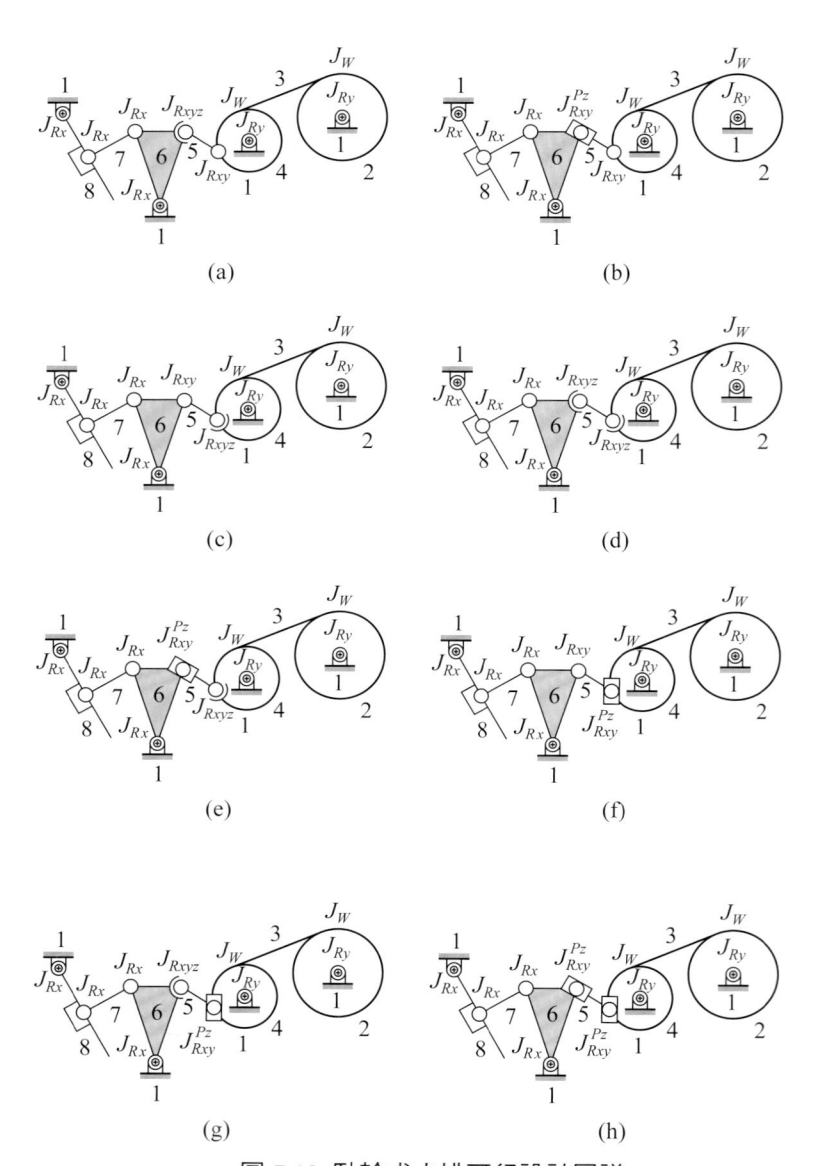

圖 7.19 臥輪式水排可行設計圖譜

第 7 章 連桿機構　139

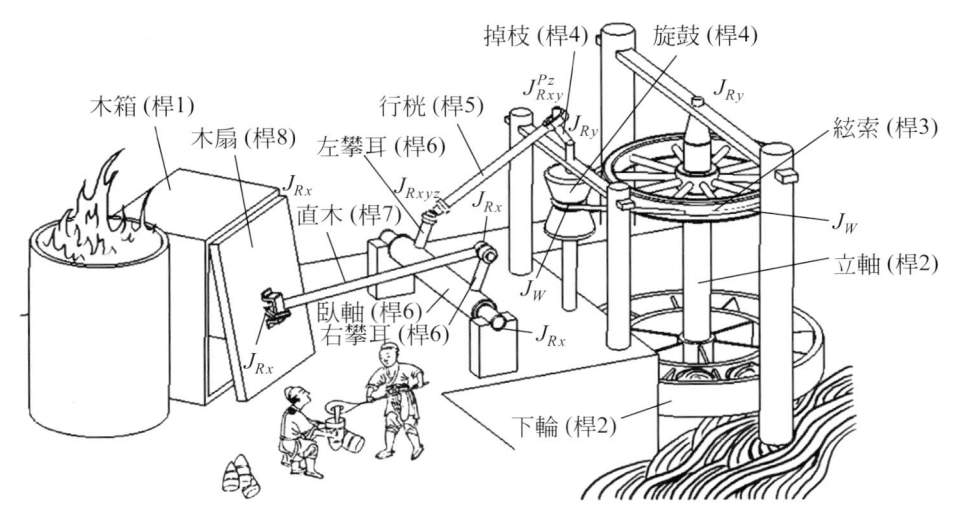

圖 7.20 臥輪式水排電腦模擬圖 [13]

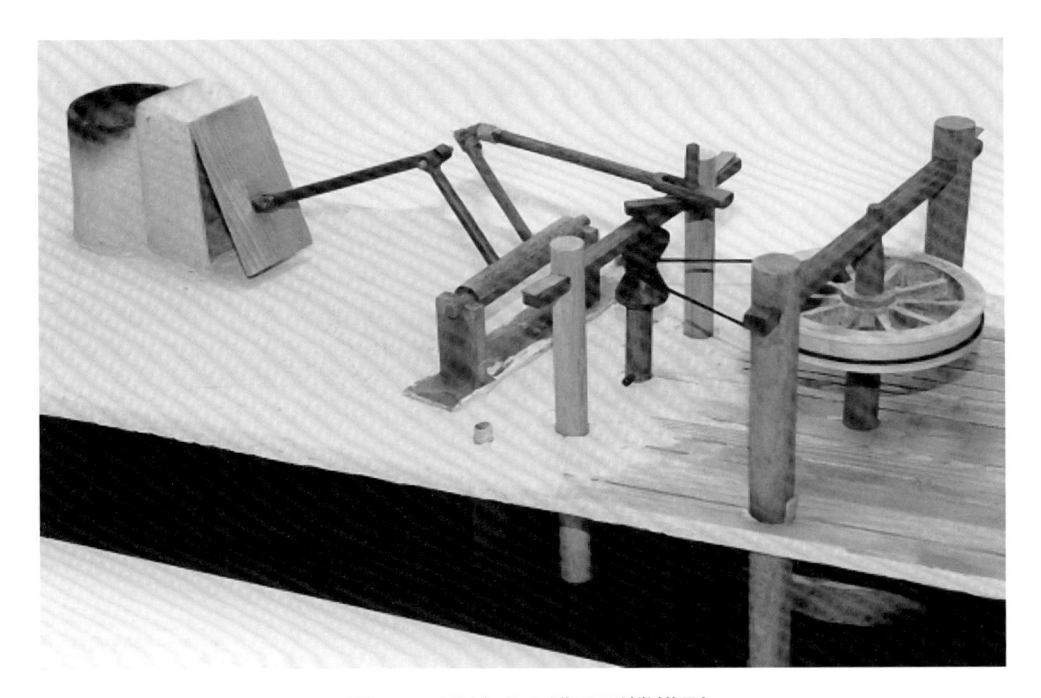

圖 7.21 臥輪式水排原型機模型

140　古中國書籍具插圖之機構

(a) 原圖 [3]

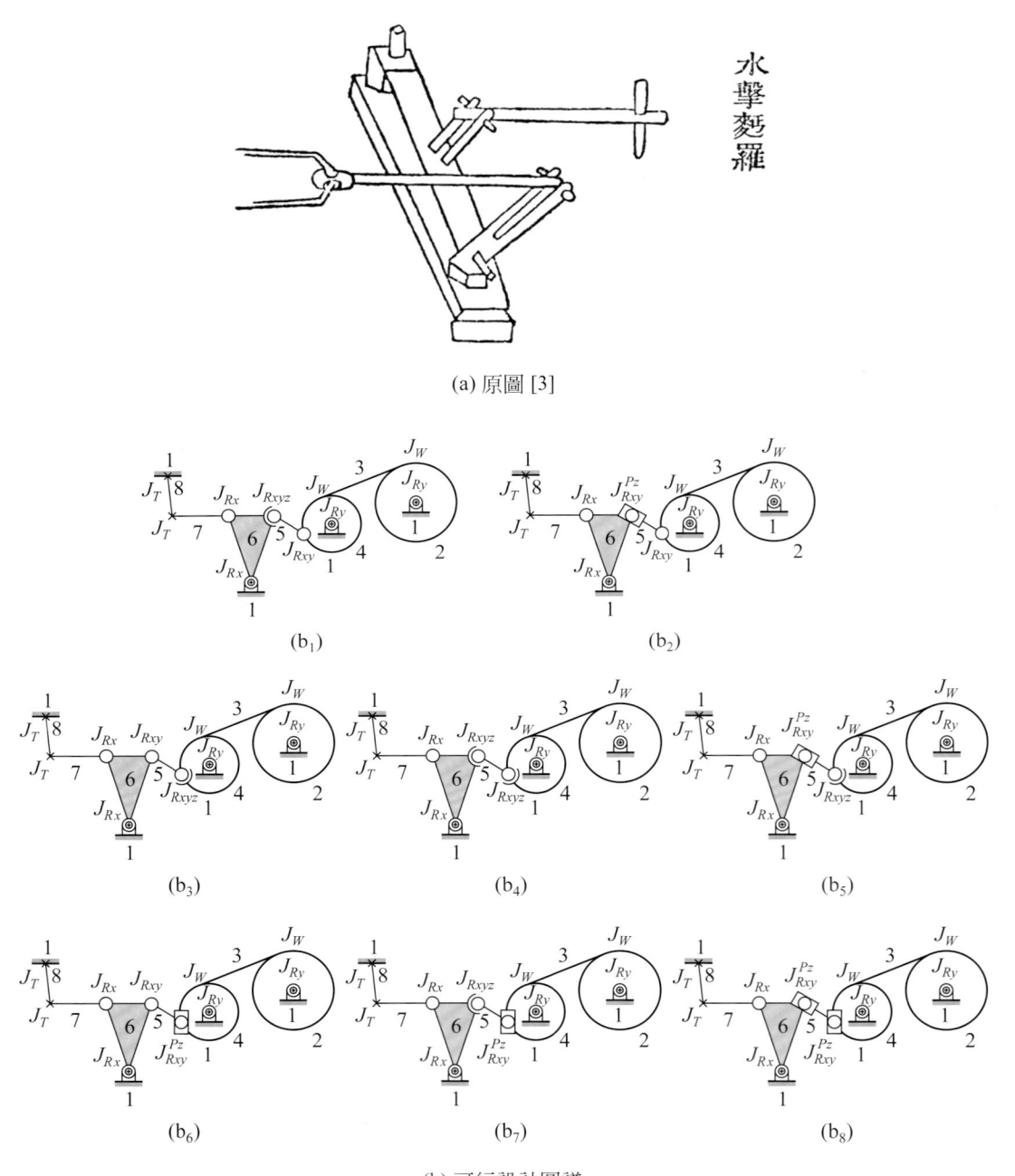

(b) 可行設計圖譜

圖 7.22　水擊麪羅

7.4.4 鐵碾槽

鐵碾槽 (Iron roller) 主要用於研磨朱砂礦石，藉由人力將礦石碾成細粉，以為製作紅色染劑的原料，如圖 7.23(a) 所示 [2]。鐵碾槽為三桿三接頭平面機構，屬於接頭類型不確定的機構 (類型 II)，詳細復原設計過程可參考第 5.3 節，圖 7.23(b_1)-(b_3) 所示者為其可行設計。

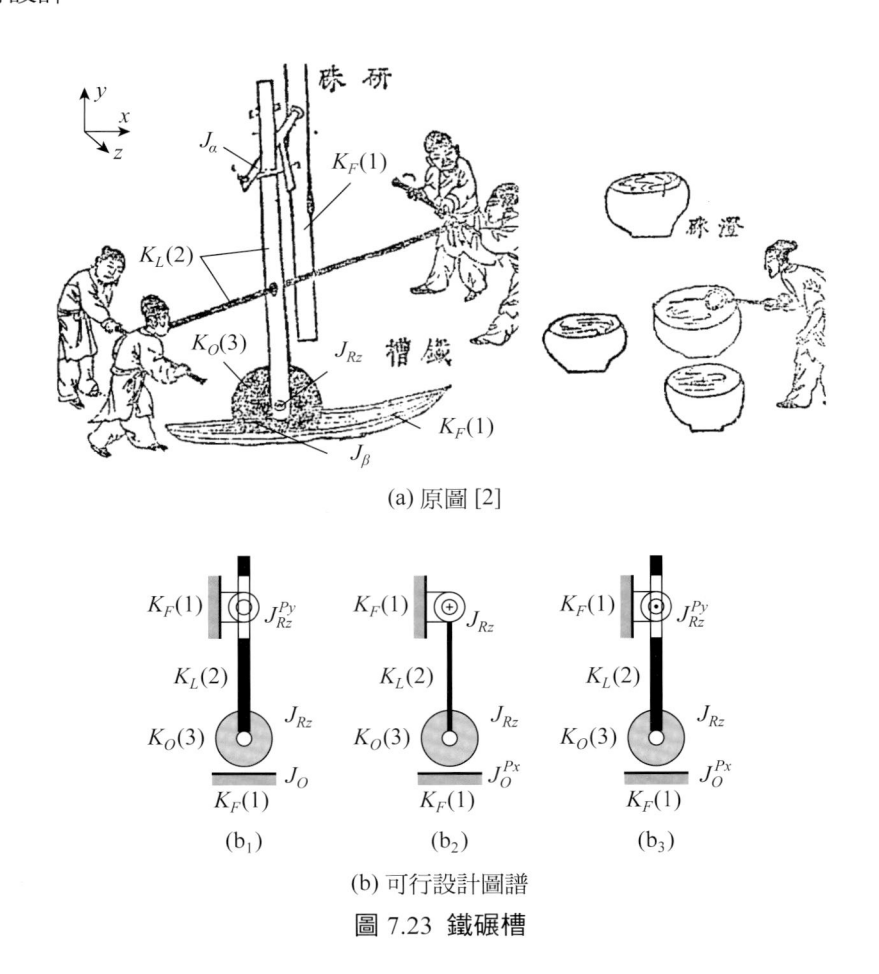

(a) 原圖 [2]

(b_1)　　(b_2)　　(b_3)

(b) 可行設計圖譜

圖 7.23 鐵碾槽

7.5 小結

本章以現代機構學的觀點，探討第 2 章介紹之五本專書中的 22 件連桿機構，如表 7.01 所列，包含 8 件 (鍬、桑夾、權衡、鶴飲、虹吸、礱、麪羅、風箱) 構造明確的機構(類型 I)、13 件(踏碓、槽碓、連枷、桔槔、恒升、玉衡、石碾、牛碾、水碾、輥碾、臥輪式水排、水擊麵羅、鐵碾槽)接頭類型不確定的機構(類型 II)、及 1 件(颺扇)桿件與接頭的數量和類型皆不確定的機構(類型 III)。由於連桿機構可以產生十分多樣的運動特性與方向轉換，因此廣泛地應用於古中國各種產業中。本章共有 22 張原圖、16 張構造簡圖、6 張模擬圖、4 張仿製圖、1 張原型機模型圖、及 1 張實物裝置圖。再者，動力來源方面包含人力、獸力、及水力。

○ 表 7.1 連桿機構 (22 件)

書名 機構名稱	《農書》	《武備志》	《天工開物》	《農政全書》	《欽定授時通考》
踏碓、碓舂 圖 7.1 類型 II	《杵臼》		《膏液》 《粹精》	《農器》	《攻治》
槽碓 圖 7.1 類型 II	《利用》			《水利》	《攻治》
鋤 圖 7.2 類型 I	《銍艾》			《農器》	《牧事》
桑夾 圖 7.2 類型 I	《蠶桑》			《蠶桑》	《蠶事》
連枷、打枷 圖 7.3 類型 II	《杷朳》		《粹精》	《農器》	《收穫》
權衡 圖 7.4 類型 I			《佳兵》		
鶴飲 圖 7.5 類型 I					《泰西水法》
桔槔 圖 7.6 類型 II	《灌溉》		《乃粒》	《水利》	《灌溉》
虹吸 圖 7.7 類型 I					《泰西水法》
恒升 圖 7.9 類型 II		《軍資乘》		《水利》	《泰西水法》

○ 表 7.1 連桿機構 (22 件)(續)

機構名稱 \ 書名	《農書》	《武備志》	《天工開物》	《農政全書》	《欽定授時通考》
玉衡 　圖 7.10 　類型 II		《軍資乘》		《水利》	《泰西水法》
石碾、碾 　圖 7.11 　類型 II	《杵臼》			《農器》	
牛碾 　圖 7.11 　類型 II			《碎精》		
水碾 　圖 7.11 　類型 II	《杵臼》		《碎精》	《水利》	《攻治》
輥碾、海青碾 　圖 7.11 　類型 II	《杵臼》			《農器》	《攻治》
礱、木礱、土礱 　圖 7.12 　類型 I	《杵臼》		《膏液》 《碎精》	《農器》	《攻治》
麪羅 　圖 7.13 　類型 I			《碎精》		《攻治》
颺扇 　圖 7.14 　類型 III			《碎精》	《農器》	《攻治》
風箱 　圖 7.15 　類型 I			《冶鑄》 《錘鍛》 《五金》		
臥輪式水排 　圖 7.16 　類型 II	《利用》			《水利》	
水擊麪羅 　圖 7.22 　類型 II	《利用》			《水利》	《攻治》
鐵碾槽 　圖 7.23 　類型 II			《丹青》		

參考文獻

1. 張春輝、游戰洪、吳宗澤、劉元諒，中國機械工程發明史－第二編，清華大學出版社，北京，2004 年。
2. 《天工開物譯注》；宋應星 [明朝] 撰，潘吉星譯注，上海古籍出版社，上海，1998 年。
3. 《農書》；王禎 [元朝] 撰，中華書局，第一版，北京，1991 年。
4. Yan, H. S. and Hsiao, K. H., "Structural Synthesis of the Uncertain Joints in the Drawings of Tian Gong Kai Wu," *Journal of Advanced Mechanical Design, Systems, and Manufacturing – Japan Society Mechanical Engineering,* Vol. 4, No. 4, pp. 773-784, 2010.
5. Hsiao, K. H. and Yan, H. S., "Structural Identification of the Uncertain Joints in the Drawings of Tian Gong Kai Wu," *Journal of the Chinese Society of Mechanical Engineers,* Taipei, Vol. 31, No. 5, pp. 383-392, 2010.
6. 《欽定授時通考》；鄂爾泰 [清朝] 等編，收錄於四庫全書珍本 (王雲五主編)，據影文淵閣四庫全書本，台灣商務印書館，台北，1965 年。
7. 盧本珊、張柏春、劉詩中，"銅岭商周礦用桔橰與滑車及其使用方式"，中國科技史料，北京，第 17 卷，第 2 期，頁 73-80，1996 年。
8. 《農政全書校注》；徐光啟 [明朝] 撰，石聲漢校注，明文書局，台北，1981 年。
9. Yan, H.S., Reconstruction Designs of Lost Ancient Chinese Machinery, Springer, Netherlands, 2007.
10. Feng, L. S. and Tong, Q. J., "Crank-Connecting Rod Mechanism: Its Applications in Ancient China and Its Origin," *International Symposium on History of Machines and Mechanisms,* Springer, Netherlands, 2009.
11. Song, Y. X., Chinese Technology in the Seventeen Century (in Chinese, trans. Sun, E. Z. and Sun, S. C.), Dover Publications, New York, 1966.
12. 劉仙洲，中國機械工程發明史 - 第一編，科學出版社，北京，1962 年。
13. 蕭國鴻、林建良、陳羽薰、顏鴻森，"農書中水力驅動鼓風裝置 (水排) 之系統化復原綜合"，中國農業科學技術出版社，北京，183-189 頁，2010 年。

第 8 章

齒輪與凸輪機構
Gear and Cam Mechanisms

　　古中國應用齒輪與凸輪元件的機械裝置，可依功能與類型分為具齒輪農業器械、具齒輪汲水器械、及凸輪機構等三類。本章分別簡述各類器械的用途與組成，分析機構之桿件與接頭的數目和類型，並繪出構造簡圖。

8.1　具齒輪農業器械

　　應用齒輪的**農業器械** (Agriculture device) 包含榨蔗機、連磨、水磨、連二水磨、水轉連磨、及水礱等六項裝置，上述器械皆為構造明確之機構 (類型 I)，茲分別敘述如下。

8.1.1　榨蔗機

　　《天工開物》[1] 中的**榨蔗機** (Cane crushing device) 是典型具有一個自由度的簡單齒輪系，用於壓搾甘蔗並匯集蔗漿，如圖 8.1(a) 所示。其構造包含四塊木板組成的機架、犁擔、及二根大木棍或石柱。在木棍 (石柱) 上鑿出齒形，相互嚙合；其中，主動輪的軸露出上橫板，用以安裝犁擔，彼此間沒有相對運動，可視為同一桿件。犁擔用長約 4.5 公尺的曲木作成，以便駕牛轉圈帶動。將甘蔗置於二木棍 (石柱) 之間，藉由獸力的驅動榨蔗取漿。

　　榨蔗機為三桿三接頭機構，包含機架 (桿 1，K_F)、具犁擔的主動輪 (桿 2，K_{G1})、及從動輪 (桿 3，K_{G2})。在接頭方面，主動輪與從動輪皆以旋轉接頭與機架相鄰接，轉軸為垂直方向，表示為 J_{Rv}，而齒輪之間的嚙合則為齒輪接頭 (J_G)。圖 8.1(b) 所示者為其構造簡圖，圖 8.1(c) 所示者為石製的主動輪與從動輪實物裝置，而圖 8.1(d) 所示則為《天工開物》原圖的仿製圖。此外，原圖中的二個齒輪之輪齒齒形須為反向，才能使齒輪相互嚙合。

(a) 原圖 [1]

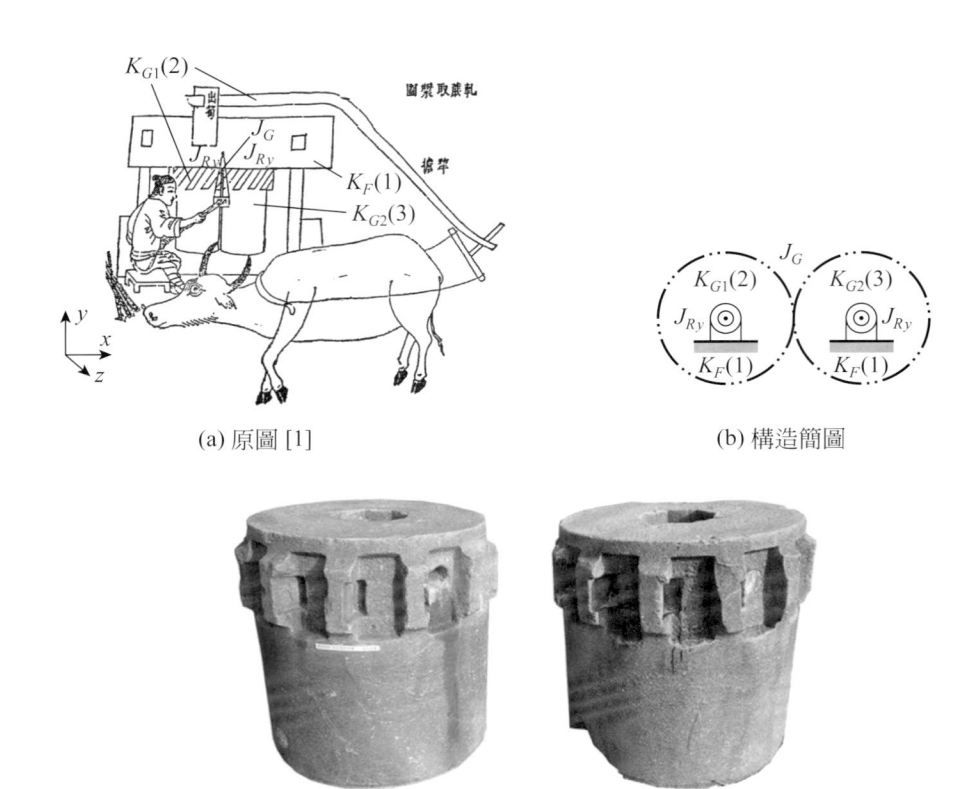

(b) 構造簡圖

(c) 主動輪與從動輪實物裝置（攝於高雄造橋糖廠）

(d) 仿製圖

圖 8.1 榨蔗機

8.1.2 連磨

為改善處理穀物的效率，西晉時期 (AD 265-316) 發展出能夠同時驅動多個石磨的**連磨** (Multiple grinder)[2]。連磨是在其中心設置一個大齒輪，周圍配置八個磨，磨盤外套著小齒輪，並使小齒輪與中心的大齒輪相嚙合，如圖 8.2(a) 所示。

以獸力驅動中心的大齒輪，藉由齒輪的傳動，帶動八個磨同時作動，大幅提升工作效率，如圖 8.2(b) 所示。由於周圍八個小齒輪與磨的配置均相同，因此只取其中一組分析，為三桿三接頭之齒輪機構，包含機架 (桿 1，K_F)、大齒輪 (桿 2，K_{G1})、及小齒輪 (桿 3，K_{G2})。在接頭方面，大、小齒輪皆以旋轉接頭 (J_{Ry}) 與機架相鄰接，齒輪之間的嚙合則為齒輪接頭 (J_G)，圖 8.2(c) 所示者為其構造簡圖。

(a) 原圖 [3]

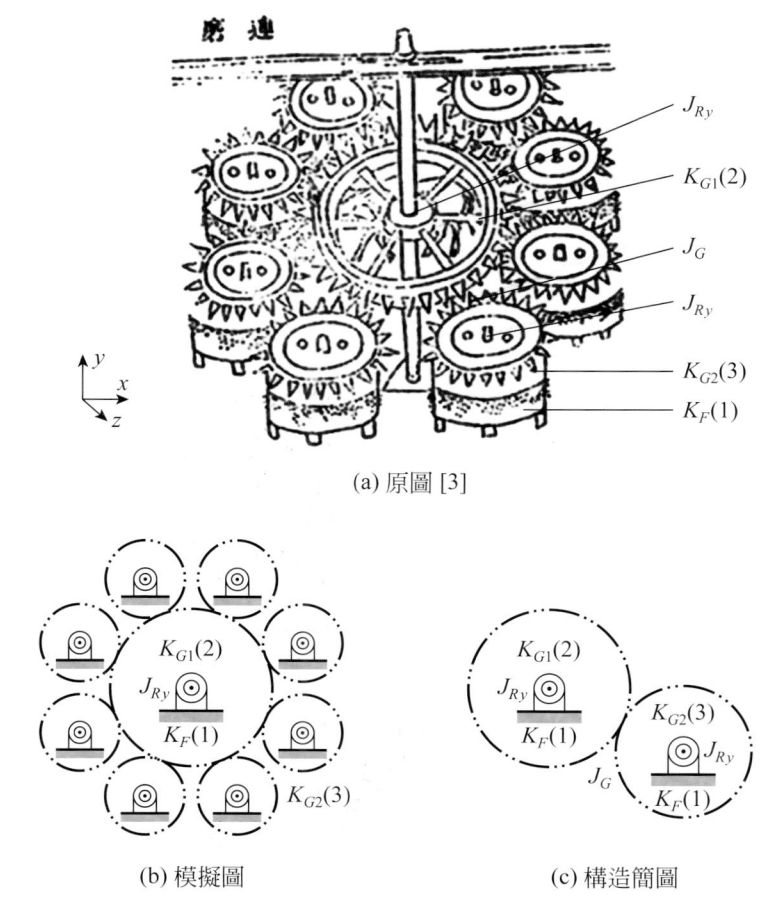

(b) 模擬圖　　　　　　　　(c) 構造簡圖

圖 8.2 連磨

8.1.3 水磨與連二水磨

水磨 (Water-driven grinder) 與**連二水磨** (Water-driven double-grinder) 的構造和連磨相似，皆是透過齒輪驅動礱磨的器械，動力源由獸力改為水力，如圖 8.3(a)-(b) [1, 4] 所示。水磨組成包含立式水輪、長軸、一個立式齒輪、及一個磨盤齒輪。連二水磨則是增加一組立式齒輪與磨盤齒輪，以提高工作效率。當水輪轉動時，長軸與立式齒輪也隨之運轉，透過磨盤齒輪之間的相互嚙合，傳動至磨盤。

連二水磨之二組立式齒輪與磨盤齒輪的配置相同，分析時只取其中一組，與水磨皆為三桿三接頭的齒輪機構，包含機架（桿 1，K_F）、具立式水輪與長軸的立式齒輪（桿 2，K_{G1}）、及磨盤齒輪（桿 3，K_{G2}）。在接頭方面，桿 2 以旋轉接頭與機架相鄰接，轉軸為水平方向，表示為 J_{Rx}；桿 3 亦以旋轉接頭與機架相鄰接，轉軸為垂直方向，表示為 J_{Ry}；而齒輪之間的嚙合則為齒輪接頭（J_G）。圖 8.3(c) 所示者為其構造簡圖，而圖 8.3(d) 所示者為《天工開物》中水磨的仿製圖。

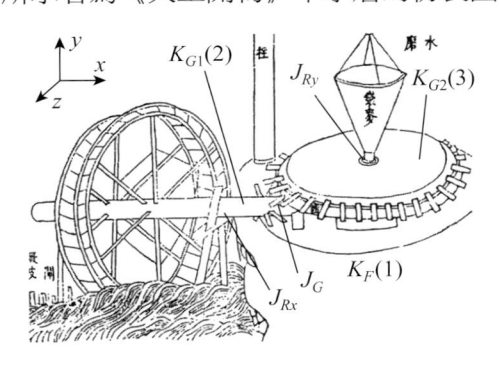

(a) 水磨 [1]

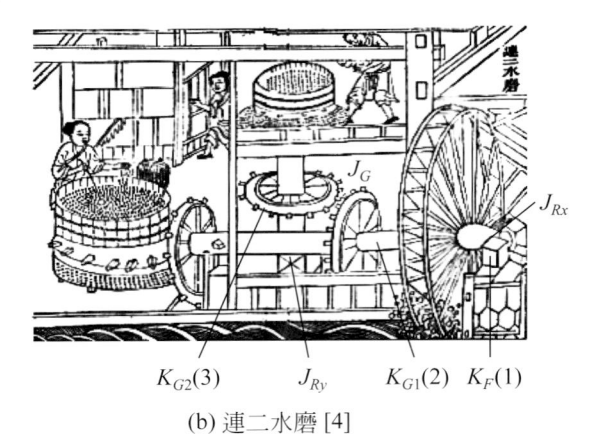

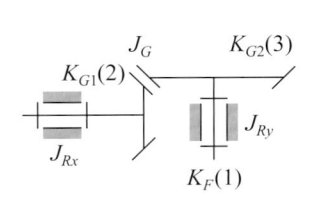

(b) 連二水磨 [4]

(c) 構造簡圖

(d) 水磨仿製圖

圖 8.3 水磨與連二水磨

8.1.4 水轉連磨與水礱

水轉連磨 (Water-driven multiple grinder) 與**水礱** (Water-driven mill) 的基本構造相同，皆是透過齒輪機構同時驅動多個礱磨的器械，如圖 8.4(a)-(b)[3-4] 所示，其組成包含立式水輪、長軸、數個立式齒輪、及多個磨盤齒輪。長軸以水平方向橫貫立式水輪與立式齒輪，彼此間沒有相對運動，可視為同一桿件；磨盤齒輪三個為一排，且同一排齒輪相互嚙合，每排中間的磨盤齒輪與立式齒輪嚙合。當水輪轉動時，長軸與立式齒輪也隨之運轉，再透過磨盤齒輪之間的相互嚙合，傳動所有磨盤。

此二項器械中，立式齒輪與兩旁的磨盤齒輪配置均相同，因此只取其中一組分析，為四桿五接頭的齒輪機構，包含機架 (桿 1，K_F)、具立式水輪與長軸的立式齒輪 (桿 2，K_{G1})、中間磨盤齒輪 (桿 3，K_{G2})、及外側磨盤齒輪 (桿 4，K_{G3})。在接頭方面，桿 2 以旋轉接頭與機架相鄰接，轉軸方向為水平方向，表示為 J_{Rx}；桿 3 與桿 4 均以旋轉接頭和機架相鄰接，轉軸方向為垂直方向，表示為 J_{Ry}；而齒輪之間的嚙合則為齒輪接頭 (J_G)，圖 8.4(c) 所示者為其構造簡圖。

(a) 水轉連磨 [4]

(b) 水礱 [3]

(c) 構造簡圖

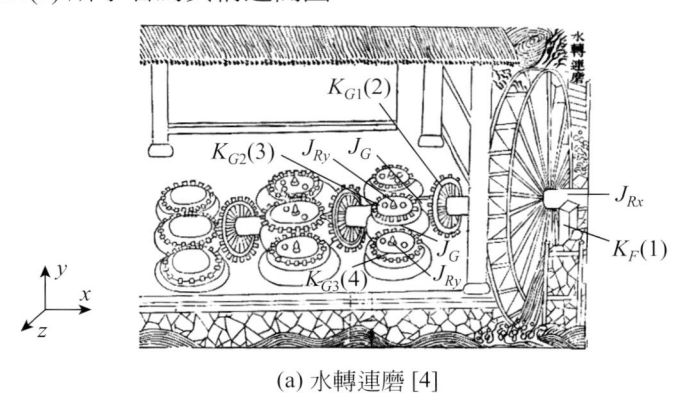

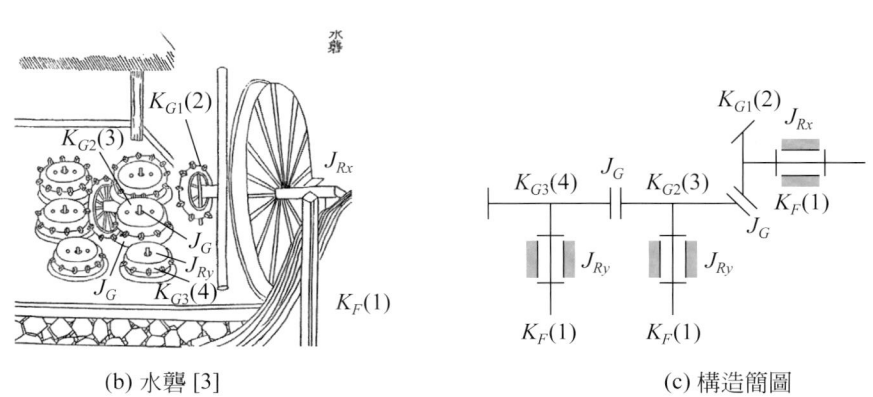

圖 8.4 水轉連磨與水礱

8.2 具齒輪汲水器械

應用齒輪的**汲水器械** (Water lifting device) 包含驢轉筒車、牛轉翻車、水轉翻車、及風轉翻車等四項裝置，上述器械皆為構造明確之機構 (類型 I)，茲分別敘述如下。

8.2.1 驢轉筒車

《農書》[3] 中的**驢轉筒車** (Donkey-driven cylinder wheel) 與第 6.4 節所述之筒車功能相同，用於舀水上岸，如圖 8.5(a) 所示。由於水力驅動的筒車必需於激流險灘之處才能使用，無適合水流與地形時，可用驢轉筒車代之，其組成除了機架、水輪、及貫穿水輪的中軸之外，另加置立式與臥式二個齒輪。使用時，以獸力轉動臥齒輪，帶動立齒輪與水輪轉動舀水。驢轉筒車為三桿三接頭機構，包含機架 (桿 1，K_F)、具立軸的臥齒輪 (桿 2，K_{G1})、及具水輪與中軸的立齒輪 (桿 3，K_{G2})。在接頭方面，桿 2 以旋轉接頭與機架相鄰接，轉軸為垂直方向，表示為 J_{Ry}；桿 3 亦以旋轉接頭與機架相鄰接，轉軸為水平方向，表示為 J_{Rx}；而齒輪之間的囓合則為齒輪接頭 (J_G)，圖 8.5(b) 所示者為其構造簡圖。

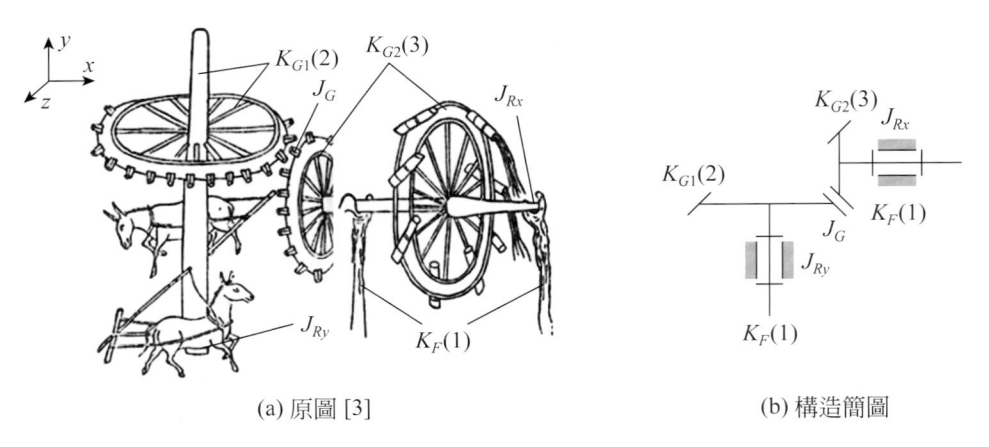

(a) 原圖 [3]　　　　　　(b) 構造簡圖

圖 8.5 驢轉筒車

8.2.2 牛轉翻車

牛轉翻車 (Cow-driven paddle blade machine) 是由齒輪組與鏈條傳動二種機構所組成，功能與翻車相同，如圖 8.6(a) 所示 [1]。藉由獸力轉動臥式大齒輪，經由齒輪傳

第 8 章 齒輪與凸輪機構　151

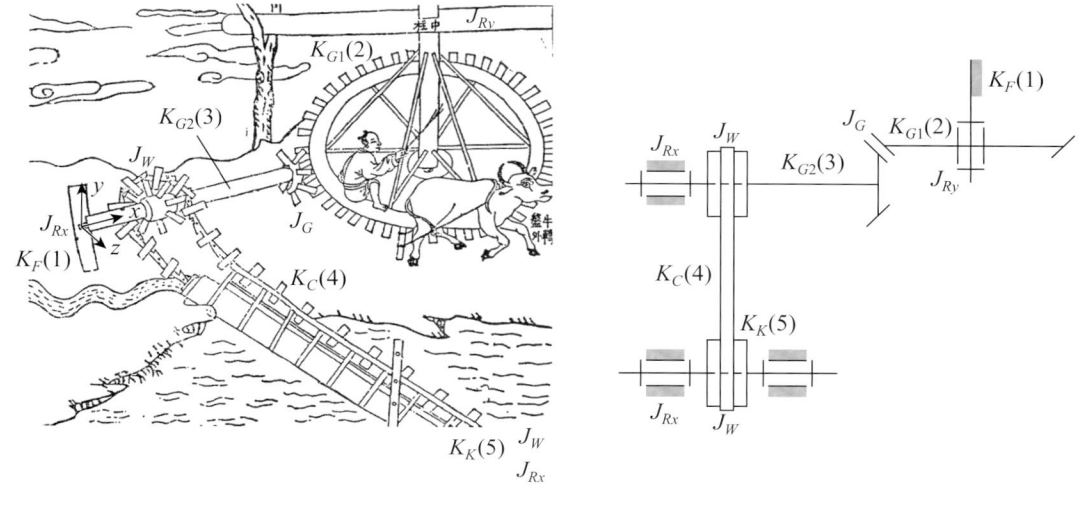

(a) 原圖 [1]

(b) 構造簡圖

(c) 仿製圖

圖 8.6　牛轉翻車

遞，轉動長軸上的上鏈輪，並帶動鏈條與下鏈輪；下鏈輪半浸在水中，輪上的刮板沿槽刮水送上行道板，再由鏈條上的葉板沿斜置的送水槽刮水上岸。

牛轉翻車為五桿六接頭的機構，包含機架 (桿 1，K_F)、具立軸與橫桿的臥式大齒輪 (桿 2，K_{G1})、具長軸與上鏈輪的立式小齒輪 (桿 3，K_{G2})、鏈條 (桿 4，K_C)、及下鏈輪 (桿 5，K_K)。在接頭方面，桿 2 以旋轉接頭 (J_{Ry}) 與機架相鄰接；桿 3 則以旋轉接頭 (J_{Rx}) 與齒輪接頭 (J_G) 分別和機架與桿 2 相鄰接；桿 4 以迴繞接頭 (J_W) 分別與桿 3 和桿 5 相鄰接；桿 5 以旋轉接頭 (J_{Rx}) 與機架相鄰接，圖 8.6(b) 所示者為其構造簡圖，而圖 8.6(c) 所示者為《天工開物》[1] 中牛轉翻車的仿製圖。此外，原圖中的長軸兩端須各自放置支架作為機架，以承接長軸運轉。

8.2.3　水轉翻車

水轉翻車 (Water-driven paddle blade machine) 為以水力驅動的翻車，功能與翻車相同，構造與牛轉翻車相似，如圖 8.7(a) 所示 [5]。牛轉翻車是在立軸上裝置橫桿以便牛隻轉動，水轉翻車則以臥式水輪取代橫桿，並須配合挖掘狹塹，使臥式水輪浸於水中。機構分析方面，由於臥式水輪、立軸、及臥式大齒輪無相對運動，可視為同一桿件 (桿 2，K_{G1})；其餘桿件與接頭均和牛轉翻車相同，圖 8.7(b) 所示者為其構造簡圖，而圖 8.7(c) 所示則為《天工開物》[1] 中水轉翻車的仿製圖。

8.2.4　風轉翻車

風轉翻車 (Wind-driven paddle blade machine) 為以風力驅動的翻車，功能與翻車相同，構造與牛轉和水轉翻車相似。古中國文獻中並無風轉翻車的圖畫紀錄，但在《天工開物》[1] 中有如下關於風轉翻車的說明：「揚郡以風帆數扇，俟風轉車，風息則止。」根據古中國風車的主軸擺放位置，可分為立軸式與臥軸式風轉翻車二種。

立軸式風轉翻車的記載始見於南宋 (AD 1127-1219)[6]，並於明清時期 (AD 1368-1911) 廣泛用於江南地區，直到 1950 年代，不少地區仍用立軸式風轉翻車灌溉農田或汲水製鹽，其最為巧妙之處在於風車運轉過程中，風帆的方向可以自動調整。當轉到順風時，風帆自動趨於與風向垂直，所受風力最大；當轉到逆風時，風帆自動轉至與風向平行，所受阻力最小。此一原理使得風車不受風力變化的影響，亦不改變旋轉方向。然而，由於這種風車體積過大，1980 年代已逐漸被電力或內燃機水泵所取代。

近年來，專家學者重新復原設計立軸式風轉翻車原尺寸大小的實物裝置，如圖

(a) 原圖 [5]

(b) 構造簡圖

(c) 仿製圖

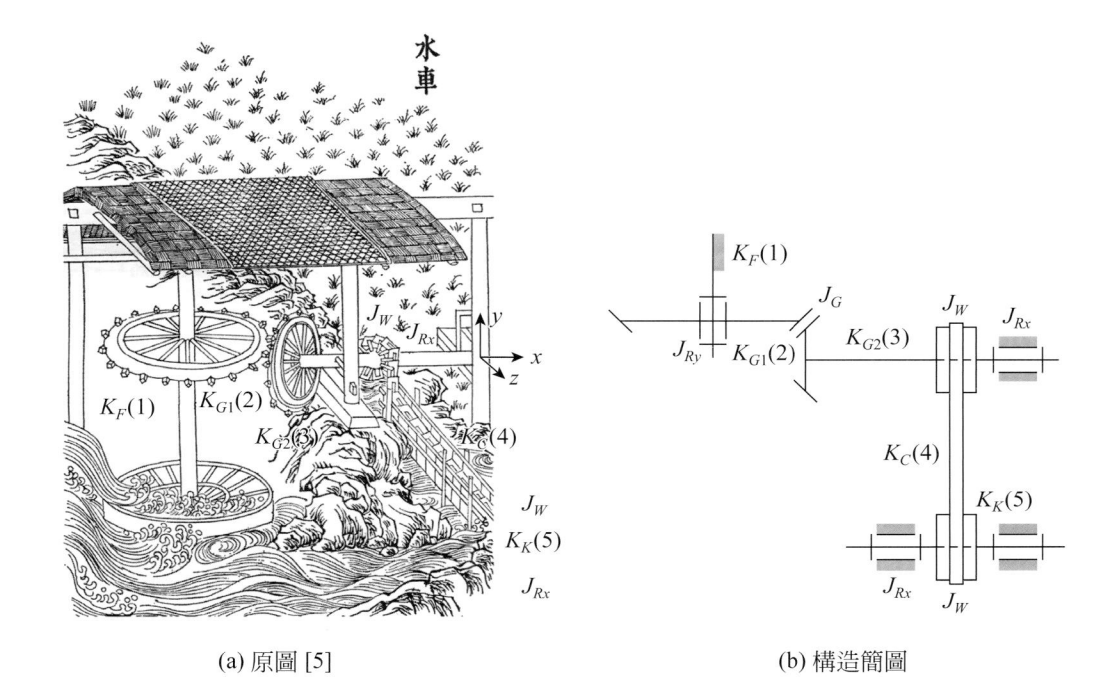

圖 8.7 水轉翻車

8.8(a) 所示 [7-9]。由於風帆的擺動並不影響機構的輸出結果，因此可將風帆、立軸、及臥式大齒輪視為同一桿件 (桿 2，K_{G1})；其餘桿件與接頭均和牛轉翻車相同，圖 8.8(b)-(c) 所示者分別為其電腦模擬圖與構造簡圖。

臥軸式風轉翻車具有三至六面風帆，因其具風帆的傳動軸呈斜臥方式，又稱為斜桿式風轉翻車，如圖 8.9(a) 所示 [6]。李約瑟認為此型風車可能是由西方傳入中國，時間約在宋元時期 (AD 960-1368)[10]。根據風向變化，操作者可搬動具風帆的斜桿及其底座，使風帆對準風向。除不能自動適應風向變化外，臥軸式比立軸式風轉翻車具有零組件較少、使用方便、及佔地面積較小等優點。1980 年代後，亦逐漸被電力或內燃機水泵所取代。

臥軸式風轉翻車為六桿八接頭的機構，包含機架 (桿 1，K_F)、具風帆與斜桿的主動齒輪 (桿 2，K_{G1})、具雙齒輪的立桿 (桿 3，K_{G2})、具長軸與上鏈輪的立式小齒輪 (桿 4，K_{G3})、鏈條 (桿 5，K_C)、及下鏈輪 (桿 6，K_K)。在接頭方面，桿 2 以旋轉接頭 (J_{Rx}) 與齒輪接頭 (J_G) 分別和機架與桿 3 相鄰接；桿 3 以旋轉接頭 (J_{Ry}) 與齒輪接頭 (J_G) 分別和機架與桿 4 相鄰接；桿 4 以旋轉接頭 (J_{Rx}) 與迴繞接頭 (J_W) 分別和機架與桿 5 相鄰接；桿 6 則以旋轉接頭 (J_{Rx}) 與迴繞接頭 (J_W) 分別和機架與桿 5 相鄰接，圖 8.9(b)-(c) 所示者分別為其電腦模擬圖與構造簡圖。

8.3　凸輪機構

應用凸輪的器械包含水碓與立輪式水排等二項裝置，茲分別敘述如下。

8.3.1　水碓

水碓 (Water-driven pestle) 又名機碓或連機水碓，是古中國典型的簡單凸輪機構，如圖 8.10(a) 所示 [1]，其組成包含機架、碓梢、立式水輪、長軸、及數組橫木。長軸以水平方向橫貫立式水輪，軸上並嵌著數片橫木，彼此間無相對運動，可視為同一桿件，而碓梢則需配合橫木鑲嵌的位置裝設。當水輪受水流驅動運轉時，一併轉動長軸與橫木，並由橫木撥動碓梢，使槌頭起落舂擊稻穀。

就傳動特性而言，橫木與碓梢的作用相當於凸輪裝置，因此水碓可視為三桿三接頭的凸輪機構，包含機架 (桿 1，K_F)、具有立式水輪與數組橫木的長軸 (桿 2，K_A)、及數個碓梢 (桿 3，K_{Af})。在接頭方面，桿 2 以旋轉接頭 (J_{Rx}) 與凸輪接頭 (J_A) 分別和

第 8 章　齒輪與凸輪機構　155

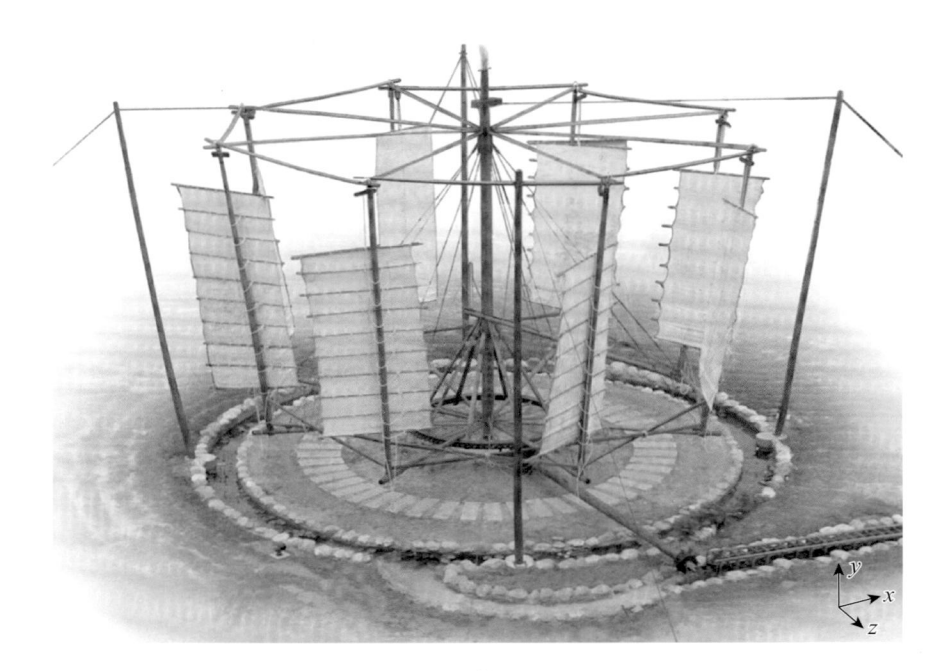

(a) 實物裝置 [7]

(b) 電腦模擬圖 [7]　　　　　　　　(c) 構造簡圖

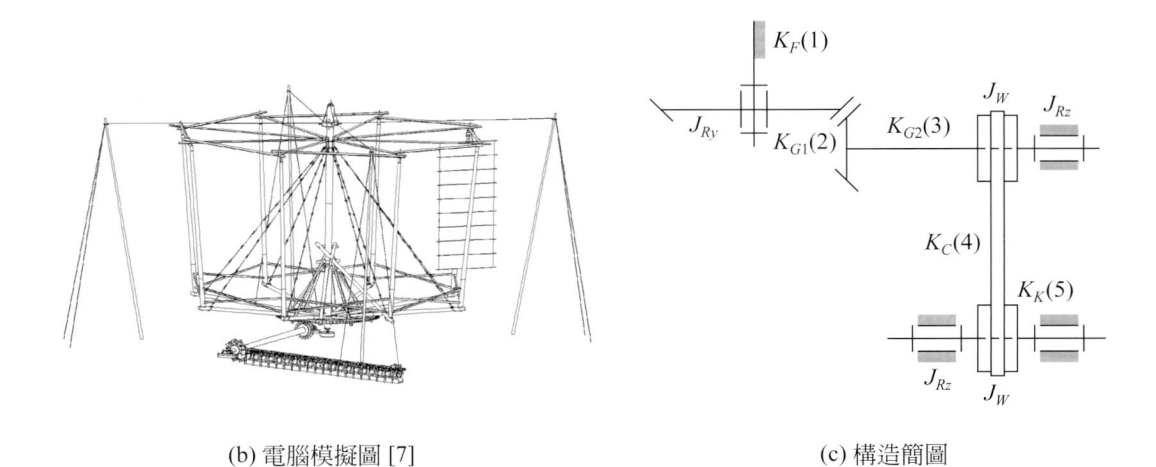

圖 8.8　立軸式風轉翻車

156　古中國書籍具插圖之機構

(a) 實物裝置 [6]

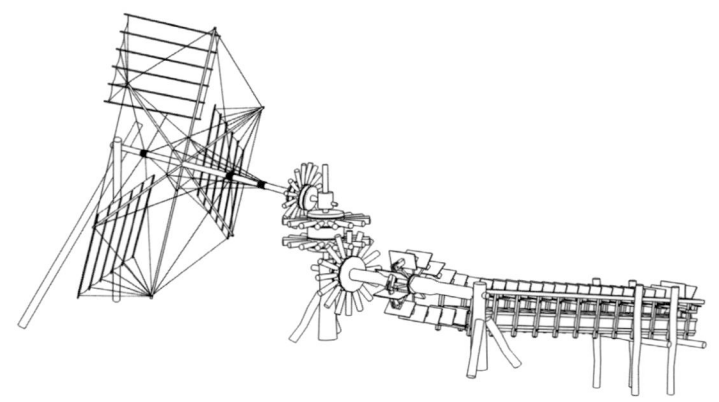

(b) 電腦模擬圖

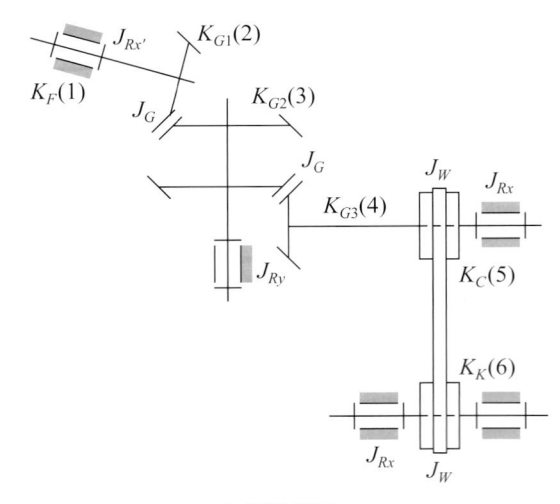

(c) 構造簡圖

圖 8.9 臥軸式風轉翻車

第 8 章　齒輪與凸輪機構　157

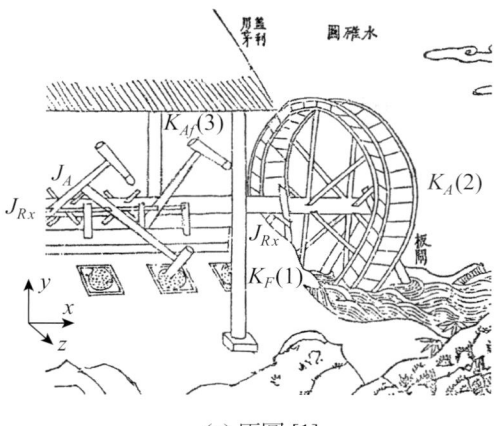

(a) 原圖 [1]

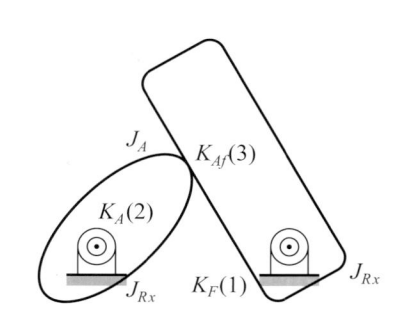

(b) 構造簡圖

(c) 仿製圖

(d) 原型機模型

(e) 實物裝置 (關曉武攝於安徽歙縣)

圖 8.10　水碓

機架與桿 3 相鄰接，桿 3 則以旋轉接頭 (J_{Rx}) 與機架相鄰接，屬於構造明確之機構 (類型 I)。圖 8.10(b)-(c) 所示者分別為其構造簡圖與《天工開物》[1] 中水碓仿製圖，而圖 8.10(d)-(e) 所示者分別為水碓的原型機模型與實物裝置。

8.3.2　立輪式水排

《農書》[3] 分別介紹臥輪式與立輪式二種水排，臥輪式水排詳見於第 7.4 節；立輪式水排則只有文字的記載：「先於排前，直出木簨，約長三尺，簨頭豎置偃木，形如初月，上用秋千索懸之。復於排前置一勁竹，上帶撐索，以挔排扇。然後假水輪臥軸所列拐木，自上打動排前偃木，排即隨入。其拐木既落，撐竹引排復回。如此間打一軸…宛若水碓之制…」由於相關敘述過於簡要，無法得知確切的桿件數目及桿件間的組合與傳動關係，屬於桿件與接頭的數量和類型皆不確定之機構 (類型 III)。圖 8.11(a) 所示者為《中國機械史》[11] 復原的結果，可協助釐清立輪式水排的構造。

立輪式水排組成包含機架、立式水輪、拐木、臥軸、秋千索、木簨、偃木、排扇、撐索、及勁竹。臥軸以水平方向橫貫立式水輪，軸上並嵌著拐木，彼此間無相對運動，可視為同一桿件，而具有木簨的偃木 (從動件) 則需配合拐木 (凸輪) 的位置裝設。當水輪受水流驅動運轉時，一併轉動臥軸與拐木，並由拐木撥動偃木，進而推動排扇；其中，秋千索用於穩定偃木與拐木的傳動。再者，勁竹與撐索的彈力使得偃木和排扇可以回復到原來位置，使排扇產生搖擺運動發揮鼓風的作用。

就傳動特性而言，拐木與偃木的作用相當於凸輪裝置，因此《中國機械史》復原之立輪式水排可視為七桿九接頭的凸輪機構，包含機架 (桿 1，K_F)、具立式水輪與臥軸的拐木 (桿 2，K_A)、具木簨的偃木 (桿 3，K_{Af})、排扇 (桿 4，K_L)、勁竹 (桿 5，K_{BB})、秋千索 (桿 6，K_{T1})、及撐索 (桿 7，K_{T2})。在接頭方面，桿 2 以旋轉接頭 (J_{Rz}) 與凸輪接頭 (J_A) 分別和機架與桿 3 相鄰接；桿 3 以旋轉接頭 (J_{Rz}) 與線接頭 (J_T) 分別和排扇與千秋索相鄰接；撐索以線接頭 (J_T) 分別和勁竹與排扇相鄰接；勁竹、排扇、及千秋索分別以竹接頭 (J_{BB})、旋轉接頭 (J_{Rz})、及線接頭 (J_T) 和機架相鄰接。圖 8.11(b)-(c) 所示者分別為《中國機械史》立輪式水排的電腦模擬圖與構造簡圖。

由於秋千索穩定偃木與拐木的運動、以及撐索連接勁竹與排扇的作動，都存在傳動不確定的問題，因此提出去除繩索的二種簡化設計。第一種為去除撐索 (桿 7，K_{T2})，勁竹直接以竹接頭 (J_{BB}) 分別與機架和木簨相鄰接，其餘桿件鄰接關係不變，成為六桿八接頭的設計，圖 8.12(a)-(b) 所示者分別為其電腦模擬圖與構造簡圖；第二種

同時去除秋千索 (桿 6，K_{T1}) 與撐索 (桿 7，K_{T2})，勁竹直接以竹接頭 (J_{BB}) 分別與機架和木篗相鄰接，成為五桿六接頭的設計，圖 8.12(c)-(d) 所示者分別為其電腦模擬圖與構造簡圖。上述二種簡化設計皆可經由調整勁竹的位置與彈力，使拐木更確切地推動偃木，進而讓排扇產生穩定的搖擺運動，達到鼓風的作用。

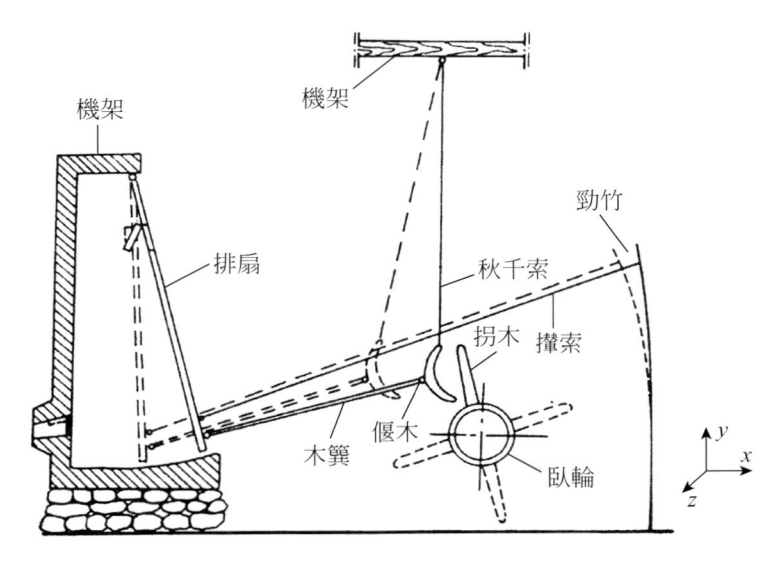

(a) 現有復原概念 [11]

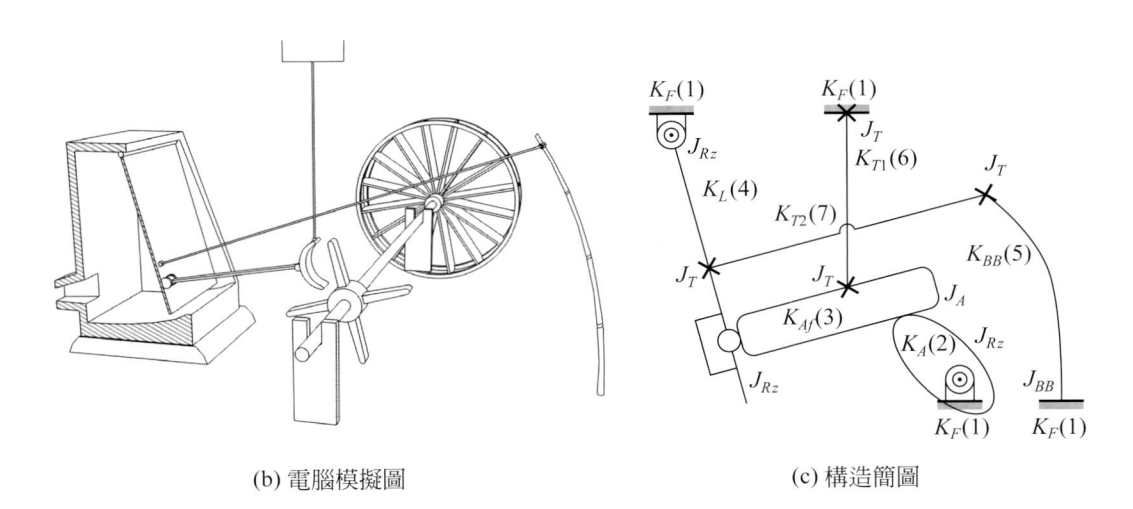

(b) 電腦模擬圖

(c) 構造簡圖

圖 8.11《中國機械史》立輪式水排

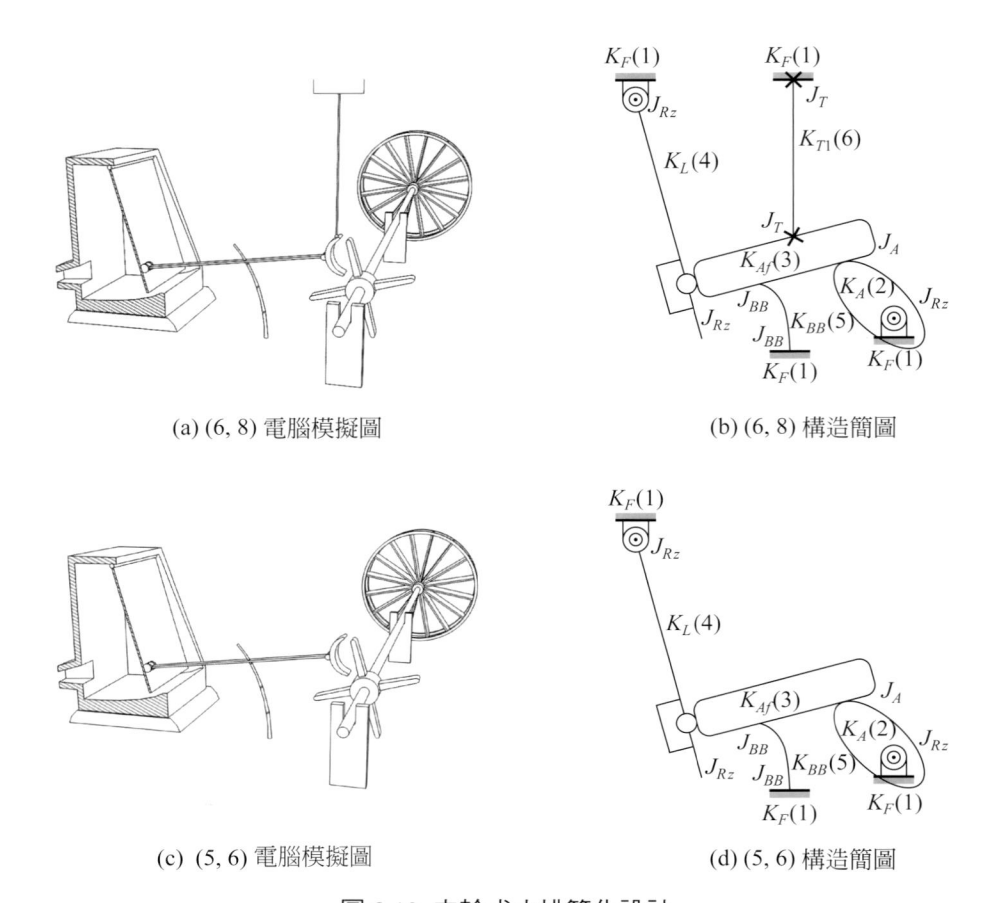

(a) (6, 8) 電腦模擬圖　　　　　　　　(b) (6, 8) 構造簡圖

(c) (5, 6) 電腦模擬圖　　　　　　　　(d) (5, 6) 構造簡圖

圖 8.12 立輪式水排簡化設計

8.4　小結

　　本章以現代機構學的觀點，分析第 2 章介紹之五本專書中應用齒輪與凸輪元件的 12 件機械裝置，如表 8.1 所列，包含 6 件應用齒輪的農業器械、4 件應用齒輪的汲水器械、及 2 件應用凸輪的機構；其中，11 件機械裝置 (榨蔗機、連磨、水磨、連二水磨、水轉連磨、水礱、驢轉筒車、牛轉翻車、水轉翻車、風轉翻車、水碓) 屬於構造明確 (類型 I)。立輪式水排只有文字說明，並無圖畫表示與實物流傳，因此具有多種可行設計，屬於桿件與接頭的數量和類型皆不確定之機構 (類型 III)。本章共有 11 張原圖、12 張構造簡圖、5 張模擬圖、5 張仿製圖、1 張原型機模型圖、及 4 張實物裝置圖。再者，動力來源方面包含水力、獸力、及風力。

○ 表 8.1 凸輪與齒輪機構 (12 件)

書名 機構名稱	《農書》	《武備志》	《天工開物》	《農政全書》	《欽定授時通考》
榨蔗機 圖 8.1 類型 I			《甘嗜》		
連磨 圖 8.2 類型 I	《杵臼》				
水磨 圖 8.3 類型 I			《碎精》		
連二水磨 圖 8.3 類型 I				《水利》	《攻治》
水轉連磨 圖 8.4 類型 I	《利用》			《水利》	《攻治》
水礱 圖 8.4 類型 I	《利用》			《水利》	
驢轉筒車 圖 8.5 類型 I	《灌溉》			《水利》	《灌溉》
牛轉翻車 圖 8.6 類型 I	《灌溉》		《乃粒》	《水利》	《灌溉》
水轉翻車 圖 8.7 類型 I	《灌溉》		《乃粒》	《水利》	《灌溉》
風轉翻車 （有文無圖） 圖 8.8-圖 8.9 類型 I			《乃粒》		
水碓、機碓、 連機水碓 圖 8.10 類型 I	《利用》		《碎精》	《水利》	《攻治》
立輪式水排 （有文無圖） 圖 8.11 類型 III	《利用》				

參考文獻

1. 《天工開物譯注》；宋應星 [明朝] 撰，潘吉星譯注，上海古籍出版社，上海，1998 年。
2. 張春輝、游戰洪、吳宗澤、劉元諒，中國機械工程發明史–第二編，清華大學出版社，北京，2004 年。
3. 《農書》；王禎 [元朝] 撰，中華書局，第一版，北京，1991 年。
4. 《農政全書校注》；徐光啟 [明朝] 撰，石聲漢校注，明文書局，台北，1981 年。
5. Song, Y. X., Chinese Technology in the Seventeenth Century (trans. Sun, E. Z. and Sun, S. C.), Dover Publications, New York, 1966.
6. 張柏春，中國風力翻車構造原理新探，第 14 卷，第 3 期，287-296，北京，1995 年。
7. Lin, T. Y., Zhang, B. C., Lu, D. M., Sun, L., and Zhang, Z. Z., "On the Mechanism Analysis of the Vertical Shaft Type Wind-power Chinese Square-pallet Chain-pump," *International Symposium on History of Machines and Mechanisms,* Springer, Netherlands, 2009.
8. Sun, L., Zhang, B. C., Lin, T. Y., and Zhang, Z. Z., "An Investigation and Reconstruction of Traditional Vertical-axle-styled Chinese Great Windmill and its Square-pallet Chain-pump," *International Symposium on History of Machines and Mechanisms,* Springer, Netherlands, 2009.
9. Lin, T. Y., and Lin, W. F., "Structure and Motion Analyses of the Sails of Chinese Great Windmill," *Mechanism and Machine Theory,* Vol. 48, No. 2, pp. 29-40, 2012.
10. Needham, J., Science and Civilisation in China, Vol. IV: II, Cambridge University Press, Cambridge, 1954.
11. 陸敬嚴，中國機械史，中華古機械文教基金會 (台南，台灣)，越吟出版社，台北，2003 年。

第 9 章 撓性傳動機構
Flexible Connecting Mechanisms

　　古中國應用撓性元件 (繩索、細線、皮帶、及鏈條) 的機械裝置，可根據功能分為穀物加工、汲水、手工業器械、及紡織機械等四類，本章分別簡述各項器械的用途與組成，分析機構的桿件數目及可能的接頭類型，並繪出構造簡圖。

9.1　穀物加工器械

　　應用撓性傳動的**穀物加工器械** (Grain processing device) 包含篩殼裝置與驢礱等二項農器，上述器械皆為構造明確的機構 (類型 I)，茲分別敘述如下。

9.1.1　篩殼裝置

　　《天工開物》[1] 中的**篩殼裝置** (Grain sieving device) 是穀物經礱磨脫殼後，置於風扇車或颺扇去掉穀物的皮與殼，再倒入篩中繞圈轉動，如圖 9.1(a) 所示。未破殼的穀物會浮出篩面，再將其倒入礱磨中，重複脫殼的動作。穀物過篩後，即可倒入石臼中舂搗。

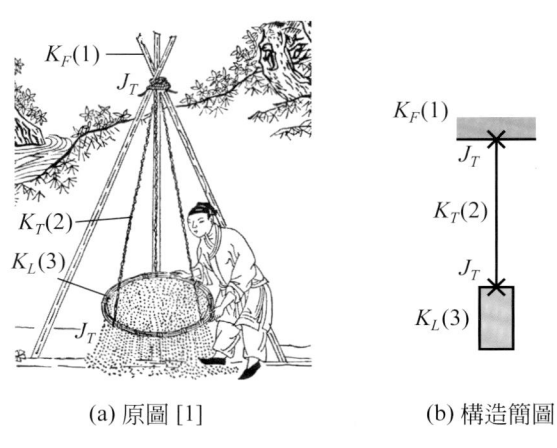

(a) 原圖 [1]　　　　　　　(b) 構造簡圖

圖 9.1　篩殼裝置

164　古中國書籍具插圖之機構

　　使用時，以三條繩索繫住篩的三個位置，可使操作更為平穩。由於三條繩索構造上對稱，只取一條分析，因此篩殼裝置為三桿二接頭的機構，包含機架 (桿 1，K_F)、繩索 (桿 2，K_T)、及篩 (桿 3，K_L)。在接頭方面，繩索以線接頭 (J_T) 分別與機架和篩相鄰接，圖 9.1(b) 所示者為其構造簡圖。

9.1.2　驢䃺

　　驢䃺 (Donkey-driven mill) 以獸力轉動木輪，透過繩索 (亦可用皮帶取代) 帶動基座上的磨盤，完成研磨穀物的工作，是古中國繩索傳動的典型應用，如圖 9.2(a) 所示 [2]。由於獸力所轉動的木輪直徑較磨盤大，是一組增速的繩索傳動機構，可有效提高處理穀物的效率。再者，繩索或皮帶以交叉方式迴繞於木輪與磨盤上，可增加接觸面積與提高磨擦力，確保研磨工作的進行。

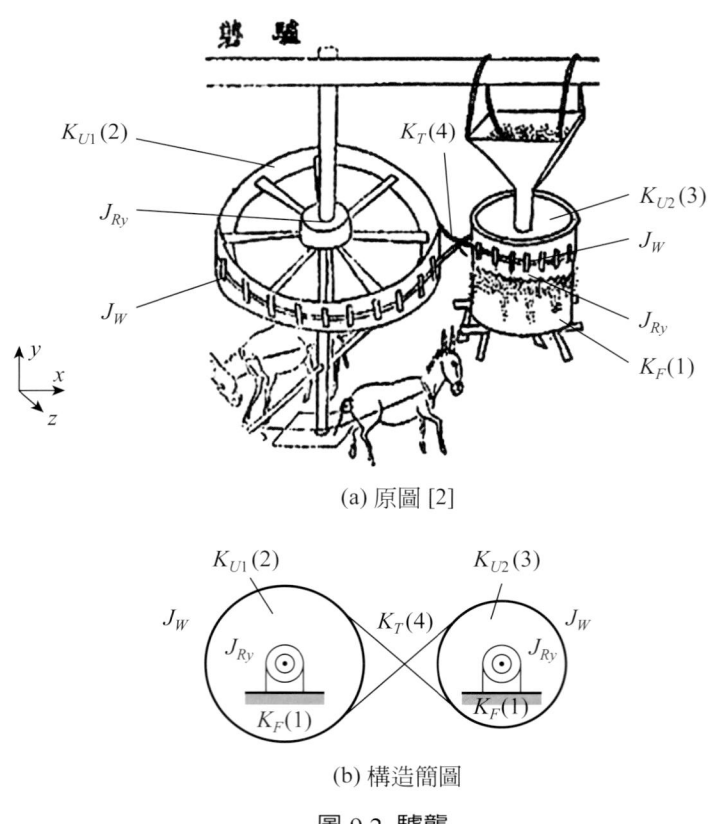

(a) 原圖 [2]

(b) 構造簡圖

圖 9.2　驢䃺

轆轤為四桿四接頭的機構，包含機架 (桿 1，K_F)、大繩輪 (桿 2，K_{U1})、小繩輪 (桿 3，K_{U2})、及繩索 (桿 4，K_T)。在接頭方面，大繩輪以旋轉接頭 (J_{Ry}) 與機架相鄰接，繩索以迴繞接頭 (J_W) 分別與大繩輪和小繩輪相鄰接，而小繩輪則以旋轉接頭 (J_{Ry}) 與機架相鄰接，圖 9.2(b) 所示者為其構造簡圖。

9.2　汲水器械

應用撓性傳動的**汲水器械** (Water lifting device) 包含轆轤、手動翻車、腳踏翻車、高轉筒車、及水轉高車等五項裝置，上述器械皆為構造明確的機構 (類型 I)，茲分別敘述如下。

9.2.1　轆轤

轆轤 (Pulley block) 用於汲取井水，如圖 9.3(a) 所示 [1]。將輪軸橫架於井上，以輪軸加上曲柄手把，並由纏繞輪軸的繩索吊掛汲水桶。使用時，以人力轉動手把，藉由繩索的捲繞收放，使水桶升降，達到汲水的目的。

轆轤為四桿三接頭的機構，包含機架 (桿 1，K_F)、具曲柄手把的輪軸 (桿 2，K_U)、繩索 (桿 3，K_T)、及汲水桶 (桿 4，K_B)。在接頭方面，輪軸以旋轉接頭 (J_{Rx}) 與機架相鄰接，繩索以迴繞接頭 (J_W) 與線接頭 (J_T) 分別和輪軸與汲水桶相鄰接。圖 9.3(b) 所示者為其構造簡圖，而圖 9.3(c)-(d) 所示分別為《天工開物》[1] 轆轤的仿製圖與實物裝置。

9.2.2　手動翻車

手動翻車 (Hand-operated paddle blade machine) 又稱拔車，用於汲水灌溉，其運作原理是透過手拉操作桿轉動具曲柄的上鏈輪，進而帶動鏈條與下鏈輪；下鏈輪浸在水中，輪上的刮板沿槽刮水送上行道板，再由鏈條上的葉板沿行道板刮水上岸，如圖 9.4(a) 所示 [3]。

手動翻車為五桿五接頭的機構，包含機架 (桿 1，K_F)、操作桿 (桿 2，K_L)、具曲柄的上鏈輪 (桿 3，K_{K1})、下鏈輪 (桿 4，K_{K2})、及鏈條 (桿 5，K_C)。在接頭方面，上鏈輪以旋轉接頭 (J_{Rz}) 分別與機架和操作桿相鄰接，鏈條以迴繞接頭 (J_W) 分別與上鏈輪和下鏈輪相鄰接，而下鏈輪則以旋轉接頭 (J_{Rz}) 與機架相鄰接。圖 9.4(b) 所示者為其構造簡圖，而圖 9.4(c) 所示者為《天工開物》[3] 手動翻車的仿製圖。

(a) 原圖 [1]

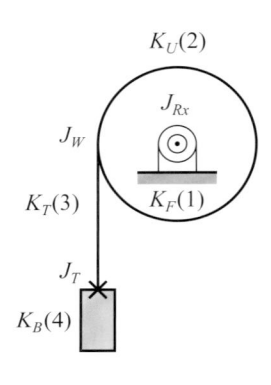

(b) 構造簡圖

(c) 仿製圖

(d) 實物裝置（關曉武攝於山西靈丘）

圖 9.3 轆轤

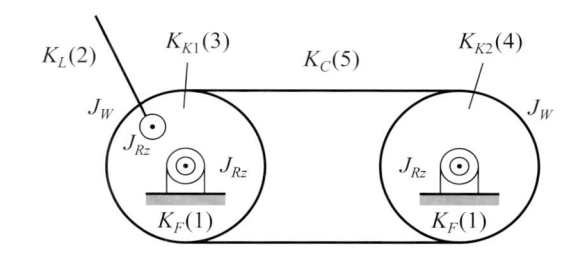

(a) 原圖 [3]

(b) 構造簡圖

(c) 仿製圖

圖 9.4 手動翻車

9.2.3　腳踏翻車

腳踏翻車 (Foot-operated paddle blade machine) 又稱踏車，是在翻車的上鏈輪加置長桿與拐木，藉由人力踩踏，使翻車運轉，如圖 9.5(a) 所示 [3]。腳踏翻車為四桿四接頭的機構，包含機架 (桿 1，K_F)、具長桿與拐木的上鏈輪 (桿 2，K_{K1})、下鏈輪 (桿 3，K_{K2})、及鏈條 (桿 4，K_C)。在接頭方面，上鏈輪以旋轉接頭 (J_{Rx}) 與機架相鄰接，鏈條以迴繞接頭 (J_W) 分別與上鏈輪和下鏈輪相鄰接，而下鏈輪則以旋轉接頭 (J_{Rx}) 與機架相鄰接。圖 9.5(b)-(c) 所示者分別為其構造簡圖與《天工開物》[3] 中腳踏翻車仿製圖，圖 9.5(d) 所示者為腳踏翻車的原型機模型。

9.2.4　高轉筒車

元朝時期 (AD 1271-1368) 發明了**高轉筒車** (Chain conveyor cylinder wheel)，用於將低處水源取水至高岸 [4]，其動力源分成人力或獸力兩種，外形與翻車相似，運水元件與筒車相同，其構造包含斜置的木板、上下兩個圓輪、竹筒與繩索串成的鏈條、以及配合動力來源所需的裝置，如圖 9.6(a) 所示 [2](圖中沒有畫出動力所需裝置)。使用人力時，需在上輪軸上加置拐木以便踩踏 (同翻車)；使用獸力時，則需加置一立一臥的二個齒輪，構造同牛轉翻車。

人力踩踏的高轉筒車為四桿四接頭機構，包含機架 (桿 1，K_F)、上輪 (桿 2，K_{K1})、下輪 (桿 3，K_{K2})、及鏈條 (桿 4，K_C)。上輪以旋轉接頭 (J_{Rx}) 與機架相鄰接，鏈條以迴繞接頭 (J_W) 分別與上輪和下輪相鄰接，而下輪則以旋轉接頭 (J_{Rx}) 與機架相鄰接，其構造簡圖如圖 9.6(b) 所示。

獸力驅動的高轉筒車為五桿六接頭機構，包含機架 (桿 1，K_F)、具有立軸與橫桿的臥齒輪 (桿 2，K_G)、具有立齒輪的上輪 (桿 3，K_{K1})、下輪 (桿 4，K_{K2})、及鏈條 (桿 5，K_C)。臥齒輪以旋轉接頭 (J_{Ry}) 與齒輪接頭 (J_G) 分別和機架與上輪相鄰接，其餘鄰接關係則與人力驅動時相同，其構造簡圖如圖 9.6(c) 所示。

9.2.5　水轉高車

水轉高車 (Water-driven chain conveyor water lifting device) 是以水力為動力源的筒車，如圖 9.7(a) 所示 [2] (圖中沒有畫出臥式水輪與齒輪系)。其構造與獸力驅動的高轉筒車相似，唯以臥式水輪取代橫桿，其構造簡圖如圖 9.7(b) 所示。

第 9 章　撓性傳動機構　169

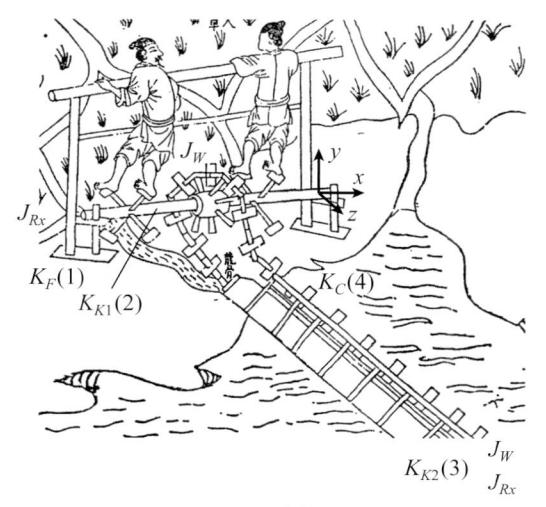

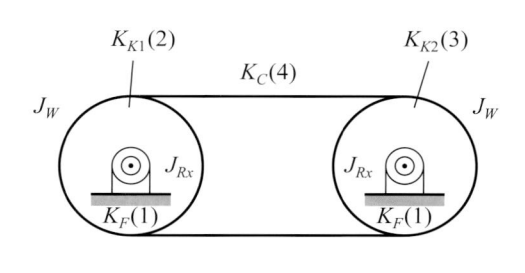

(a) 原圖 [3]

(b) 構造簡圖

(c) 仿製圖

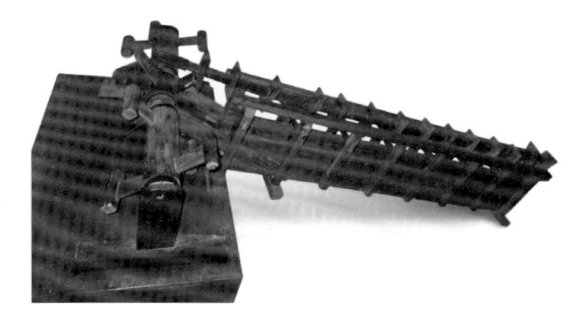

(d) 原型機模型

圖 9.5　腳踏翻車

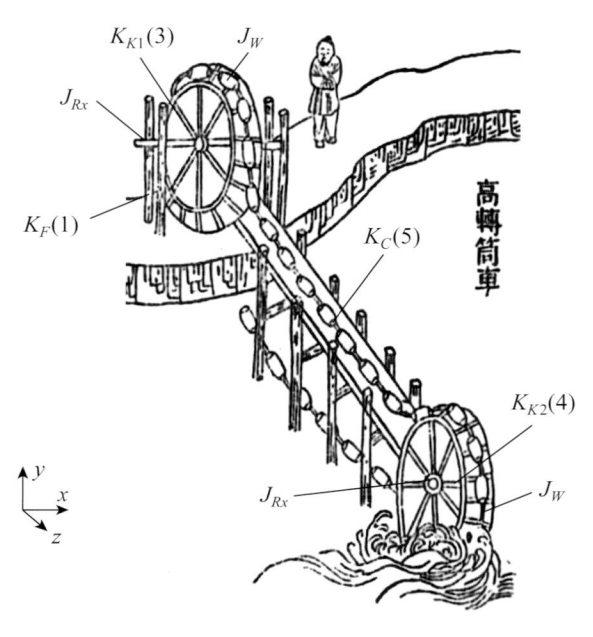

(a) 原圖 [2]

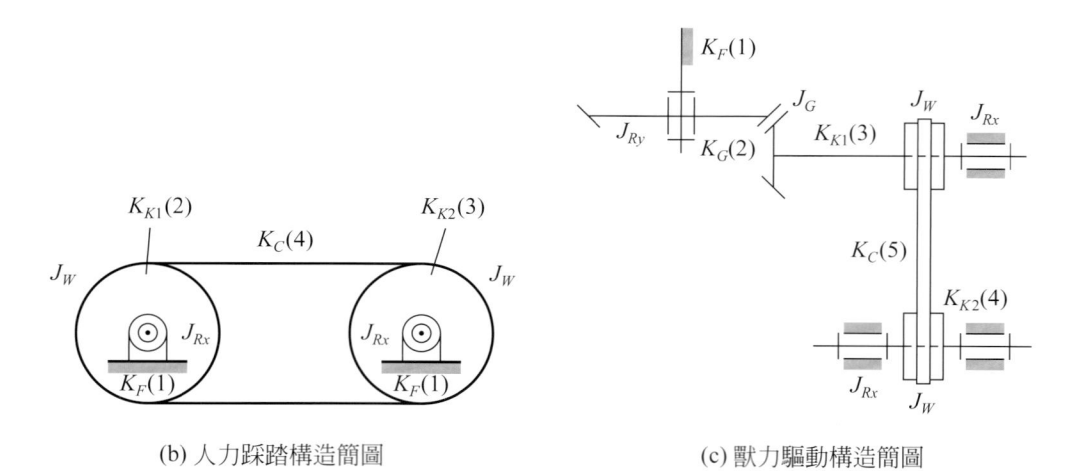

(b) 人力踩踏構造簡圖

(c) 獸力驅動構造簡圖

圖 9.6 高轉筒車

(a) 原圖 [2]　　　　　　　　　　　(b) 構造簡圖

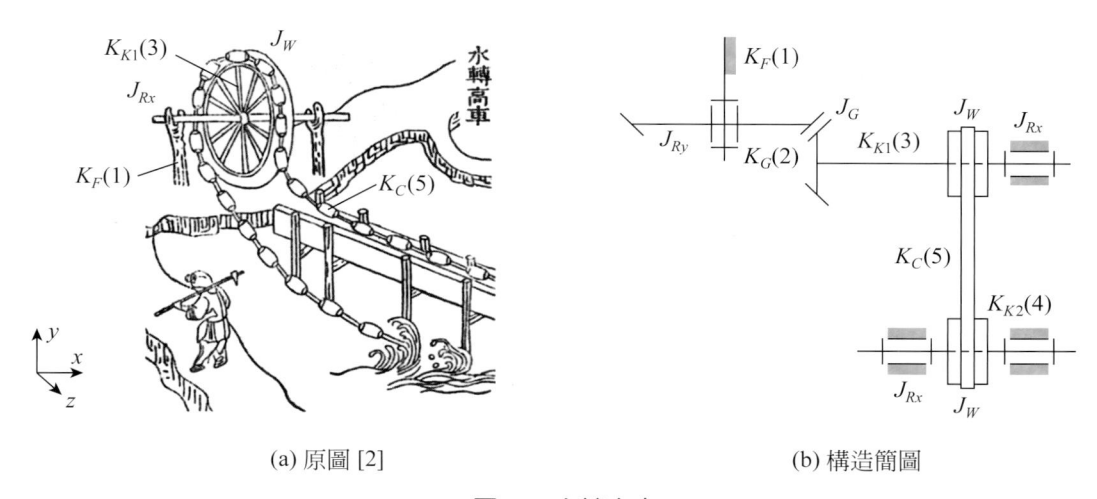

圖 9.7　水轉高車

9.3　手工業器械

應用撓性傳動的**手工業器械** (Handiwork device) 包含入水 (入井) 裝置、鑿井裝置、磨床裝置、及榨油機等四項，茲分別敘述如下。

9.3.1　入水 (入井) 裝置

《天工開物》[3] 中的**入水 (入井) 裝置** (Human pulleying device) 用於水中或井下採集珍珠、寶石、煤礦等貴重礦石，如圖 9.8(a)-(b) 所示 [3]。由於水中或井內都有致命的危險，以長繩綁住工作者的腰部，當完成工作或遇到危險時，可以迅速由其他伙伴拉出水中或井內，以確保安全。將具曲柄手把的輪軸橫架於船上或井上，繩索一端纏繞輪軸，另一端綁住工作者。使用時一人轉動手把，其餘人扶住輪軸，藉由繩索的捲繞收放，使工作者升降，達到採礦與取珠寶的目的。

入水 (入井) 裝置為四桿三接頭的機構，包含以支架為機架 (桿 1，K_F)、具曲柄手把的輪軸 (桿 2，K_U)、繩索 (桿 3，K_T)、及工作者 (桿 4，K_B)。在接頭方面，輪軸以旋轉接頭 (J_{Rx}) 與機架相鄰接，繩索以迴繞接頭 (J_W) 與線接頭 (J_T) 分別和輪軸與工作者相鄰接，屬於構造明確之機構 (類型 I)，圖 9.8(c) 所示者為其構造簡圖。

(a) 入水裝置 [3]

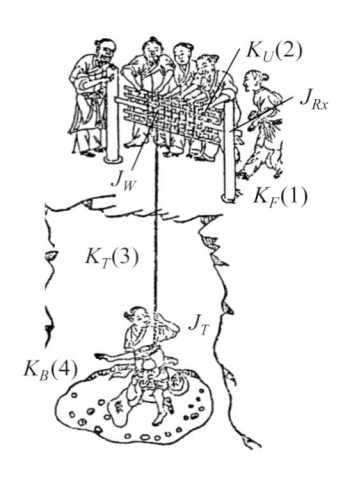

(b) 入井裝置 [3]

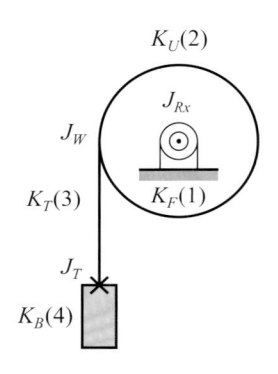

(c) 構造簡圖

圖 9.8 入水與入井裝置

9.3.2 鑿井裝置

《天工開物》[1] 記載明朝 (AD 1368-1644) 井鹽的採鹵過程，其**鑿井裝置** (Cow-driven well-drilling rope drive) 使用繩索牽引的傳動方式，如圖 9.9(a) 所示。繩索一端繫上鑿井的工具，另一端繞過井架上的小輪及地面的導輪，環繞在大輪上。經由牛隻轉動大輪，拉動繩索，反覆上提與放下鑿井工具，達成鑿井工作。

由於導輪的作用為調整繩索的方向，並不影響整體機構的傳動，分析時可以不用考慮，因此鑿井裝置為四桿四接頭的機構，包含機架 (桿 1，K_F)、大繩輪 (桿 2，K_{U1})、小繩輪 (桿 3，K_{U2})、及繩索 (桿 4，K_T)。在接頭方面，大輪以旋轉接頭 (J_{Ry}) 與

(a) 原圖 [1]　　　　　　　　(b) 構造簡圖

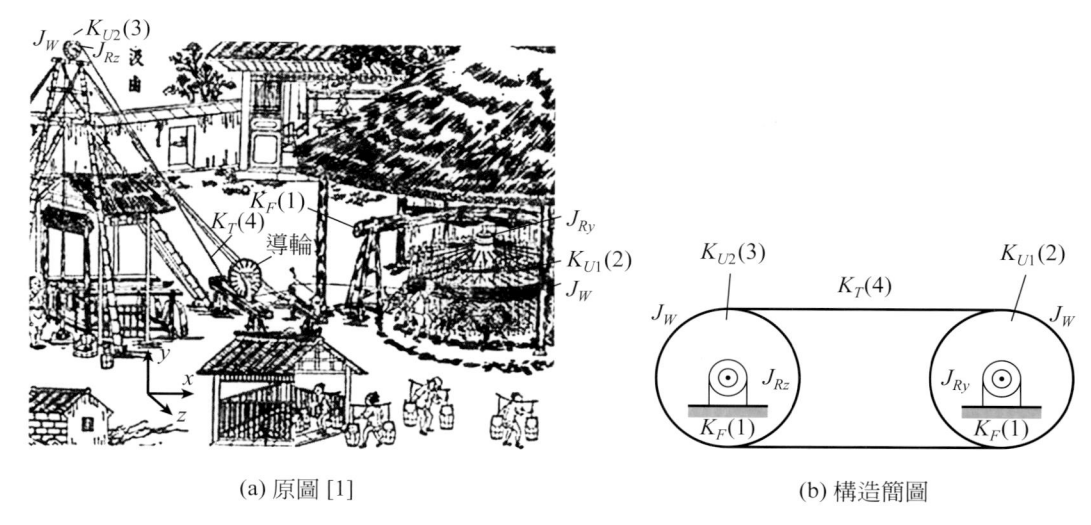

圖 9.9 鑿井裝置

機架相鄰接，繩索以迴繞接頭 (J_W) 分別與大繩輪和小繩輪相鄰接，而小繩輪則以旋轉接頭 (J_{Rz}) 與機架相鄰接，屬於構造明確之機構 (類型 I)，圖 9.9(b) 所示者為其構造簡圖。

9.3.3 磨床裝置

《天工開物》[3] 加工玉石的**磨床裝置** (Rope drive grinding device)，是利用繩索或皮帶傳遞動力與運動，如圖 9.10(a) 所示。橫軸中間裝有一個磨石輪，兩端裝在軸承裡。在磨石輪的兩邊，分別把一條繩索或皮條的上端釘在軸上，並按相反方向分別繞軸幾圈，繩的下端分別裝在二個踏板上。當交替踩踏踏板時，帶動磨石輪往返轉動，進而研磨玉石。

由於磨床左右對稱，取一組分析即可，故為四桿四接頭的機構，包含機架 (桿 1，K_F)、踏板 (桿 2，K_{Tr})、繩線 (桿 3，K_T)、及具磨石輪的輪軸 (桿 4，K_U)。在接頭方面，踏板以旋轉接頭 (J_{Rx}) 與機架相鄰接，繩線以線接頭 (J_T) 與迴繞接頭 (J_W) 分別和踏板與輪軸相鄰接，而輪軸則以旋轉接頭 (J_{Rx}) 與機架相鄰接，屬於構造明確之機構 (類型 I)，圖 9.10(b) 所示者為其構造簡圖。

(a) 原圖 [3]　　　　　　　　　　(b) 構造簡圖

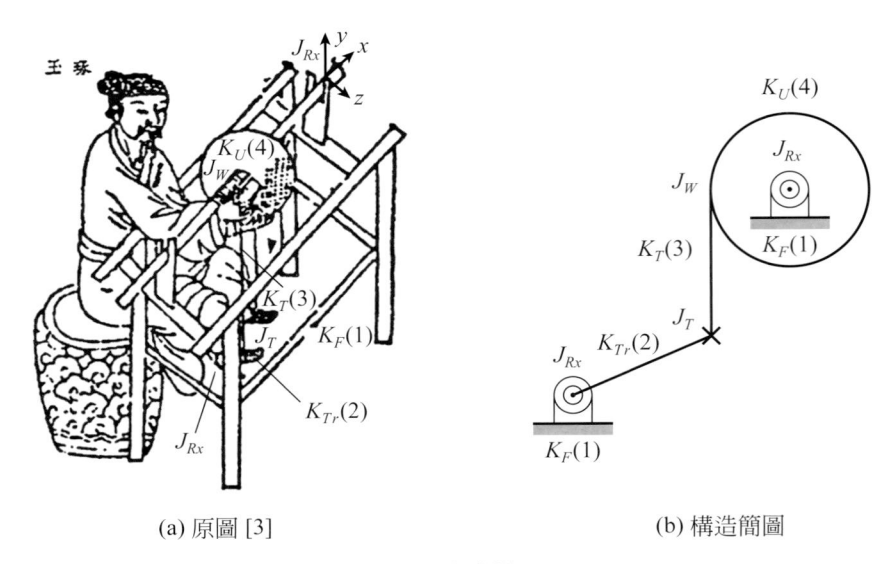

圖 9.10　磨床裝置

9.3.4　榨油機

《天工開物》[3] 中的**榨油機** (Oil pressing device) 包含榨油桶與撞錘裝置二部分 [5]，如圖 9.11(a) 所示。榨油桶的材料以巨大的樟木為佳，用彎曲的鑿刀將巨木中間挖空，並在底部鑿一平槽與小孔，以利油榨出時流入承油器中。將榨油的原料如芝麻籽與油菜籽，經文火慢炒、碾碎、及蒸煮等前置作業後，塞滿榨油桶中，經由撞木擠壓撞擊後，油品如泉水緩緩流出。

撞錘裝置為四桿三接頭的機構，包含機架 (桿 1，K_F)、繩索 (桿 2，K_T)、握桿 (桿 3，K_{L1})、及撞木 (桿 4，K_{L2})。在接頭方面，繩索以不確定接頭 $J_α$ 與機架相鄰接，握桿以不確定接頭 $J_β$ 與旋轉接頭 J_{Rz} 分別和繩索與撞木相鄰接，屬於接頭類型不確定之機構 (類型 II)，其構造簡圖如圖 9.11(b) 所示。撞錘裝置的作用是以人力推動撞木擠壓油料，不確定接頭有多種可能，皆能達成榨油的功能。考慮繩索運動的類型與方向，接頭 $J_α$ 的類型有二種可能：一為繩索繞著機架 xyz 軸旋轉，以符號 J_{Rxyz} 表示；另一為繩索除了繞著機架 xyz 軸旋轉外，還可以沿著 x 軸滑動，以符號 J_{Rxyz}^{Px} 表示。接頭 $J_β$ 的類型有二種可能：一為繩索繞著握桿 xyz 軸旋轉，以符號 J_{Rxyz} 表示；另一為繩索除了繞著握桿 xyz 軸旋轉外，還可以沿著 z 軸滑動，以符號 J_{Rxyz}^{Pz} 表示。藉由分配不確定接頭 $J_α$ (J_{Rxyz}、J_{Rxyz}^{Px}) 與 $J_β$ (J_{Rxyz}、J_{Rxyz}^{Pz}) 於構造簡圖中，得到可行設計圖譜，如圖

第 9 章　撓性傳動機構　175

榨油桶

(a) 原圖 [3]

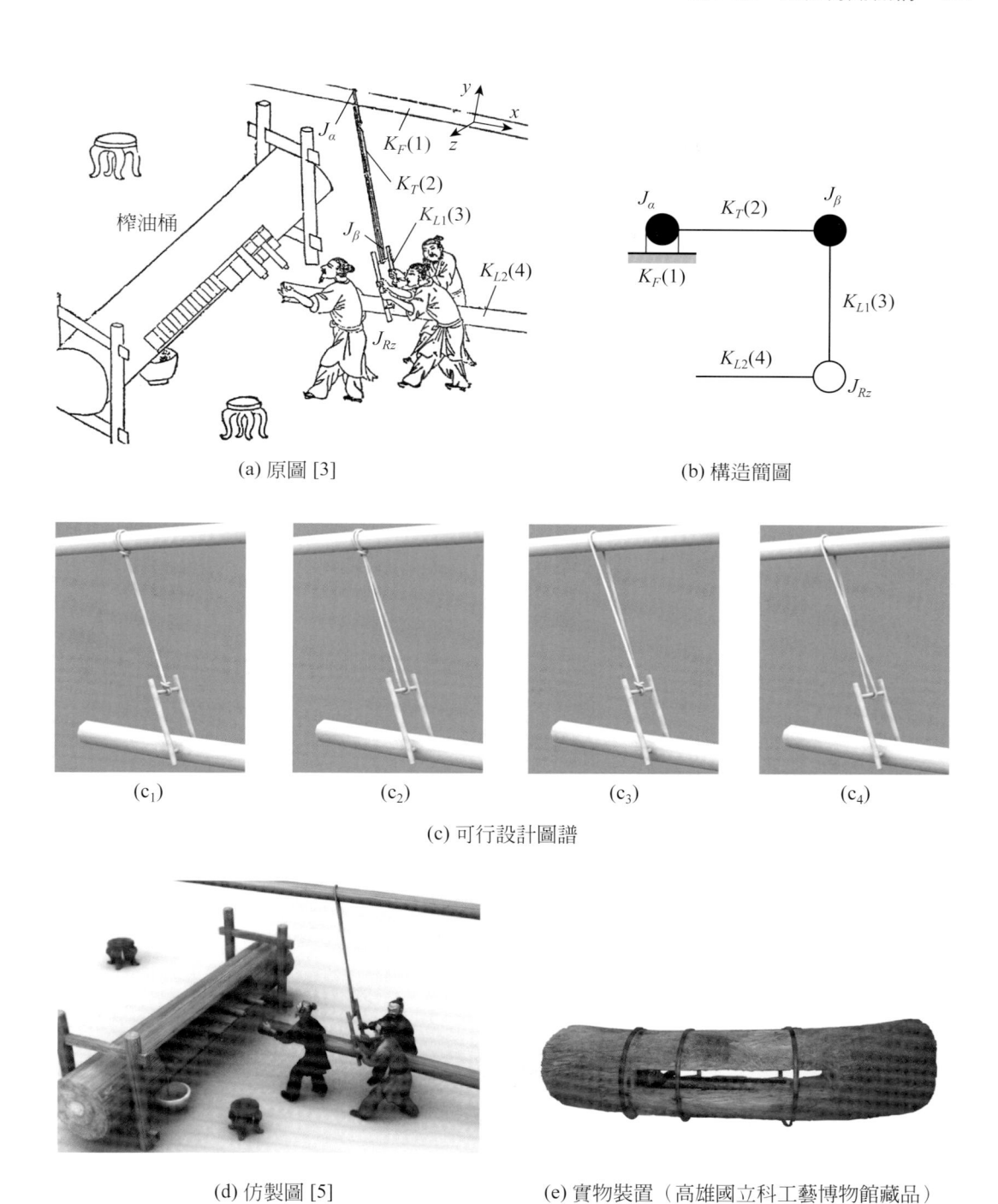

(b) 構造簡圖

(c_1)　　　(c_2)　　　(c_3)　　　(c_4)

(c) 可行設計圖譜

(d) 仿製圖 [5]　　　(e) 實物裝置（高雄國立科工藝博物館藏品）

圖 9.11　榨油機

9.11(c_1)-(c_4) 所示。此外，圖 9.11(d)-(e) 所示者分別為《天工開物》[3] 中榨油機仿製圖與榨油桶實物裝置。

9.4 紡織器械

紡織的步驟可約略分為纖維處理、紡紗、染整、及織布等四道程序，茲分別說明如下 [6]：

1. **纖維處理**：目的是將蠶繭、棉花、或麻苧等原物料，經由抽絲、彈棉、或捻揉，轉變為可以紡紗的狀態。
2. **紡紗**：將纖維處理後的原物料製成紗線，或將多條單股紗線匯撚成一條多股紗線，並作經線與緯紗，作為織布前的準備。
3. **染整**：將紗線染色，並以溫度控制等方法，增加紗線的強度。
4. **織布**：布的結構是將經線與緯紗垂直的相互交織，另有提花等特殊織法可作出布的花紋。

由於染整用之器械未包含可動的機構，因此不討論染整程序的相關裝置。根據上述各紡織程序，表 9.1 列出本書介紹之紡織器械對應的章節。

○ 表 9.1　紡織程序使用器械

紡織程序	使用器械	對應章節
纖維處理	木棉攪車、絞車	6.6
	蟠車、絮車	9.4
	趕棉車、彈棉裝置	9.4
	繰車	11.1
紡紗	手搖紡車、緯車	9.4
	經架、木棉軒床	9.4
	腳踏紡車、木棉線架、木棉紡車、小紡車	11.2.1
	大紡車、水轉大紡車	11.2.2
織布	斜織機、腰機、布機、臥機	11.3
	提花機、花機、織機	11.4

第 9 章　撓性傳動機構　177

應用撓性傳動的紡織機構包含蟠車、絮車、趕棉車、彈棉裝置、手搖紡車、緯車、經架、及木棉軺床等八項器械，上述器械皆為構造明確之機構 (類型 I)，茲分別敘述如下。

9.4.1　蟠車

蟠車 (Linen spinning device) 又稱為**撥車**，是將麻纖維製成線紗的工具，屬於紡織前纖維處理的纏繞程序，如圖 9.12(a) 所示 [2]。使用者一手持線繀，另一手拉動線紗纏在線繀上，線紙即跟著旋轉，以便作業。

蟠車為三桿二接頭的機構，包含以木架為機架 (桿 1，K_F)、線紙 (桿 2，K_L)、及線紗 (桿 3，K_T)。在接頭方面，線紙以旋轉接頭 (J_{Rz}) 與機架相鄰接，線紗以迴繞接頭 (J_W) 與線紙相鄰接，圖 9.12(b) 所示者為其構造簡圖。

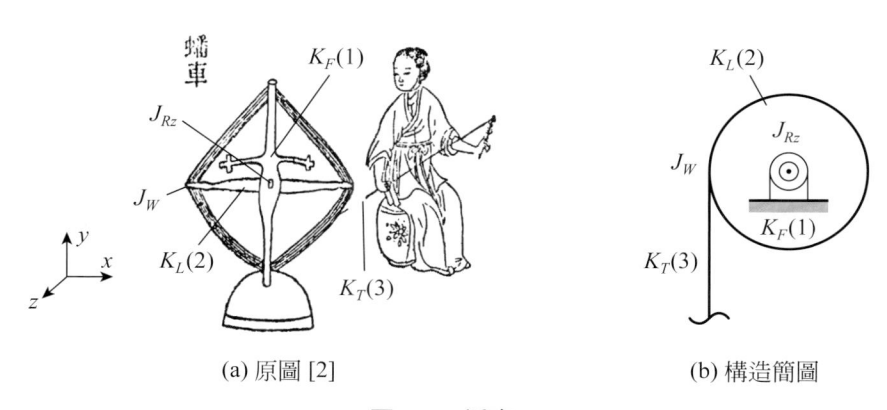

(a) 原圖 [2]　　　　(b) 構造簡圖

圖 9.12　蟠車

9.4.2　絮車

絮車 (Cocoon boiling device) 用於煮繭，是抽取蠶絲的前置作業，如圖 9.13(a) 所示 [2]。在木架上置一滑輪，並勾上繩索，繩的一端綁縛布袋，內置蠶繭，並於架下擺設煮繭的湯甕。使用時拉動繩索，即可控制蠶繭的浸泡及受熱程度。

絮車為四桿三接頭的機構，包含以木架為機架 (桿 1，K_F)，滑輪 (桿 2，K_U)、繩索 (桿 3，K_T)、及布袋 (桿 4，K_B)。在接頭方面，滑車以旋轉接頭 (J_{Rz}) 與機架相鄰接，繩索以迴繞接頭 (J_W) 與線接頭 (J_T) 分別和滑輪與布袋相鄰接，圖 9.13(b) 所示者為其構造簡圖。

(a) 原圖 [2]　　　　　　　(b) 構造簡圖

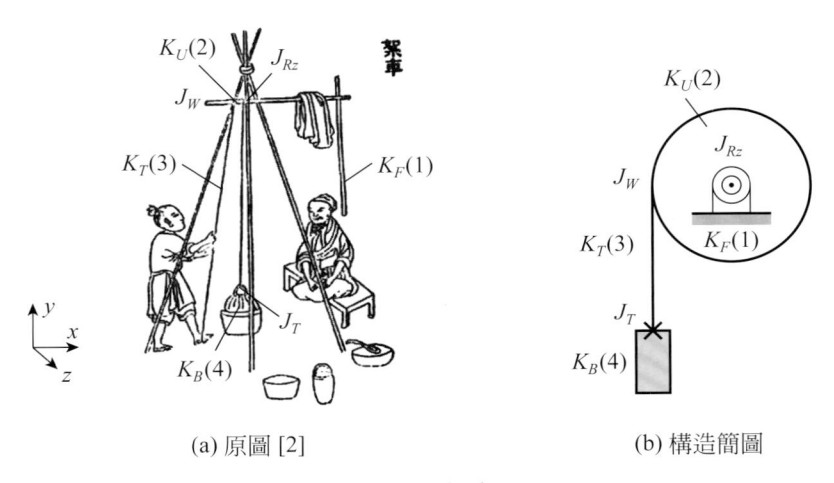

圖 9.13　絮車

9.4.3　趕棉車

《天工開物》[3] 中的**趕棉車** (Cottonseed removing device) 與第 6.6 節之木棉攪車的功能相同，皆為用於紡織前棉纖維的處理，如圖 9.14(a) 所示。木棉攪車須由二人同時以手操作；趕棉車則以腳踩踏桿產生往復運動，經由繩索旋轉一轉軸，配合一手轉動另一轉軸，使得二根轉軸產生反方向旋轉，空出一手可放入棉花，軋出棉核與棉子，以提高工作效率。以腳踩踏桿使繩索轉動轉軸的方式，需在轉軸上外加一飛輪，以慣性力迫使轉軸旋轉 (圖中未畫出飛輪)。

趕棉車可分為手動轉軸與腳踏繩索傳動二組機構。手動轉軸機構為二桿一接頭的機構，以木框為機架 (桿 1，K_F)，轉軸為運動連桿 (桿 2，K_L)，轉軸以旋轉接頭 J_{Rz} 與機架相鄰接，其構造簡圖如圖 9.14(b) 所示。腳踏繩索傳動為四桿四接頭的機構，包含以木框為機架 (桿 1，K_F)、踏桿 (桿 2，K_{Tr})、繩索 (桿 3，K_T)、及另一轉軸 (桿 4，K_{L1})。踏桿以旋轉接頭 J_{Rz} 與機架相鄰接，繩索以線接頭 J_T 與踏桿和轉軸相鄰接，轉軸以旋轉接頭 J_{Rz} 與機架相鄰接，其構造簡圖如圖 9.14(c) 所示，圖 9.14(d) 所示者為趕棉車的實物裝置。

9.4.4　彈棉裝置

棉花經木棉攪車或趕棉車軋出棉核與棉子後，可用**彈棉裝置** (Cotton loosening device) 彈鬆棉絮，製作棉被與棉衣的棉花，加工至此即可。《天工開物》[3] 中的彈棉

第 9 章　撓性傳動機構　179

(a) 原圖 [3]

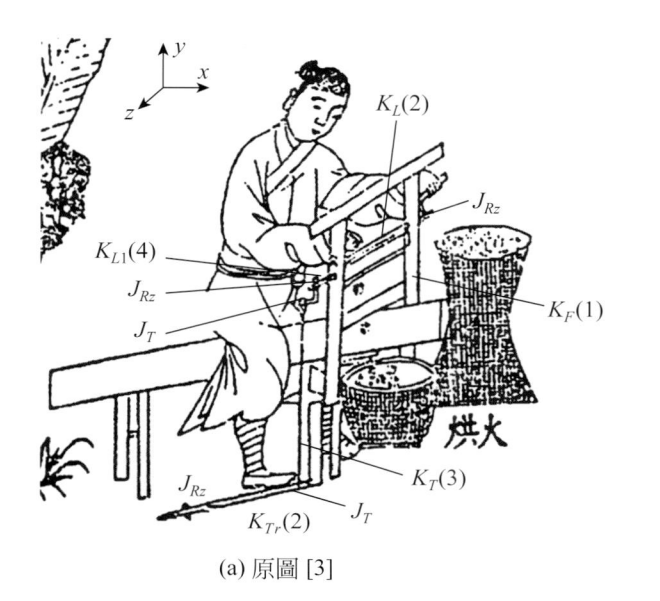

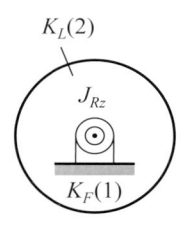

(b) 手動轉軸構造簡圖

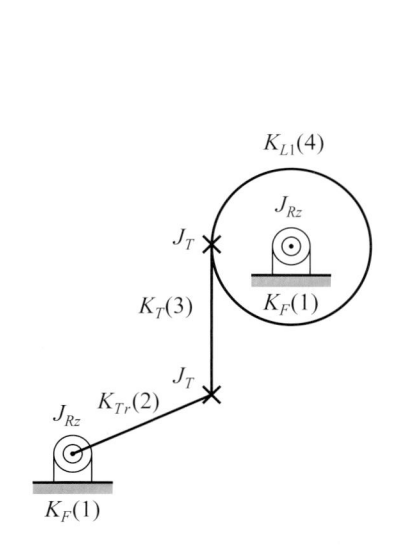

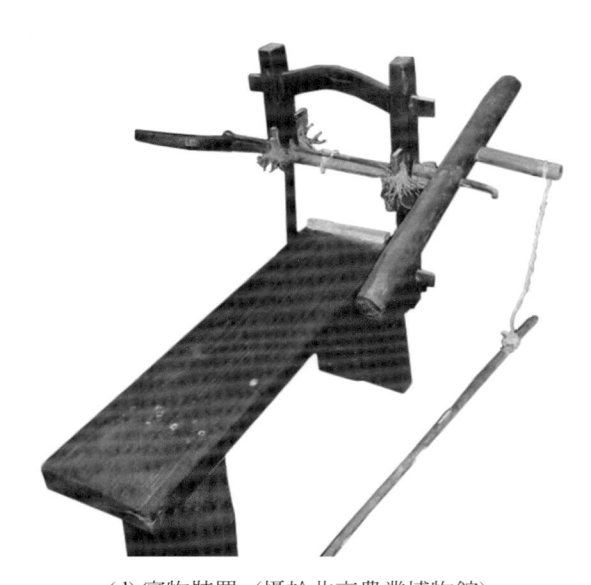

(c) 腳踏繩索傳動構造簡圖

(d) 實物裝置（攝於北京農業博物館）

圖 9.14　趕棉車

装置以皮絃或繩線兩端繫緊於木桿上,再用另一繩索繫於木桿,另一端綁住竹子,竹子的另一端則固定於牆上,如圖 9.15(a) 所示。操作者撥動皮絃與擺動木桿,經由皮絃與竹子的彈性,加強彈棉的效果。

雖然皮絃或繩線兩端同時繫於木桿,但仍為二根桿件間的鄰接關係,取一組分析即可,因此彈棉裝置為五桿五接頭機構,包含以牆與地面為機架 (桿 1,K_F)、木桿 (桿 2,K_L)、皮絃 (桿 3,K_{T1})、繩索 (桿 4,K_{T2})、及竹子 (桿 5,K_{BB})。在接頭方面,木桿以直接接觸方式 J_{Ryz}^{Pxz} 與機架相鄰接,皮絃以線接頭 J_T 與木桿相鄰接,繩索以線接頭 J_T 分別與木桿和竹子相鄰接,竹子則以竹接頭 J_{BB} 與機架相鄰接,圖 9.15(b) 所示者為其構造簡圖。

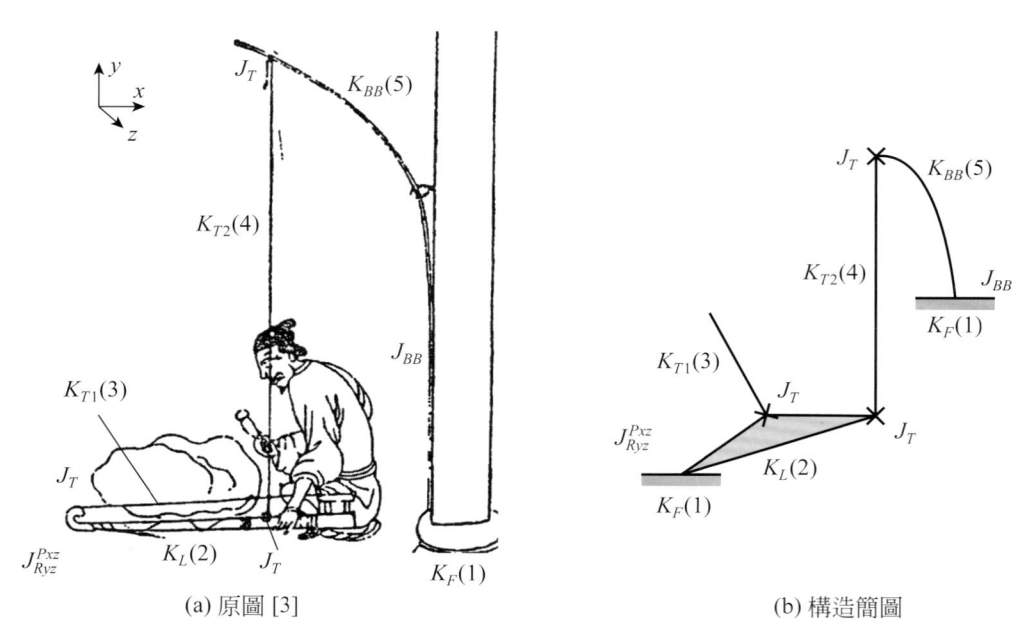

(a) 原圖 [3]　　　　　　　　　(b) 構造簡圖

圖 9.15　彈棉裝置

9.4.5　手搖紡車與緯車

棉花經彈棉裝置彈鬆後,在木板上將棉花搓成長條,或是蠶繭經繅絲與調絲等工序,即可經由**手搖紡車或緯車** (Hand-operated spinning device) 紡成紗線,如圖 9.16(a)-(b)[2-3] 所示。紗線可經由紡車將數根單股紗線絞合成多股紗線。紡紗時,轉動具手柄的大繩輪,經由繩索傳動使得錠子旋轉,進而牽引棉絮或紗線捲繞於錠子上。

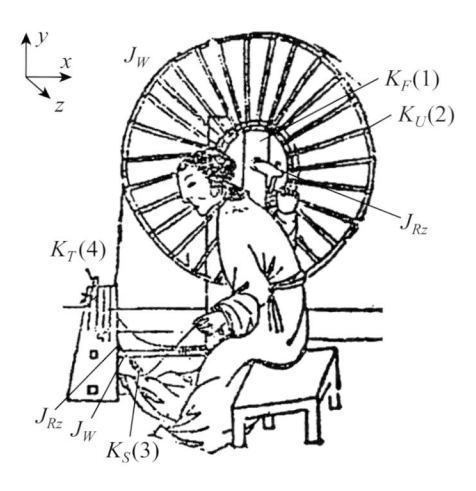

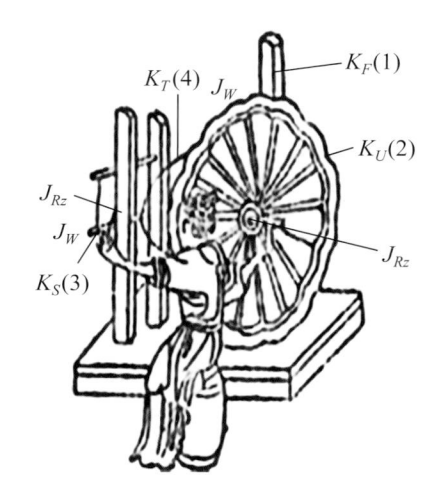

(a) 手搖紡車 [3]

(b) 緯車 [2]

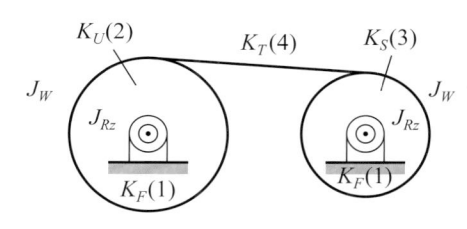

(c) 構造簡圖

(d) 手搖紡車實物裝置
（攝於北京農業博物館）

(e) 緯車實物裝置
（攝於北京農業博物館）

圖 9.16 手搖紡車與緯車

手搖紡車與緯車皆為四桿四接頭的機構，包含以木架為機架（桿 1，K_F）、大繩輪（桿 2，K_U）、錠子（桿 3，K_S）、及繩索（桿 4，K_T）。在接頭方面，大繩輪以旋轉接頭 J_{Rz} 與機架相鄰接，繩索以迴繞接頭 J_W 分別與大繩輪和錠子相鄰接，錠子以旋轉接頭 J_{Rz} 與機架相鄰接。圖 9.16(c) 所示者為其構造簡圖，圖 9.16(d)-(e) 所示者分別為手搖紡車與緯車的實物裝置。

9.4.6 經架

經架 (Silk drawing device) 用於牽引與捲繞蠶絲，是蠶絲紡紗處理的一道程序，如圖 9.17(a) 所示 [2]。處理此步驟前須先將絲線捲於絲籰，圖 9.17(b)[2]，集多個絲籰

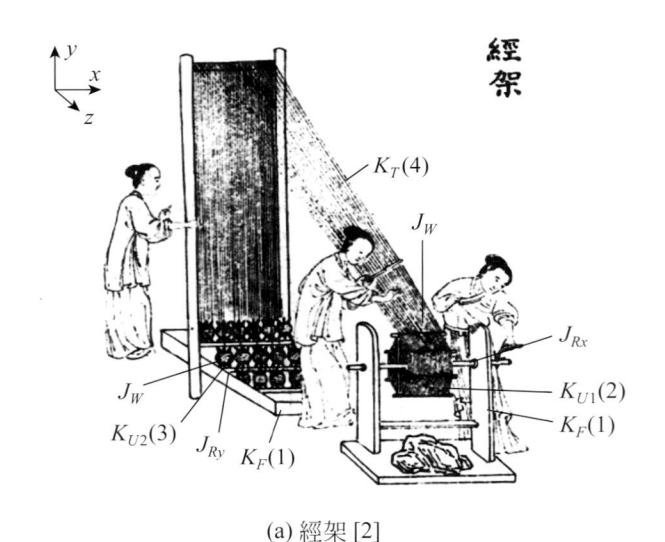

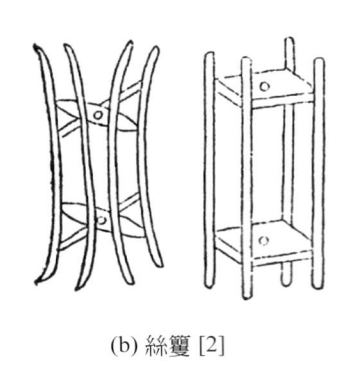

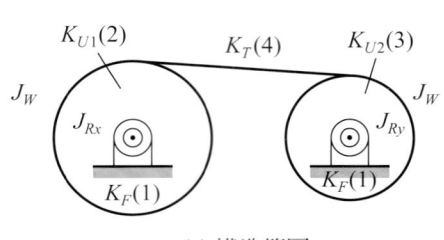

(a) 經架 [2]

(b) 絲籰 [2]

(c) 構造簡圖

圖 9.17 經架

一併進行整經。使用時轉動手柄,將絲線由絲篗拉出,繞過木架,並排捲繞於整經架上,即可將眾多絲線收整起來。

經架為四桿四接頭的機構,包含以木架為機架 (桿 1,K_F)、具手柄的整經架 (桿 2,K_{U1})、絲篗 (桿 3,K_{U2})、及絲線 (桿 4,K_T)。在接頭方面,整經架以旋轉接頭 (J_{Rx}) 與機架相鄰接,絲線以迴繞接頭 (J_W) 分別與整經架和絲篗相鄰接,而絲篗則以旋轉接頭 (J_{Ry}) 與機架相鄰接,圖 9.17(c) 所示者為其構造簡圖。

9.4.7　木棉軒床

《農書》[2] 中的**木棉軒床** (Cotton drawing device),如圖 9.18(a) 所示,功能與構造皆與經架相似,唯經架用於整理蠶絲,而木棉軒床則用於棉紗線的處理,圖 9.18(b) 所示者為其構造簡圖。

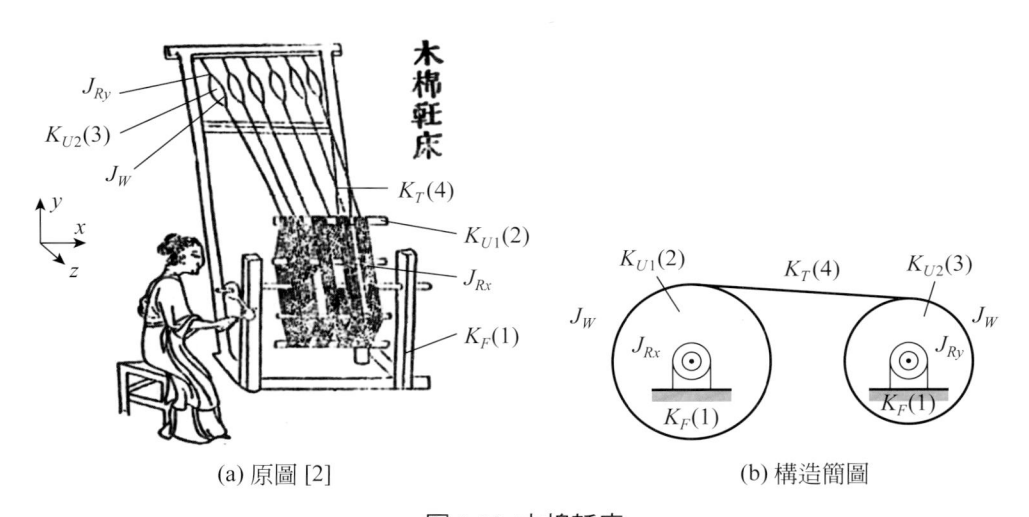

(a) 原圖 [2]　　　　　　　　(b) 構造簡圖

圖 9.18　木棉軒床

9.5　小結

本章以現代機構學的觀點,探討第 2 章介紹之五本專書中應用撓性傳動元件的 19 件機械裝置,如表 9.2 所列,包含二件穀物加工器械、五件汲水器械、四件手工業器械、及八件紡織器械;其中,18 件機械裝置 (篩殼裝置、罏礱、轆轤、手動翻車、腳踏翻車、高轉筒車、水轉高車、入水 (入井) 裝置、鑿井裝置、磨床裝置、蟠車、絮車、趕棉車、彈棉裝置、手搖紡車、緯車、經架、木棉軒床)屬於構造明確(類型 I)，榨油機則為接頭類型不確定之機構(類型 II)。本章共有 21 張原圖、20 張構造簡圖、1 張模擬圖、4 張仿製圖、1 張原型機模型圖、及 4 張實物裝置圖。再者，動力來源方面包含人力、獸力、及水力。

❍ 表 9.2 撓性傳動機構 (19 件)

書名 機構名稱	《農書》	《武備志》	《天工開物》	《農政全書》	《欽定授時通考》
篩殼裝置 圖 9.1 類型 I			《碎精》		
驢礱 圖 9.2 類型 I	《杵臼》		《碎精》	《農器》	
轆轤 圖 9.3 類型 I	《灌溉》		《乃粒》	《水利》	《灌溉》
手動翻車 拔車 圖 9.4 類型 I			《乃粒》		
腳踏翻車 踏車 圖 9.5 類型 I	《灌溉》		《乃粒》	《水利》	《灌溉》
高轉筒車 圖 9.6 類型 I	《灌溉》		《乃粒》	《水利》	《灌溉》
水轉高車 圖 9.7 類型 I	《灌溉》			《水利》 (無圖)	
入水裝置 入井裝置 圖 9.8 類型 I			《作鹹》 《燔石》 《珠玉》		
鑿井裝置 圖 9.9 類型 I			《作鹹》		

○ 表 9.2 撓性傳動機構（19 件）（續）

書名 機構名稱	《農書》	《武備志》	《天工開物》	《農政全書》	《欽定授時通考》
磨床裝置 圖 9.10 類型 I			《珠玉》		
榨油機 圖 9.11 類型 II			《膏液》		
蟠車 圖 9.12 類型 I	《麻苧》			《蠶桑廣類》	《桑餘》
絮車 圖 9.13 類型 I	《纊絮》			《蠶桑》	《蠶事》
趕棉車 圖 9.14 類型 I			《乃服》		
彈棉裝置 圖 9.15 類型 I			《乃服》		
手搖紡車 紡縷 圖 9.16 類型 I			《乃服》		
緯車、紡緯 圖 9.16 類型 I	《織絍》		《乃服》	《蠶桑》	《蠶事》
經架 圖 9.17 類型 I	《織絍》			《蠶桑》	《蠶事》
木棉軒床 圖 9.18 類型 I	《纊絮》			《蠶桑廣類》	《桑餘》

參考文獻

1. Song, Y. X., Chinese Technology in the Seventeen Century (in Chinese, trans. Sun, E. Z. and Sun, S. C.), Dover Publications, New York, 1966.
2. 《農書》；王禎 [元朝] 撰，中華書局，第一版，北京，1991 年。
3. 《天工開物譯注》；宋應星 [明朝] 撰，潘吉星譯注，上海古籍出版社，上海，1998 年。
4. 張春輝、游戰洪、吳宗澤、劉元諒，中國機械工程發明史 – 第二編，清華大學出版社，北京，2004 年。
5. Hsiao, K. H. and Yan, H. S., "Structural Identification of the Uncertain Joints in the Drawings of Tian Gong Kai Wu," *Journal of the Chinese Society of Mechanical Engineers,* Taipei, Vol. 31, No. 5, pp. 383-392, 2010.
6. 陳維稷，中國紡織科學技術史 (古代部分)，科學出版社，北京，1984 年。

第 10 章

弓弩
Crossbows

　　古中國的弓弩結合凸輪機構與撓性傳動機構，發展出應用彈力發射利箭，進而攻擊遠距離目標的軍用武器。春秋戰國之後，弓弩的製造技術已經十分成熟，並有許多不同的類型，如標準弩 [1]、楚國弩 [2]、及諸葛弩 [3]。由於古中國弓弩的類型多樣，且大量使用於各個朝代與不同地區，弓弩的機構構造有許多不同的設計。

　　本章應用所提方法論，系統化復原設計符合古代工藝技術之弓弩的所有可行設計。首先簡介古中國弓弩的發展史，接著分析各類弓弩的機構構造及歸納復原設計所需之設計限制，並以三種不同類型的弓弩為例說明。

10.1　歷史發展

　　弩 (Crossbow) 是古中國最重要的戰爭武器之一，主要包含標準弩、楚國弩、及諸葛弩等三種類型。古中國的弓弩利用弩弓與弓弦的彈力發射弓箭，射擊遠距離的目標，其發射過程包含拉弓弦、置弓箭、釋弓弦、及射弓箭等四個步驟。

　　標準弩 (Original crossbow) 的組成主要包含機架 (桿 1，K_F)、弩弓 (桿 2，K_{CB})、弓弦 (桿 3，K_T)、及弩機等四個部分，圖 10.1(a) 所示者為《武備志》[4] 之標準弩的機構構造。機架 (桿 1，K_F) 使用堅木製作，鑽有孔洞、缺口、及箭槽，分別用於安裝弩機、弩弓、及弓箭。弩弓 (桿 2，K_{CB}) 為複合弓，使用數片不同性質的木材組合而成，並在表面塗漆防腐，有些還附有精緻美觀的銅飾或玉飾，強度超過一般手持弓。弓弦 (桿 3，K_T) 多採用筋條、絲繩、或腸衣製作。機架上裝設的**弩機** (Trigger mechanism) 屬於凸輪機構，是標準弩的核心裝置，用於勾住拉緊的弓弦；射手完成拉弓弦後，需放置弓箭並托握機架，進行瞄準與射擊。由於弩機可使射手穩定地瞄準目標，射箭的準確度因此大為提升。弩機的組成主要包含郭 (匣，桿 1，K_F)、懸刀 (輸入桿，桿 4，K_I)、牛 (觸發桿，桿 5，K_{PL})、及望山 (連接桿，桿 6，K_L)，大多以青銅製作，各個零件尺寸精確且具有交換性。

　　春秋時代 (770-476 BC) 晚期，標準弩已逐漸發展起來，並在戰國時代 (475-221 BC) 後，開始廣泛的使用，2,000 多年以來至清朝 (AD 1644-1911)，標準弩一直是古中國軍隊的標準武器配備。最早具有弩機的標準弩出土於中國山東省曲阜市，可追溯至公元前 600 年 [5]。圖 10.1(b) 所示者為陝西省西安市西漢 (206 BC - AD 8) 長安城遺址的銅弩機。

　　根據構造的類型，標準弩的發展可以漢朝 (206 BC - AD 220) 為界，分為前後二個階段。漢朝之前的弩機沒有郭 (匣)，因此弩機的機件直接安裝於木製機架上；漢朝之後的標準弩則有二個重要改良設計，其一是增加銅製的郭 (匣)，其二是弩機上刻有射程的度量表 [6]。由於弩機機件安裝在銅製的郭，比裝在木製機架提供更高的張力，弓箭的射程因此大為提升；加裝射程刻度表，則可以提高射箭的準確度，使射手更容易命中目標。漢朝之後，各朝代之標準弩與弩機的構造大致相似，只是尺寸更大，射程也相對更遠。

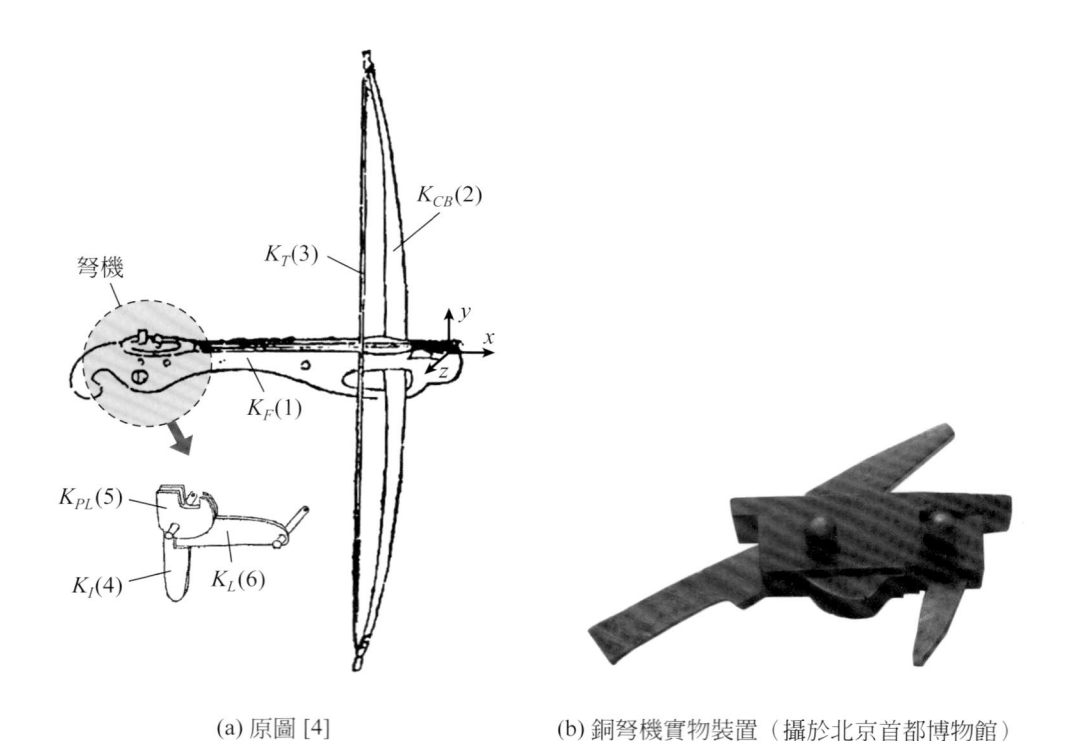

(a) 原圖 [4]　　　　　　(b) 銅弩機實物裝置（攝於北京首都博物館）

圖 10.1　標準弩

隨著準確度的提升，進一步希望可以增加射箭的效率，因此產生可以藉由操作輸入桿，直接完成四個射箭步驟的連發弩。根據考古發現，最早的連發弩出土於中國湖北省江陵縣，可追溯至公元前 400 年，如圖 10.2 所示。由於出土地隸屬於戰國時代楚國，因此命名為**楚國弩** (Chu State repeating crossbow) [7]，其組成包含機架 (桿 1，K_F)、弩弓 (桿 2，K_{CB})、弓弦 (桿 3，K_T)、輸入桿 (桿 4，K_I)、觸發桿 (桿 5，K_{PL})、及連接桿 (桿 6，K_L)。箭匣固定於機架上，內裝有 20 支箭，依序排列在二個弓箭通道中。觸發桿與連接桿巧妙裝置於輸入桿上，推動輸入桿往前，連接桿勾住弓弦；拉動輸入桿往後，使觸發桿接觸機架上的開啟點，進而釋放弓弦射箭。每次射箭二發，箭匣的弓箭因重力依序落下，等待擊發，然而古文獻並無楚國弩的相關記錄。

《三國志》[8] 中記載另一類型的連發弩：「損益連弩，謂之『元戎』，以鐵為箭，長八寸，一弩十箭俱發。」又稱諸葛亮 (AD 181-234) 為發明者，因此後人稱此裝置為**諸葛弩** (Zhuge repeating crossbow)。圖 10.3 所示者為《武備志》[4] 中的諸葛弩，其組成包含機架 (桿 1，K_F)、弩弓 (桿 2，K_{CB})、弓弦 (桿 3，K_T)、輸入桿 (桿 4，K_I)、及箭匣 (桿 5，K_{PL})。經由輸入桿的搖擺運動，使得箭匣產生往復運動，達到勾住弓弦與釋放弓弦的作用。由於諸葛弩的射程較短，需於箭頭塗上毒藥，以增加攻擊威力。宋

(a) 實物裝置

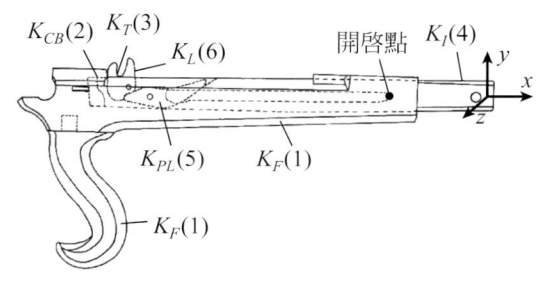

(b) 運動簡圖

圖 10.2 楚國弩 [7]

朝 (AD 960-1219) 之後，諸葛弩為軍隊的標準配備，直到甲午戰爭 (AD 1894-1895)，清朝 (AD 1644-1911) 士兵仍在使用。諸葛弩發明之後，基本構造上並無太多改變，成為歷史悠久的機械武器之一。

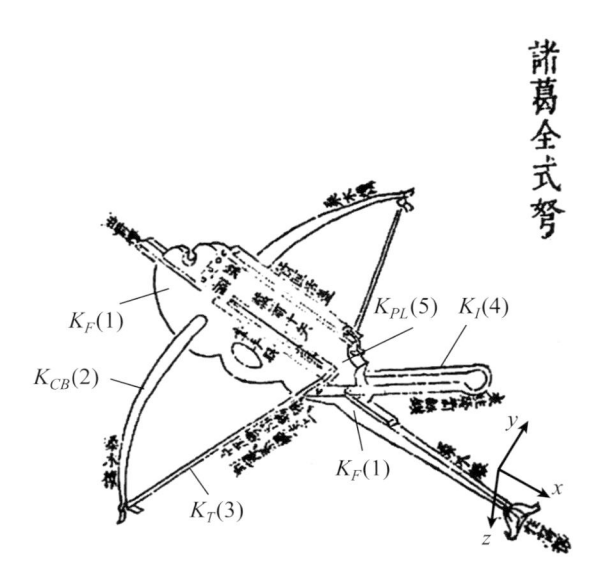

圖 10.3 諸葛弩 [4]

10.2　構造分析

　　古中國弓弩的機構構造隨著射箭過程產生改變。標準弩與楚國弩通常具有 6 根桿件，包含機架 $K_F(1)$、弩弓 $K_{CB}(2)$、弓弦 $K_T(3)$、輸入桿 $K_I(4)$、觸發桿 $K_{PL}(5)$、及連接桿 $K_L(6)$，如圖 10.1(a) 與圖 10.2 所示。諸葛弩無連接桿，並以箭匣勾住弓弦，構造簡化為五桿機，如圖 10.3 所示。根據構造的變化，古中國弓弩的射箭過程可分為以下四個階段 [9]：

1. 尚未拉弓階段

　　此階段準備進行拉弓弦。此時的弩弓與弓弦暫時靜止不動；輸入桿、觸發桿、及連接桿調整成為拉弓弦的狀態，如圖 10.4(a_1)、(b_1)、及 (c_1) 所示。當拉動弓弦瞬間，即進入下一階段。

2. 進行拉弓階段

由於標準弩需以手直接拉弓弦，弓弦沿著機架 x 軸滑動，以符號 J^{Px} 表示，此時弩機的各個機件暫時靜止不動，如圖 10.4(a_2) 所示。連發弩的弓弦可以經由輸入桿帶動，自動完成拉弓弦的作用。其中，楚國弩以連接桿勾住弓弦，如圖 10.4(b_2) 所示；諸葛弩則以箭匣勾住弓弦，如圖 10.4(c_2) 所示。當完成拉弓弦，即進入下一階段。

3. 完成拉弓階段

當標準弩的射手將弓弦拉至弩機上，並放置弓箭後，即可進行瞄準目標與發射弓箭，如圖 10.4(a_3) 所示；連發弩的弓箭藉由重力直接落下，等待射擊。當楚國弩的弓弦拉至極限位置，觸發桿與機架以凸輪接頭 J_A 相鄰接，如圖 10.4(b_3) 所示；當諸葛弩

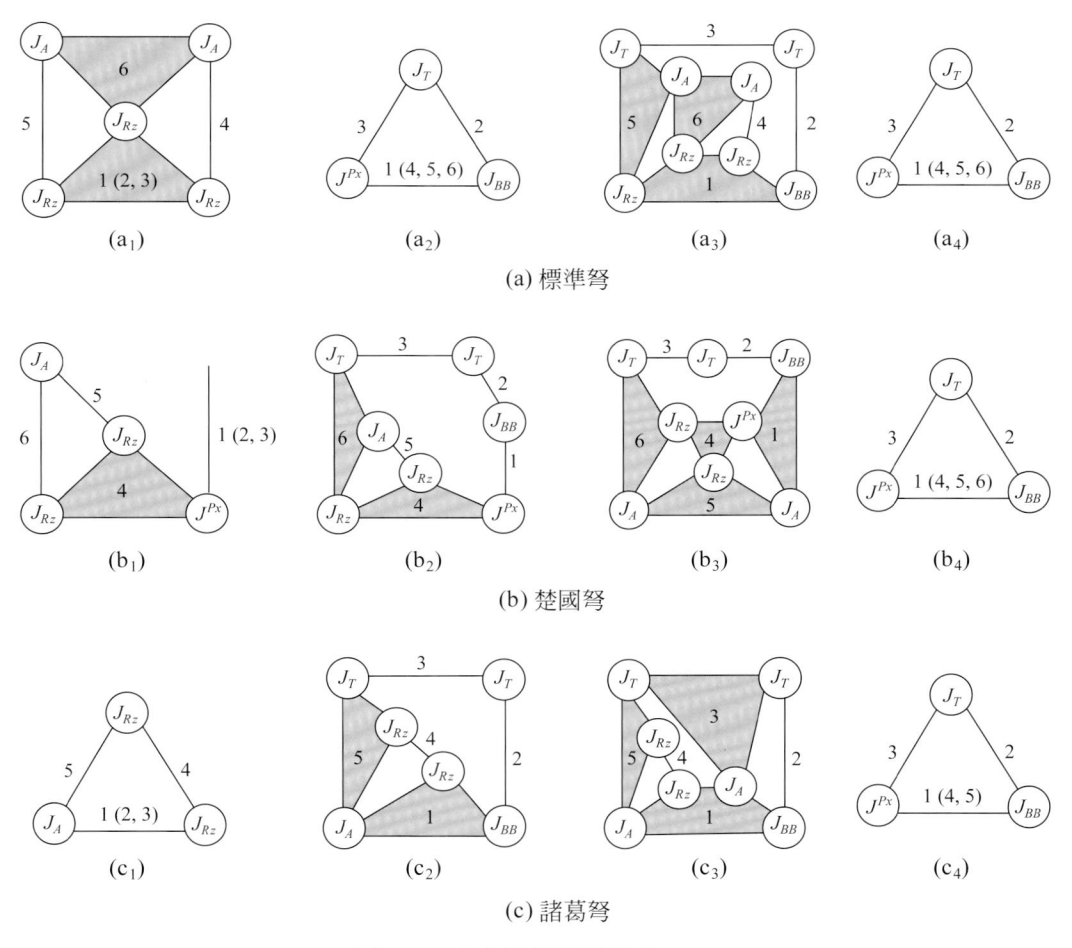

圖 10.4 古中國弩構造變化 [9]

的弓弦拉至極限位置，弓弦與機架以凸輪接頭 J_A 相鄰接，如圖 10.4(c_3) 所示。當弓弦釋放的瞬間，即進入下一階段。

4. 射箭階段

藉由弩弓與弓弦的彈力，進行弓箭發射，此時弓弦沿著機架 x 軸滑動，以符號 J^{Px} 表示，如圖 10.4(a_4)、(b_4)、及 (c_4) 所示。直到弓箭射出，弩弓與弓弦恢復到原始位置，完成一次射箭的循環，此時的輸入桿、觸發桿、及連接桿暫時靜止不動。

10.3　標準弩

　　根據現有出土文物與史料研究，**標準弩** (Original crossbow) 的組成主要包含機架 (桿 1，K_F)、弩弓 (桿 2，K_{CB})、弓弦 (桿 3，K_T)、輸入桿 (桿 4，K_I)、觸發桿 (桿 5，K_{PL})、及連接桿 (桿 6，K_L)。接頭方面則包含 1 個竹接頭 (J_{BB})、2 個線接頭 (J_T)、2 個凸輪接頭 (J_A)、及 3 個旋轉接頭 (J_{Rz})，因此，標準弩可視為六桿八接頭的凸輪機構。由於弩與弩機廣泛使用於古中國各地，標準弩的構造會因不同朝代或地域而產生不同的設計，屬於桿件與接頭的數量和類型皆不確定的機構 (類型 III)。再者，根據機構學的觀點，若省略連接桿，弩機仍可經由機架、輸入桿、及觸發桿巧妙的幾何形狀及運動學的關係，勾住弓弦及儲存弓弦的能量，並藉由輸入桿帶動觸發桿，釋放弓弦與發射弓箭。因此，根據不確定插圖機構復原設計法，以具五桿與六桿八接頭的標準弩為例，進行復原設計。

步驟 1、研究史料與機構並歸納其構造特性如下：
　　1. 此機構為五桿 (桿 1-5) 或六桿八接頭 (桿 1-6) 的凸輪機構。
　　2. 機架 (K_F) 為多接頭桿。弩弓 (K_{CB}) 為雙接頭桿，並以竹接頭 (J_{BB}) 與機架 (K_F) 相鄰接。
　　3. 弓弦 (K_T) 為雙接頭桿，以線接頭（J_T）與弩弓（K_{CB}）相鄰接。
　　4. 輸入桿 (K_I) 以旋轉接頭 (J_{Rz}) 與機架 (K_F) 相鄰接，且不與弓弦 (K_T) 相鄰接。
　　5. 觸發桿 (K_{PL}) 以不確定接頭與機架 (K_F) 和輸入桿 (K_I) 相鄰接。
　　6. 連接桿 (K_L) 以不確定接頭與輸入桿 (K_I) 和觸發桿 (K_{PL}) 相鄰接。

步驟 2、由步驟 1 的歸納，此器械為五桿或六桿八接頭的機構，對應之五桿與六桿八接頭的一般化運動鏈圖譜，如圖 10.5 所示。

第 10 章 弓弩 193

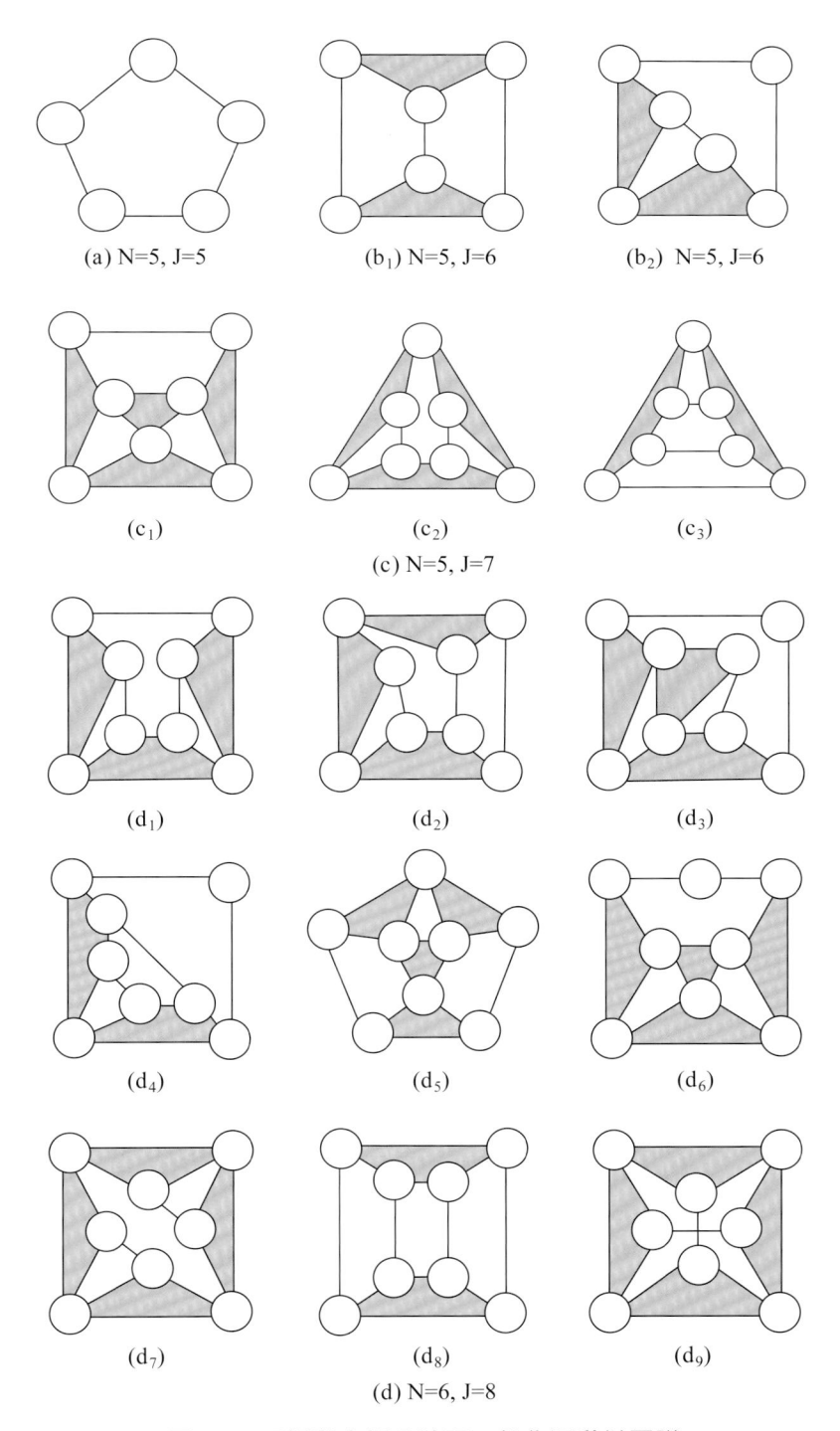

(a) N=5, J=5

(b₁) N=5, J=6

(b₂) N=5, J=6

(c₁)

(c₂)

(c₃)

(c) N=5, J=7

(d₁)

(d₂)

(d₃)

(d₄)

(d₅)

(d₆)

(d₇)

(d₈)

(d₉)

(d) N=6, J=8

圖 10.5 五桿與六桿八接頭一般化運動鏈圖譜

步驟 3、必須有一對相鄰的雙接頭桿作為弩弓與弓弦，且須與作為機架的多接頭桿相鄰接，故步驟 2 得到的圖譜中，僅圖 10.5(b_2)、(d_3)、(d_4)、及 (d_6) 符合需求。所有可行的特殊化鏈可經由以下步驟獲得：

機架、弩弓、及弓弦 (K_F、K_{CB}、及 K_T)

由於必須有一根多接頭桿作為機架 (K_F)，且有一對相鄰的雙接頭桿作為弩弓 (K_{CB}) 與弓弦 (K_T) 和機架相鄰接，其中，弩弓須以竹接頭 (J_{BB}) 與線接頭 (J_T) 分別和機架與弓弦相鄰接，所以可如下指定機架、弩弓、及弓弦：

1. 對於圖 10.5(b_2) 所示的一般化運動鏈，指定機架、弩弓、及弓弦的結果有 1 個，如圖 10.6(a_1) 所示。
2. 對於圖 10.5(d_3) 所示的一般化運動鏈，指定機架、弩弓、及弓弦的結果有 2 個，如圖 10.6(a_2)-(a_3) 所示。
3. 對於圖 10.5(d_4) 所示的一般化運動鏈，指定機架、弩弓、及弓弦的結果有 1 個，如圖 10.6(a_4) 所示。
4. 對於圖 10.5(d_6) 所示的一般化運動鏈，指定機架、弩弓、及弓弦的結果有 1 個，如圖 10.6(a_5) 所示。

因此，機架、弩弓、及弓弦指定後的特殊化鏈有 5 個可行的結果，如圖 10.6(a_1)-(a_5) 所示。

輸入桿 (K_I)

由於輸入桿 (K_I) 必須以旋轉接頭 (J_{Rz}) 與機架 (K_F) 相鄰接，且不與弓弦 (K_T) 相鄰接，所以如下指定出輸入桿：

1. 對於圖 10.6(a_1) 所示的情形，指定輸入桿的結果有 1 個，如圖 10.6(b_1) 所示。
2. 對於圖 10.6(a_2) 所示的情形，指定輸入桿的結果有 1 個，如圖 10.6(b_2) 所示。
3. 對於圖 10.6(a_3) 所示的情形，指定輸入桿的結果有 2 個，如圖 10.6(b_3)-(b_4) 所示。
4. 對於圖 10.6(a_4) 所示的情形，指定輸入桿的結果有 1 個，如圖 10.6(b_5) 所示。
5. 對於圖 10.6(a_5) 所示的情形，指定輸入桿的結果有 1 個，如圖 10.6(b_6) 所示。

因此，機架、弩弓、弓弦、及輸入桿指定後的特殊化鏈有 6 個可行的結果，如圖 10.6(b_1)-(b_6) 所示。

觸發桿與連接桿 (K_{PL} 與 K_L)

由於觸發桿 (K_{PL}) 以不確定接頭與機架 (K_F) 和輸入桿 (K_I) 相鄰接，若仍有尚未指定的桿件則為連接桿 (K_L)，連接桿以不確定接頭與輸入桿 (K_I) 和觸發桿 (K_{PL}) 相鄰接。所以如下指定出觸發桿與連接桿：

1. 對於圖 10.6(b_1) 所示的情形，指定觸發桿的結果有 1 個，如圖 10.6 (c_1) 所示。
2. 對於圖 10.6(b_2) 所示的情形，指定觸發桿與連接桿的結果有 1 個，如圖 10.6(c_2) 所示。
3. 對於圖 10.6(b_3) 所示的情形，指定觸發桿與連接桿的結果有 1 個，如圖 10.6(c_3) 所示。
4. 對於圖 10.6(b_4) 所示的情形，沒有與輸入桿和觸發桿相鄰接的桿件能夠指定為連接桿。
5. 對於圖 10.6(b_5) 所示的情形，指定觸發桿與連接桿的結果有 1 個，如圖 10.6(c_4) 所示。
6. 對於圖 10.6(b_6) 所示的情形，指定觸發桿與連接桿的結果有 1 個，如圖 10.6(c_5) 所示。

由於圖 10.6(c_2) 的連接桿 (桿 6，K_L) 及圖 10.6(c_4) 的觸發桿 (桿 5，K_{PL}) 在弩機作動的過程中，並沒有產生作用，退化成為如圖 10.6(c_1) 的五桿構形，因此，機架、弩弓、弓弦、輸入桿、觸發桿、及連接桿指定後的特殊化鏈有 3 個可行的結果，如圖 10.6(c_1)、(c_3)、及 (c_5) 所示。

步驟 4、定義一組直角坐標系統，如圖 10.1(a) 所示。標準弩的擊發方式是以手指輕扣輸入桿，經觸發桿與連接桿的帶動，釋放置於觸發桿或連接桿的弓弦，進而發射弓箭。不確定的接頭具有多種可能性，皆可達到發射弓箭的功能。

1. 考慮不確定接頭 J_1 與 J_2 各有旋轉接頭 J_{Rz} 和凸輪接頭 J_A 等二種可能類型，且不可相同。
2. 不確定接頭 J_3 有旋轉接頭 J_{Rz} 與凸輪接頭 J_A 等二種可能類型，分別討論如下：

若 J_3 為旋轉接頭 J_{Rz} 時，J_4 必須為凸輪接頭 J_A；此時 J_5 與 J_6 則各有旋轉接頭 J_{Rz} 和凸輪接頭 J_A 等二種可能的類型，且不可相同。若 J_3 為凸輪接頭 J_A 時，

圖 10.6 標準弩特殊化

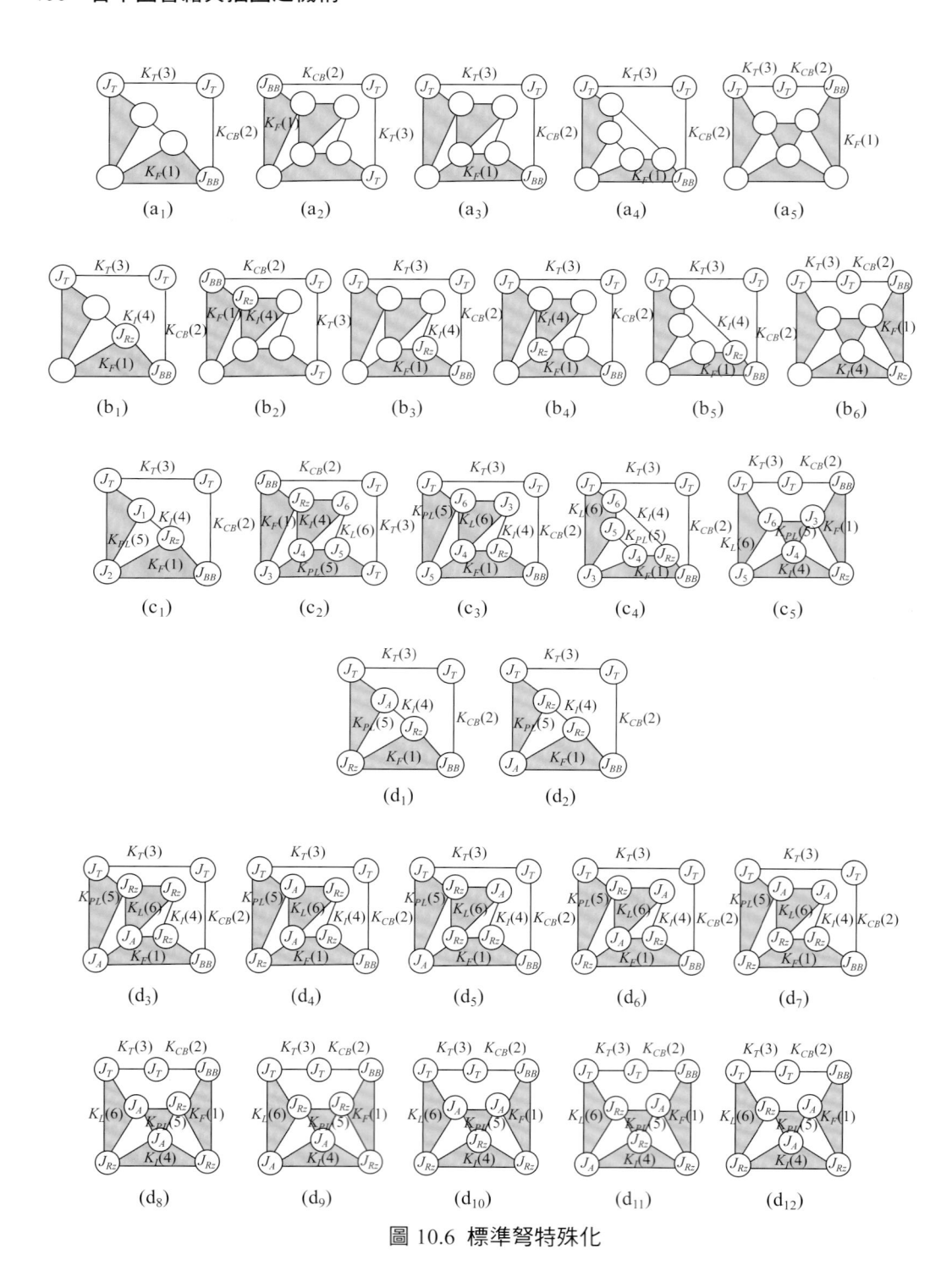

J_4、J_5、及 J_6 其中一接頭為凸輪接頭 J_A，其餘為旋轉接頭 J_{Rz}。

經由指定不確定接頭 J_1 (J_{Rz} 與 J_A)、J_2 (J_{Rz} 與 J_A)、J_3 (J_{Rz} 與 J_A)、J_4 (J_{Rz} 與 J_A)、J_5 (J_{Rz} 與 J_A)、及 J_6 (J_{Rz} 與 J_A) 的可能類型至圖 10.6(c_1)、(c_3)、及 (c_5) 的特殊化鏈，產生 12 個可行的結果，如圖 10.6(d_1)-(d_{12}) 所示。

步驟 5、考慮機構之運動與功能的要求，將每一個具指定接頭特殊化鏈具體化，獲得滿足古代工藝技術水準的可行設計圖譜，並繪製其電腦模型圖畫，如圖 10.7(a)-(l) 所示。圖 10.8(a)-(b) 所示者分別為標準弩的仿製圖與原型機模型。

10.4　楚國弩

根據實際出土文物，**楚國弩** (Chu State repeating crossbow) 的組成主要包含機架 (桿 1，K_F)、弩弓 (桿 2，K_{CB})、弓弦 (桿 3，K_T)、輸入桿 (桿 4，K_I)、觸發桿 (桿 5，K_{PL})、及連接桿 (桿 6，K_L)。接頭方面則包含 1 個竹接頭 (J_{BB})、2 個線接頭 (J_T)、2 個凸輪接頭 (J_A)、及 3 個旋轉接頭 (J_{Rz})，因此，楚國弩可視為六桿八接頭的凸輪機構。連接桿的功能為勾住弓弦，並由輸入桿拉至極限位置，使得觸發桿碰觸開啟點，進而釋放弓弦。然而，諸葛弩以觸發桿 (箭匣) 取代連接桿，直接勾住弓弦的概念，也可能應用在不同的楚國弩設計中，因此，楚國弩桿件數可能是五桿或六桿，屬於桿件與接頭的數量和類型皆不確定的機構 (類型 III)。以下根據不確定插圖機構復原設計法，以具五桿與六桿八接頭的楚國弩為例，進行復原設計。

步驟 1、研究史料與機構並歸納其構造特性如下：

1. 此機構為五桿 (桿 1-5) 或六桿八接頭 (桿 1-6) 的凸輪機構。
2. 機架 (K_F) 為參接頭桿。
3. 弩弓 (K_{CB}) 為雙接頭桿，並以竹接頭 (J_{BB}) 與機架 (K_F) 相鄰接。
4. 弓弦 (K_T) 為雙接頭桿，以線接頭 (J_T) 與弩弓 (K_{CB}) 相鄰接。
5. 輸入桿 (K_I) 以滑行接頭 (J^{Px}) 與機架 (K_F) 相鄰接，且不與弓弦 (K_T) 相鄰接。
6. 觸發桿 (K_{PL}) 以凸輪接頭 (J_A) 與機架 (K_F) 相鄰接。

步驟 2、由步驟 1 的歸納，此器械為五桿或六桿八接頭的機構，對應之五桿與六桿八接頭的一般化運動鏈圖譜，如圖 10.5 所示。

198　古中國書籍具插圖之機構

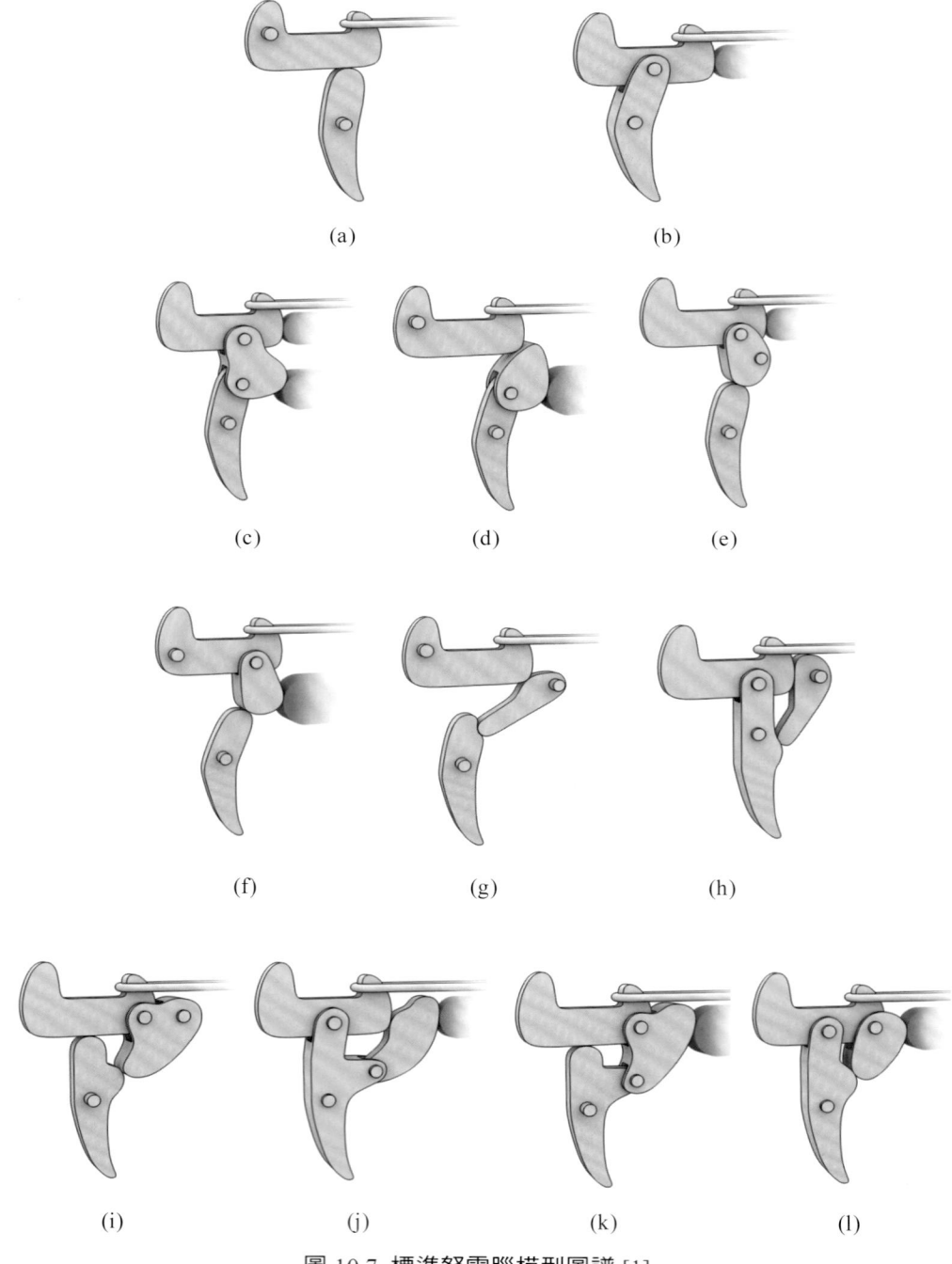

(a)

(b)

(c)

(d)

(e)

(f)

(g)

(h)

(i)

(j)

(k)

(l)

圖 10.7 標準弩電腦模型圖譜 [1]

(a) 仿製圖

(b) 原型機模型

圖 10.8 標準弩

步驟 3、必須有一對相鄰的雙接頭桿作為弩弓與弓弦，且須與作為機架的參接頭桿相鄰接，故步驟 2 得到的圖譜中，僅圖 10.5(b_2)、(d_3)、及 (d_6) 符合需求。所有可行的特殊化鏈可經由以下步驟獲得：

機架、弩弓、及弓弦 (K_F、K_{CB}、及 K_T)

由於必須有一根參接頭桿作為機架 (K_F)，且有一對相鄰的雙接頭桿作為弩弓 (K_{CB}) 與弓弦 (K_T) 和機架相鄰接，其中，弩弓須以竹接頭 (J_{BB}) 與線接頭 (J_T) 分別和機架與弓弦相鄰接，所以可如下指定機架、弩弓、及弓弦：

1. 對於圖 10.5(b_2) 所示的一般化運動鏈，指定機架、弩弓、及弓弦的結果有 1 個，如圖 10.9(a_1) 所示。
2. 對於圖 10.5(d_3) 所示的一般化運動鏈，指定機架、弩弓、及弓弦的結果有 1 個，如圖 10.9(a_2) 所示。
3. 對於圖 10.5(d_6) 所示的一般化運動鏈，指定機架、弩弓、及弓弦的結果有 1 個，如圖 10.9(a_3) 所示。

因此，機架、弩弓、及弓弦指定後的特殊化鏈有 3 個可行的結果，如圖 10.9(a_1)-(a_3) 所示。

輸入桿 (K_I)

由於輸入桿 (K_I) 必須以滑行接頭 (J^{Px}) 與機架 (K_F) 相鄰接，且不與弓弦 (K_T) 相鄰接，所以如下指定出輸入桿：

1. 對於圖 10.9(a_1) 所示的情形，指定輸入桿的結果有 1 個，如圖 10.9(b_1) 所示。
2. 對於圖 10.9(a_2) 所示的情形，指定輸入桿的結果有 1 個，如圖 10.9(b_2) 所示。
3. 對於圖 10.9(a_3) 所示的情形，指定輸入桿的結果有 1 個，如圖 10.9(b_3) 所示。

因此，機架、弩弓、弓弦、及輸入桿指定後的特殊化鏈有 3 個可行的結果，如圖 10.9(b_1)-(b_3) 所示。

觸發桿與連接桿 (K_{PL} 與 K_L)

由於觸發桿 (K_{PL}) 以凸輪接頭 (J_A) 與機架 (K_F) 相鄰接，若仍有尚未指定的桿件則為連接桿 (K_L)，所以如下指定出觸發桿與連接桿：

1. 對於圖 10.9(b_1) 所示的情形，指定觸發桿的結果有 1 個，如圖 10.9(c_1) 所示。

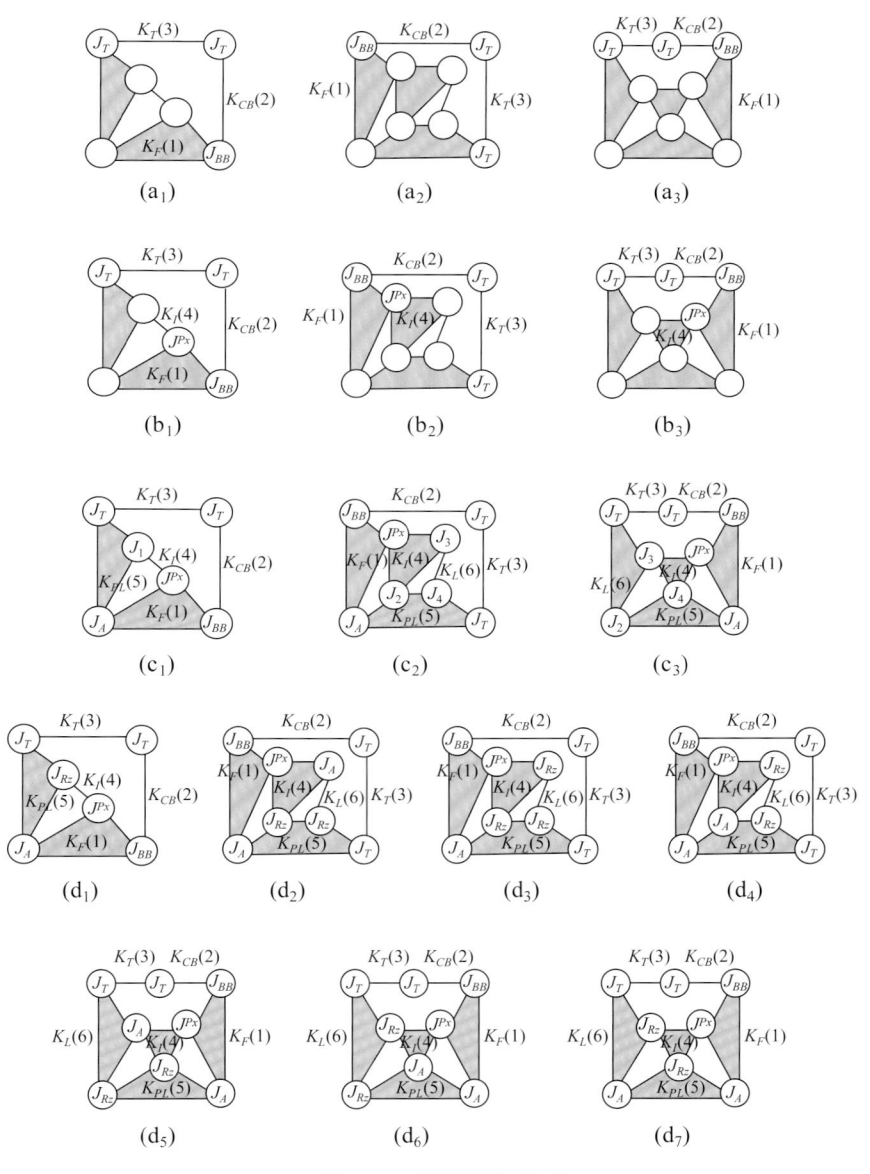

圖 10.9 楚國弩特殊化

2. 對於圖 10.9(b_2) 所示的情形，指定觸發桿與連接桿的結果有 1 個，如圖 10.9(c_2) 所示。
   3. 對於圖 10.9(b_3) 所示的情形，指定觸發桿與連接桿的結果有 1 個，如圖 10.9(c_3) 所示。

   因此，機架、弩弓、弓弦、輸入桿、觸發桿、及連接桿指定後的特殊化鏈有 3 個可行的結果，如圖 10.9(c_1)、(c_2)、及 (c_3) 所示。

步驟 4、定義一組直角坐標系統，如圖 10.2(b) 所示。楚國弩可以經由輸入桿的往復運動，完成射箭的步驟。不確定的接頭具有多種可能性，皆可達到發射弓箭的功能。

   1. 不確定接頭 J_1 只有一種可能的類型，即輸入桿以旋轉接頭 J_{Rz} 和觸發桿相鄰接。
   2. 不確定接頭 J_2、J_3 及、J_4 各有二種可能的類型，若一接頭為凸輪接頭 J_A，其餘為旋轉接頭 J_{Rz}。

   經由指定不確定接頭 $J_1(J_{Rz})$、$J_2(J_{Rz}$ 與 $J_A)$、$J_3(J_{Rz}$ 與 $J_A)$、及 $J_4(J_{Rz}$ 與 $J_A)$ 的可能類型至圖 10.9(c_1)、(c_2)、及 (c_3) 的特殊化鏈，產生 7 個可行的結果，如圖 10.9(d_1)-(d_7) 所示。

步驟 5、考慮機構之運動與功能的要求，將每一個具指定接頭特殊化鏈具體化，獲得滿足古代工藝技術水準的可行設計圖譜，並繪製其電腦模型圖畫，如圖 10.10(a)-(g) 所示，圖 10.11(a)-(b) 所示者分別為楚國弩的仿製圖與原型機模型。

(a)

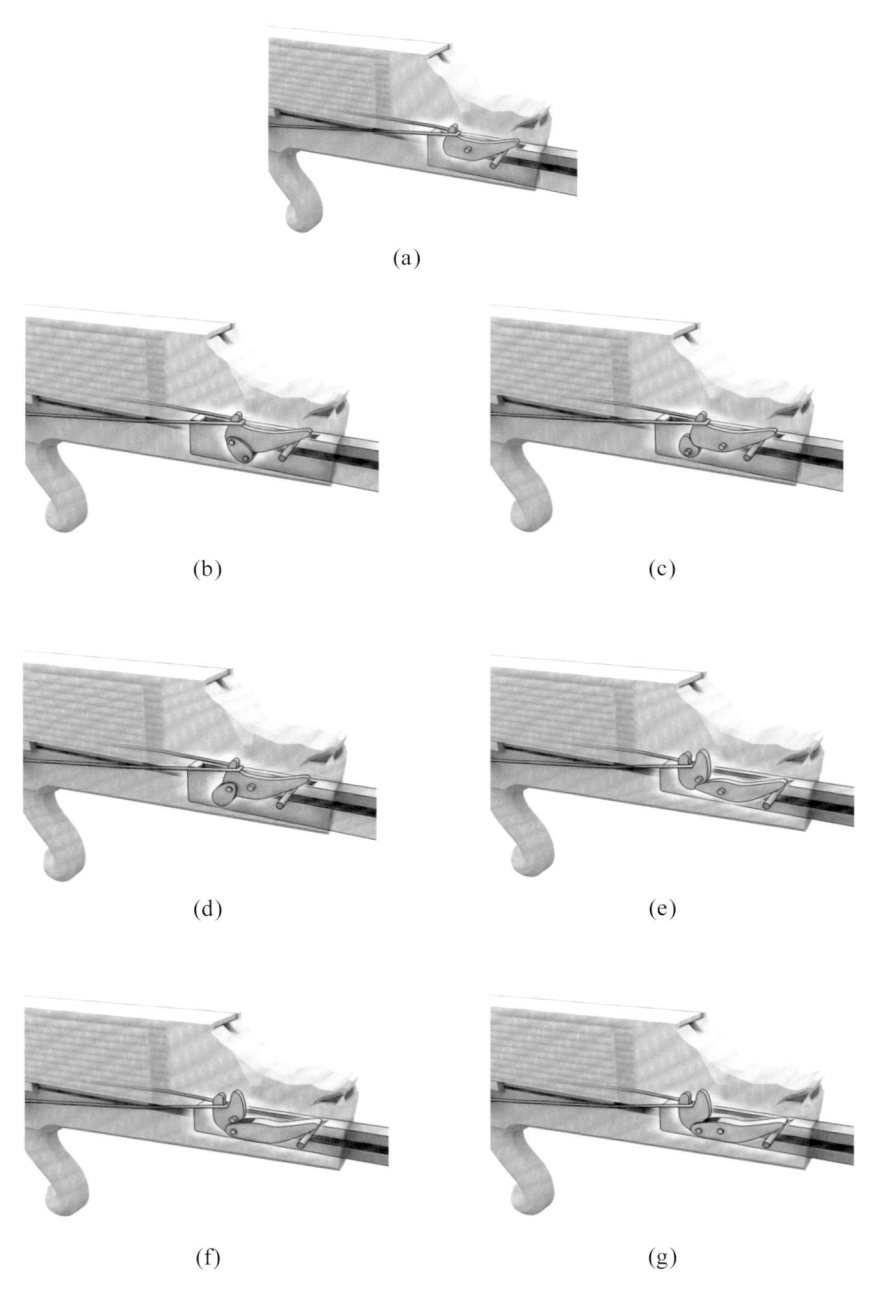

(b)　　　　　　　　　　　(c)

(d)　　　　　　　　　　　(e)

(f)　　　　　　　　　　　(g)

圖 10.10 楚國弩電腦模型圖譜 [2]

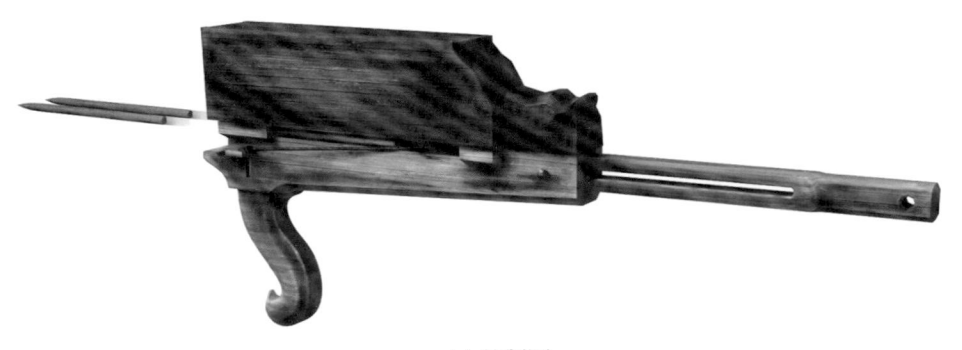

(a) 仿製圖

(b) 原型機模型

圖 10.11 楚國弩

10.5 諸葛弩

由於現有文獻對於**諸葛弩** (Zhuge repeating crossbow) 的箭匣是否可動，並無明確說明，因此可分為可動式箭匣與固定式箭匣諸葛弩二類，皆屬於桿件與接頭的數量和類型皆不確定的機構 (類型 III)，茲分別說明如下。

10.5.1 可動式箭匣

經由輸入桿的搖擺運動，使箭匣產生往復運動，此時箭匣需具備拉住弓弦，並與機架的開啟點配合，完成釋放弓弦的功能，其組成包含機架 (桿 1，K_F)、弩弓 (桿 2，K_{CB})、弓弦 (桿 3，K_T)、輸入桿 (桿 4，K_I)、及具拉弓弦功能的箭匣 (桿 5，K_{PL})。以下根據不確定插圖機構復原設計法，進行復原設計。

步驟 1、研究史料與機構並歸納其構造特性如下：
  1. 此機構為五桿 (桿 1-5) 的凸輪機構。
  2. 機架 (K_F) 為參接頭桿。
  3. 弩弓 (K_{CB}) 為雙接頭桿，並以竹接頭 (J_{BB}) 與機架 (K_F) 相鄰接。
  4. 弓弦 (K_T) 為雙接頭桿，以線接頭 (J_T) 分別與弩弓 (K_{CB}) 和箭匣 (K_{PL}) 相鄰接。
  5. 輸入桿 (K_I) 以不確定接頭與機架 (K_F) 相鄰接。
  6. 箭匣 (K_{PL}) 為參接頭桿，以凸輪接頭 (J_A) 與不確定接頭分別和機架 (K_F) 與輸入桿 (K_I) 相鄰接。

步驟 2、由步驟 1 的歸納，此器械為五桿的機構，對應之五桿的一般化運動鏈圖譜，如圖 10.5(a)、(b)、及 (c) 所示。

步驟 3、必須有一對相鄰的雙接頭桿作為弩弓與弓弦，且須與作為機架的參接頭桿相鄰接，故步驟 2 得到的圖譜中，僅圖 10.5(b$_2$) 符合需求。所有可行的特殊化鏈可經由以下步驟獲得：

機架、弩弓、及弓弦 (K_F、K_{CB}、及 K_T)
由於必須有一根參接頭固定桿作為機架 (K_F)，且有一對相鄰的雙接頭桿作為弩弓 (K_{CB}) 與弓弦 (K_T) 和機架相鄰接，其中，弩弓須以竹接頭 (J_{BB}) 與線接頭 (J_T) 分別和機架與弓弦相鄰接，對於圖 10.5(b$_2$) 所示的一般化運動鏈，指定機架、弩弓、及弓弦的結果有一個，如圖 10.12(a) 所示。

輸入桿 (K_I)
由於輸入桿 (K_I) 必須以不確定接頭與機架 (K_F) 相鄰接，對於圖 10.12(a) 所示的情形，指定輸入桿的結果有 2 個，如圖 10.12(b_1)-(b_2) 所示。

箭匣 (K_{PL})
由於箭匣 (K_{PL}) 為參接頭桿，以凸輪接頭 (J_A) 與不確定接頭分別和機架 (K_F) 與輸入桿 (K_I) 相鄰接。所以如下指定出箭匣：

1. 對於圖 10.12(b_1) 所示的情形，指定箭匣的結果有 1 個，如圖 10.12(c) 所示。
2. 對於圖 10.12(b_2) 所示的情形，沒有參接頭桿能夠指定為箭匣。

因此，機架、弩弓、弓弦、輸入桿、及箭匣指定後的特殊化鏈有 1 個可行的結果，如圖 10.12(c) 所示。

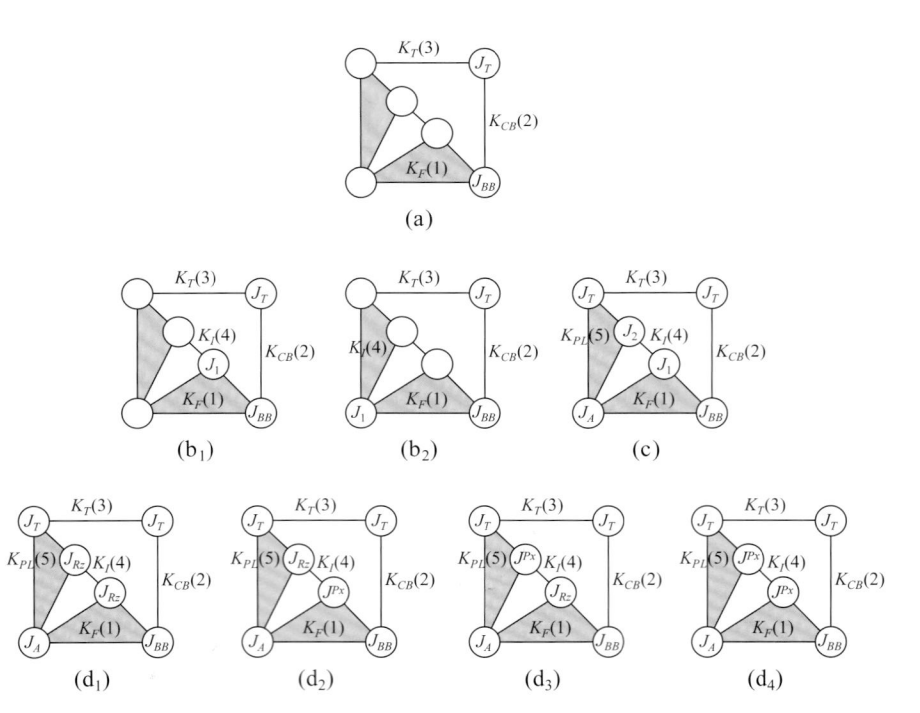

圖 10.12 可動式箭匣諸葛弩特殊化

步驟 4、定義一組直角坐標系統，如圖 10.3 所示。箭匣的作用可以勾拉弓弦，並釋放弓弦射箭。不確定的接頭具有多種可能性，皆可達到發射弓箭的功能。考慮不確定接頭 J_1 與 J_2 各有二種可能的類型，其一是以旋轉接頭 J^{Rz} 與機架相鄰接，其二是以滑行接頭 J^{Px} 與機架相鄰接。經由指定不確定接頭 J_1 (J_{Rz} 與 J^{Px}) 與 J_2 (J_{Rz} 與 J^{Px}) 的可能類型至圖 10.12(c) 的特殊化鏈，產生 4 個結果，如圖 10.12(d_1)-(d_4) 所示。

步驟 5、由於雙滑塊機構具有無法確實傳動的問題，且較少出現於古中國，是以圖 10.12(d_4) 並不符合。移除該圖之後，共有 3 個可行的具指定接頭特殊化鏈，如圖 10.12(d_1)-(d_3) 所示。將每一個具指定接頭特殊化鏈具體化，獲得滿足古代工藝技術水準的可行設計圖譜，並繪製其電腦模型圖畫，如圖 10.13(a)-(c) 所示，圖 10.14(a)-(b) 所示者分別為其仿製圖與原型機模型。

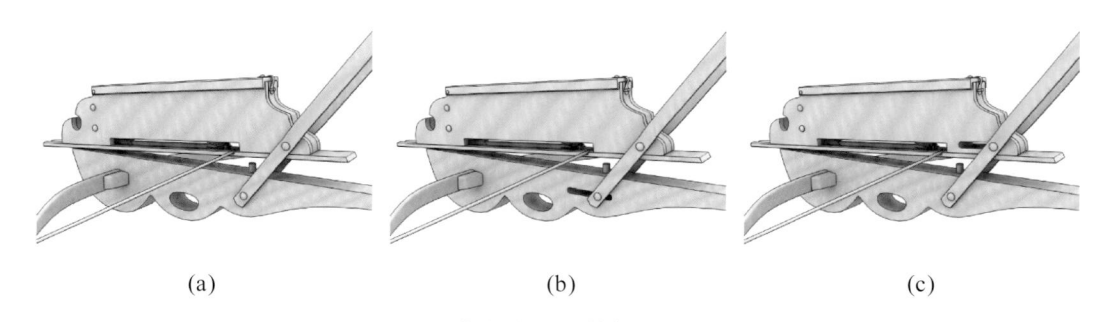

(a)　　　　　　　　(b)　　　　　　　　(c)

圖 10.13 可動式箭匣諸葛弩電腦模型圖譜

10.5.2 固定式箭匣

若箭匣固定於機架上，弓箭落下的過程更穩定，可提升射箭的準確度，此時輸入桿需具備拉住弓弦，並與機架的開啟點配合，完成釋放弓弦的功能，其組成包含機架（桿 1，K_F）、弩弓（桿 2，K_{CB}）、弓弦（桿 3，K_T）、及輸入桿（桿 4，K_I）。此外，增加具拉弓弦功能的觸發桿（桿 5，K_{PL}），可提升射箭效率，並見於其它連發弩的設計中，因此，固定式箭匣諸葛弩桿件數可能是四桿或五桿的機構。以下根據不確定插圖機構復原設計法，進行復原設計。

步驟 1、不同於可動式箭匣諸葛弩的構造特性如下：

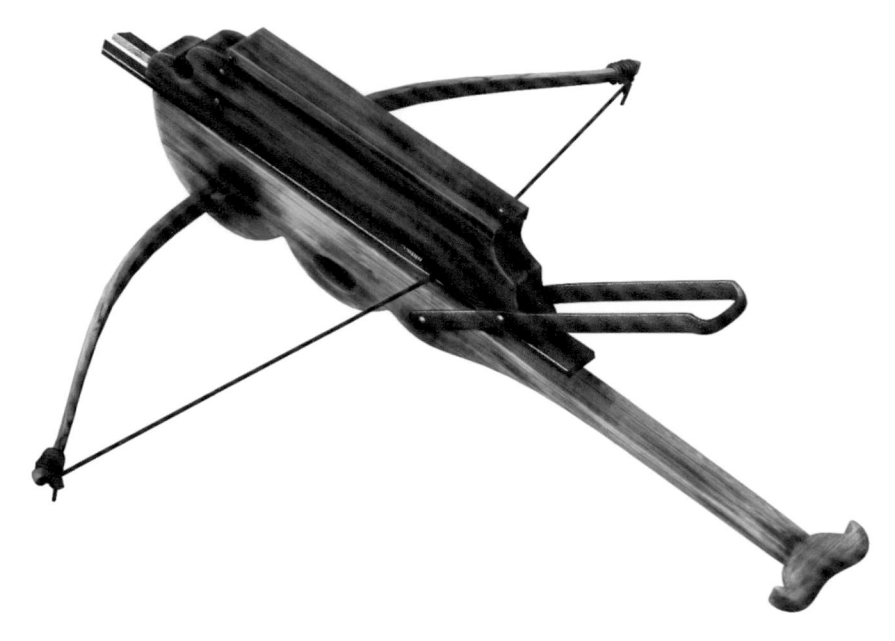

208　古中國書籍具插圖之機構

(a) 仿製圖

(b) 原型機模型

圖 10.14　可動式箭匣諸葛弩 [3]

1. 此機構為四桿 (桿 1-4) 或五桿 (桿 1-5) 的凸輪機構。
2. 若為四桿機構，機架 (K_F) 為雙接頭桿；若為五桿機構，機架 (K_F) 為參接頭桿。
3. 弓弦 (K_T) 為雙接頭桿，以線接頭 (J_T) 分別與弩弓 (K_{CB}) 和輸入桿 (K_I) 或觸發桿 (K_{PL}) 相鄰接。
4. 觸發桿為參接頭桿，以凸輪接頭 (J_A) 與不確定接頭分別和機架 (K_F) 與輸入桿 (K_I) 相鄰接。

步驟 2、由步驟 1 的歸納，此器械為四桿或五桿的機構，對應之四桿和五桿的一般化運動鏈圖譜，如圖 10.5(a)、(b)、(c)、及圖 10.15 所示。

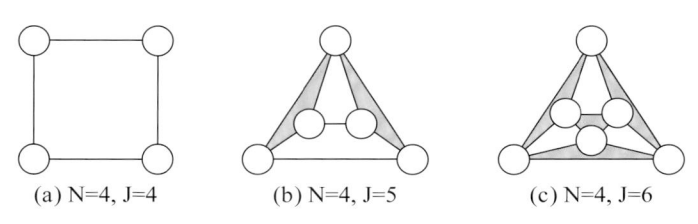

(a) N=4, J=4   (b) N=4, J=5   (c) N=4, J=6

圖 10.15 四桿一般化運動鏈圖譜

步驟 3、必須有一對相鄰的雙接頭桿作為弩弓與弓弦；若為五桿機構，則此相鄰的雙接頭桿須與作為機架的參接頭桿相鄰接，故步驟 2 得到的圖譜中，僅圖 10.5(b_2) 與圖 10.15(a) 符合需求。所有可行的特殊化鏈可經由以下步驟獲得：

機架、弩弓、及弓弦 (K_F、K_{CB}、及 K_T)

由於必須有一對相鄰的雙接頭桿作為弩弓 (K_{CB}) 與弓弦 (K_T)，且若為五桿機構，此相鄰的雙接頭桿須與作為機架 (K_F) 的參接頭桿相鄰接，其中，弩弓須以竹接頭 (J_{BB}) 與線接頭 (J_T) 分別和機架與弓弦相鄰接，所以可如下指定機架、弩弓、及弓弦：

1. 對於圖 10.15(a) 所示的一般化運動鏈，指定機架、弩弓、及弓弦的結果有 1 個，如圖 10.16(a_1) 所示。
2. 對於圖 10.5(b_2) 所示的一般化運動鏈，指定機架、弩弓、及弓弦的結果有 1 個，如圖 10.16(a_2) 所示。

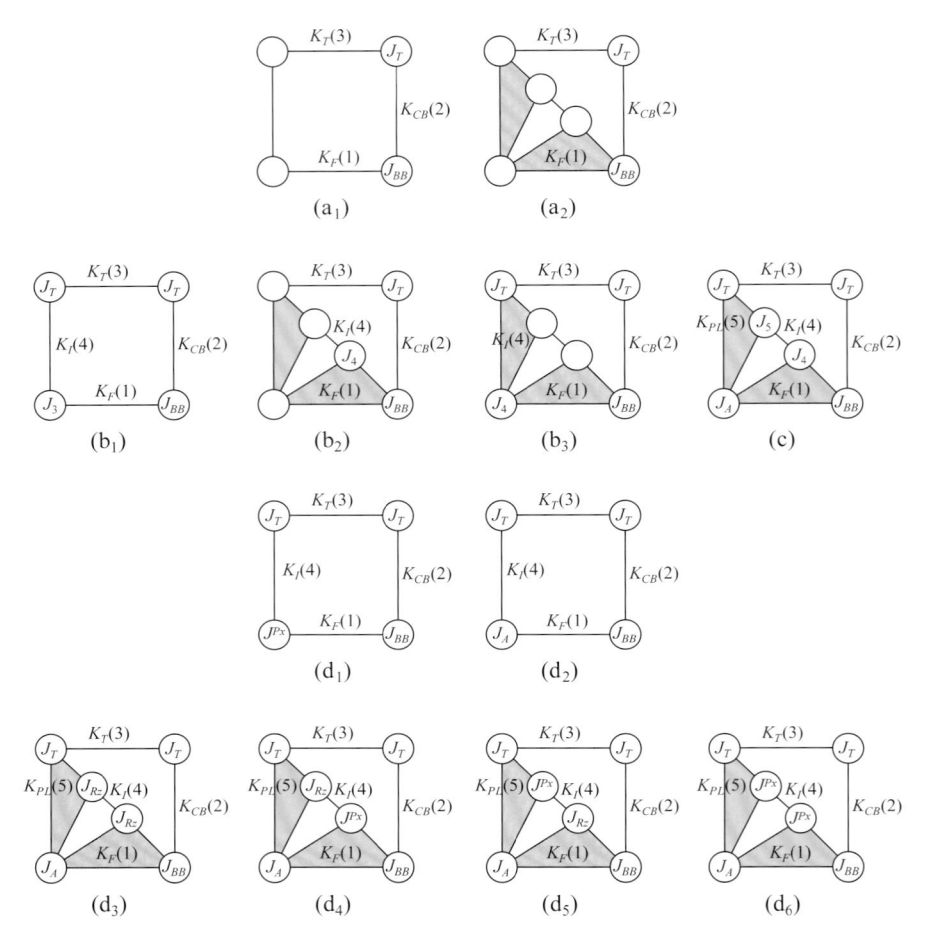

圖 10.16 固定式箭匣諸葛弩特殊化

因此，機架、弩弓、及弓弦指定後的特殊化鏈有 2 個可行的結果，如圖 10.16(a_1)-(a_2) 所示。

輸入桿 (K_I)

由於輸入桿 (K_I) 以不確定接頭與機架 (K_F) 相鄰接，所以如下指定出輸入桿：

1. 對於圖 10.16(a_1) 所示的情形，指定輸入桿的結果有 1 個，如圖 10.16(b_1) 所示。
2. 對於圖 10.16(a_2) 所示的情形，指定輸入桿的結果有 2 個，如圖 10.16(b_2)-(b_3) 所示。

因此，機架、弩弓、弓弦、及輸入桿指定後的特殊化鏈有 3 個可行的結果，如圖 10.16(b$_1$)-(b$_3$) 所示。

觸發桿 (K_{PL})

由於觸發桿 (K_{PL}) 需為參接頭桿，且以凸輪接頭 (J_A) 與不確定接頭分別和機架 (K_F) 與輸入桿 (K_I) 相鄰接，所以如下指定出觸發桿：

1. 對於圖 10.16(b$_2$) 所示的情形，指定觸發桿的結果有 1 個，如圖 10.16(c) 所示。
2. 對於圖 10.16(b$_3$) 所示的情形，沒有參接頭能夠指定為觸發桿。

因此，機架、弩弓、弓弦、輸入桿、及觸發桿指定後的特殊化鏈有 1 個可行的結果，如圖 10.16(c) 所示。

步驟 4、定義一組直角坐標系統，如圖 10.3 所示。四桿機構中的輸入桿及五桿機構中的觸發桿，其作用皆為勾拉弓弦，並釋放弓弦射箭。不確定的接頭具有多種可能性，皆可達到發射弓箭的功能。考慮不確定接頭 J_3 有二種可能的類型，其一是以滑行接頭 J^{Px} 與機架相鄰接，其二是以凸輪接頭 J_A 與機架相鄰接。考慮不確定接頭 J_4 與 J_5 各有二種可能的類型，其一是以旋轉接頭 J_{Rz} 與機架相鄰接，其二是以滑行接頭 J^{Px} 與機架相鄰接。經由指定不確定接頭 J_3(J^{Px} 與 J_A)、J_4(J_{Rz} 與 J^{Px})、及 J_5(J_{Rz} 與 J^{Px} 的可能類型至圖 10.16(b$_1$)-(c) 的特殊化鏈，產生 6 個結果，如圖 10.16(d$_1$)-(d$_6$) 所示。

步驟 5、由於雙滑塊機構具有無法確實傳動的問題，且較少出現於古中國，是以圖 10.16(d$_6$) 並不符合。移除該圖之後，共有 5 個可行的具指定接頭特殊化鏈，如圖 10.16(d$_1$)-(d$_5$) 所示。將每一個具指定接頭特殊化鏈具體化，獲得滿足古代工藝技術水準的可行設計圖譜，並繪製其電腦模型圖畫，如圖 10.17(a)-(e) 所示。

(a)

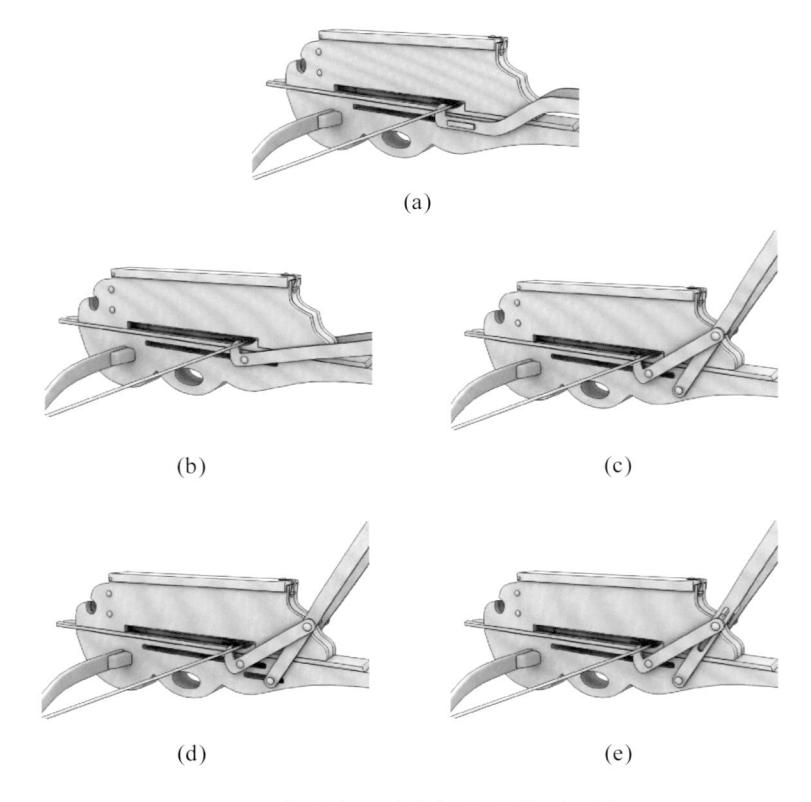

(b)　　　　　　　　　　　(c)

(d)　　　　　　　　　　　(e)

圖 10.17　固定式箭匣諸葛弩電腦模型圖譜 [3]

10.6　小結

　　古中國的弓弩使用凸輪與撓性元件，透過弩弓與弓弦的彈力，發射弓箭攻擊目標，是古中國最具代表性的武器之一。本章探討標準弩、楚國弩、及諸葛弩等三種不同類型的弩，如表 10.1 所列，皆屬於桿件與接頭的數量和類型皆不確定的機構 (類型 III)。再者，標準弩使用時間最早且範圍最廣；楚國弩是最早的連發弩，但未見於古文獻資料中；諸葛弩直到清朝仍是軍隊的武器配備。本章共有 2 張原圖、4 張模擬圖、3 張仿製圖、3 張原型機模型圖、及 2 張實物裝置圖。根據不確定插圖機構復原設計法，有系統的進行復原設計，可得到各種弩的可行設計圖譜。

○ 表 10.1 弓弩 (3 件)

機構名稱 \ 書名	《農書》	《武備志》	《天工開物》	《農政全書》	《欽定授時通考》
標準弩 圖 10.1 類型 III		《軍資乘》 《陣練制》	《佳兵》		
楚國弩 (無古文獻記載) 圖 10.2 類型 III					
諸葛弩 圖 10.3 類型 III		《軍資乘》	《佳兵》		

參考文獻

1. Hsiao, K. H., "Structural Synthesis of Ancient Chinese Original Crossbow," *Transactions of the Canadian Society for Mechanical Engineering,* Vol. 37, no. 2, pp. 259-271, 2013.

2. Hsiao, K. H. and Yan, H. S., "Structural Synthesis of Ancient Chinese Chu State Repeating Crossbow," *Advances in Reconfigurable Mechanisms and Robots I,* pp. 749-758, Springer, London, 2012.

3. Hsiao, K. H. and Yan, H. S., "Structural Synthesis of Ancient Chinese Zhuge Repeating Crossbow," *Explorations in the History of Machines and Mechanisms,* pp. 213-228, Springer, Netherlands, 2012.

4. 《武備志》；茅元儀[明朝]撰，海南出版社，海南，2001年。

5. 張春輝、游戰洪、吳宗澤、劉元諒，中國機械工程發明史-第二編，清華大學出版社，北京，2004年。

6. 鐘少異，中國古代軍事工程技術史(上古至五代)，山西教育出版社，山西，2008年。

7. 荊州博物館編，荊州重要考古發現，文物出版社，北京，2009年。

8. 《三國志》；陳壽[晉朝]撰，中華書局，北京，1975年。

9. Hsiao, K. H. and Yan, H. S., "Structural Analyses of Ancient Chinese Crossbows," *Journal of Science and Innovation,* Vol. 2, No. 1, pp. 1-8, 2012.

第 11 章

複雜紡織機械
Complex Textile Devices

　　古中國發明許多紡織機械，有些構造較為複雜，如繅車、腳踏紡車、皮帶傳動紡車、斜織機、及提花機，這些複雜紡織機械都是由多種機構組合而成，難以歸類於特定的機械元件中。本章系統化復原設計符合古代工藝技術之複雜紡織機械的所有可行設計。首先敘述各項器械的用途與組成，接著分析紡織機械的機構構造及歸納復原設計所需的設計限制，並以不同類型的紡織機械為例說明。

11.1　繅車

　　繅車 (Foot-operated silk-reeling mechanism) 又稱**繅車**，用於蠶絲纖維的抽取與捲繞，圖 11.1 所示者為《農書》[1] 中繅車的原圖，其構造組成包含煮繭盆、錢眼板、具偏心凸耳的鼓、導絲桿、環繩、具曲柄的軖軸、踏板、及數根傳動連桿。蠶絲由煮繭盆中的蠶繭抽出，通過錢眼板及導絲桿上的溝孔，捲繞在軖軸上。另有一立式滑車稱為鼓，中有凹槽，上有一偏心的凸耳。以一條環繩套於軖軸上，另一端套於鼓的凹槽；鼓的凸耳則連接導絲桿。當腳踩踏板驅動時，藉由連桿帶動軖軸轉動，同時將動力傳至環繩、鼓、及導絲桿，使導絲桿往復移動。由於絲線先通過導絲桿上的溝孔再纏繞於軖軸，因此導絲桿的往復擺動可使軖軸上收集的絲線達到依序排列，並均勻分布於一定範圍內的效果 [2-3]。

　　根據功能的分類，繅車可分為腳踏連桿機構與絲線導引機構等二組子機構 [4]，茲分別說明如下：

腳踏連桿機構

　　腳踏連桿機構包含機架 (桿 1，K_F)、踏板 (桿 2，K_{Tr})、具曲柄的軖軸 (桿 3，K_{CR})、及一或二根傳動連桿 (桿 4，K_{L1} 與桿 5，K_{L2})。由於繅車圖畫有許多不清楚的地方，使得無法明確由插圖得知踏板的往復搖擺運動如何轉換成軖軸的旋轉運動，此組

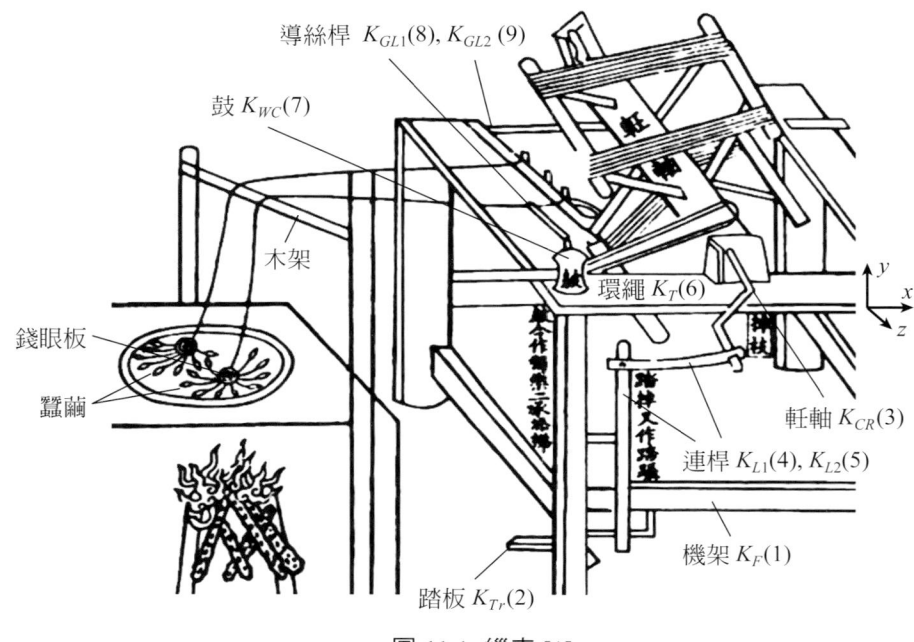

圖 11.1 繅車 [1]

子機構歸類為桿件與接頭的數量和類型皆不確定的機構 (類型 III)。定義一組直角坐標系統，如圖 11.1 所示，z 軸為軒軸的軸向方向，x 軸與 y 軸分別定義為軒床的水平與垂直方向。以下根據不確定插圖機構復原設計法，進行復原設計。

步驟 1、歸納其構造特性如下：
    1. 此機構為平面四桿 (桿 1-4) 或五桿 (桿 1-5) 的機構。
    2. 踏板 (K_{Tr}) 為雙接頭桿，並以旋轉接頭 (J_{Rz}) 與機架 (K_F) 相鄰接。
    3. 軒軸 (K_{CR}) 為雙接頭桿，並以旋轉接頭 (J_{Rz}) 與機架 (K_F) 相鄰接。
    4. 至少一根雙接頭桿作為傳動連桿，並以旋轉接頭 (J_{Rz}) 分別與踏板 (K_{Tr}) 和 / 或軒軸 (K_{CR}) 相鄰接。

步驟 2、由步驟 1 的歸納，此器械為四桿或五桿機構，故找出四桿與五桿的一般化運動鏈圖譜，如圖 11.2 所示。

步驟 3、必須有一對相鄰的雙接頭桿，分別作為踏板與連桿、或連桿與軒軸，故步驟 2 得到的圖譜中，僅圖 11.2(a)、(d)、及 (f) 符合需求。所有可行的特殊化鏈可經由如下步驟獲得：

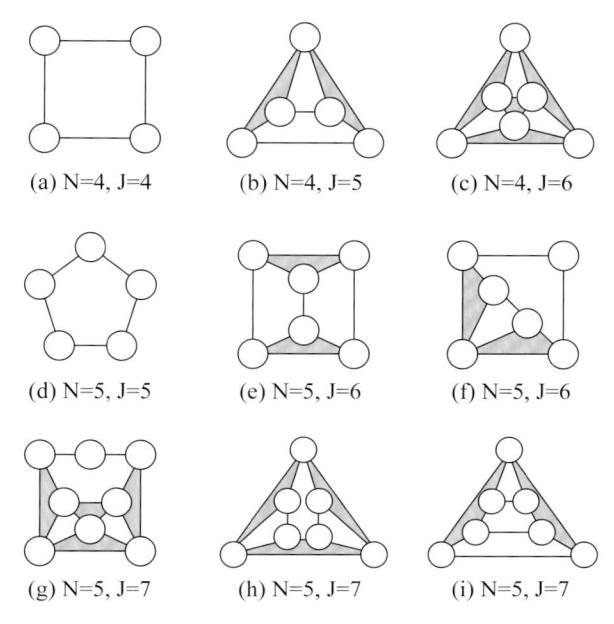

(a) N=4, J=4　　(b) N=4, J=5　　(c) N=4, J=6

(d) N=5, J=5　　(e) N=5, J=6　　(f) N=5, J=6

(g) N=5, J=7　　(h) N=5, J=7　　(i) N=5, J=7

圖 11.2　四桿與五桿一般化運動鏈圖譜

固定桿 (K_F)

由於必須有一根固定桿作為機架，且須有一對相鄰的雙接頭桿與固定桿相鄰接，所以可如下指定固定桿：

1. 對於圖 11.2(a) 所示的一般化運動鏈，指定固定桿的結果有 1 個，如圖 11.3(a_1) 所示。
2. 對於圖 11.2(d) 所示的一般化運動鏈，指定固定桿的結果有 1 個，如圖 11.3(a_2) 所示。
3. 對於圖 11.2(f) 所示的一般化運動鏈，指定固定桿的結果有 1 個，如圖 11.3(a_3) 所示。

因此，固定桿指定後的特殊化鏈有 3 個可行的結果，如圖 11.3(a_1)-(a_3) 所示。

踏板 (K_{Tr})

由於必須有一根雙接頭桿作為踏板，且踏板必須以旋轉接頭 (J_{Rz}) 與機架 (K_F) 相鄰接，所以如下指定出踏板：

1. 對於圖 11.3(a_1) 所示的情形，指定踏板的結果有 1 個，如圖 11.3(b_1) 所示。
2. 對於圖 11.3(a_2) 所示的情形，指定踏板的結果有 1 個，如圖 11.3(b_2) 所示。
3. 對於圖 11.3(a_3) 所示的情形，指定踏板的結果有 2 個，如圖 11.3(b_3) - (b_4) 所示。

因此，固定桿與踏板指定後的特殊化鏈有 4 個可行的結果，如圖 11.3(b_1)-(b_4) 所示。

軸軸 (K_{CR})
由於必須有一根雙接頭桿作為軸軸，且軸軸必須以旋轉接頭 (J_{Rz}) 與機架 (K_F) 相鄰接，所以如下指定出軸軸：

1. 對於圖 11.3(b_1) 所示的情形，指定軸軸的結果有 1 個，如圖 11.3(c_1) 所示。
2. 對於圖 11.3(b_2) 所示的情形，指定軸軸的結果有 1 個，如圖 11.3(c_2) 所示。
3. 對於圖 11.3(b_3) 所示的情形，指定軸軸的結果有 1 個，如圖 11.3(c_3) 所示。
4. 對於圖 11.3(b_4) 所示的情形，指定軸軸的結果有 1 個，如圖 11.3(c_4) 所示。

因此，固定桿、踏板、及軸軸指定後的特殊化鏈有 4 個可行的結果，如圖 11.3(c_1)-(c_4) 所示。

連桿 1 與連桿 2 (K_{L1} 與 K_{L2})
由於必須有一根雙接頭桿作為連桿 1，且連桿 1 必須以旋轉接頭 (J_{Rz}) 與踏板 (K_{Tr}) 相鄰接，且 / 或以旋轉接頭 (J_{Rz}) 與曲柄 (K_{CR}) 相鄰接；再者，尚未指定的桿件為連桿 2，所以如下指定出連桿 1 與連桿 2：

1. 對於圖 11.3(c_1) 所示的情形，指定連桿 1 的結果有 1 個，如圖 11.3(d_1) 所示。圖 11.3(d_1) 中所有的桿件與接頭皆已定義，完成特殊化流程。
2. 對於圖 11.3(c_2) 所示的情形，指定連桿 1、連桿 2、及不確定接頭 J_1 的結果有 1 個，如圖 11.3(d_2) 所示。
3. 對於圖 11.3(c_3) 所示的情形，指定連桿 1、連桿 2、及不確定接頭 J_2、J_3、J_4 的結果有 1 個，如圖 11.3(d_3) 所示。
4. 對於圖 11.3(c_4) 所示的情形，指定連桿 1、連桿 2、及不確定接頭 J_5、J_6、及 J_7 的結果有 1 個，如圖 11.3(d_4) 所示。

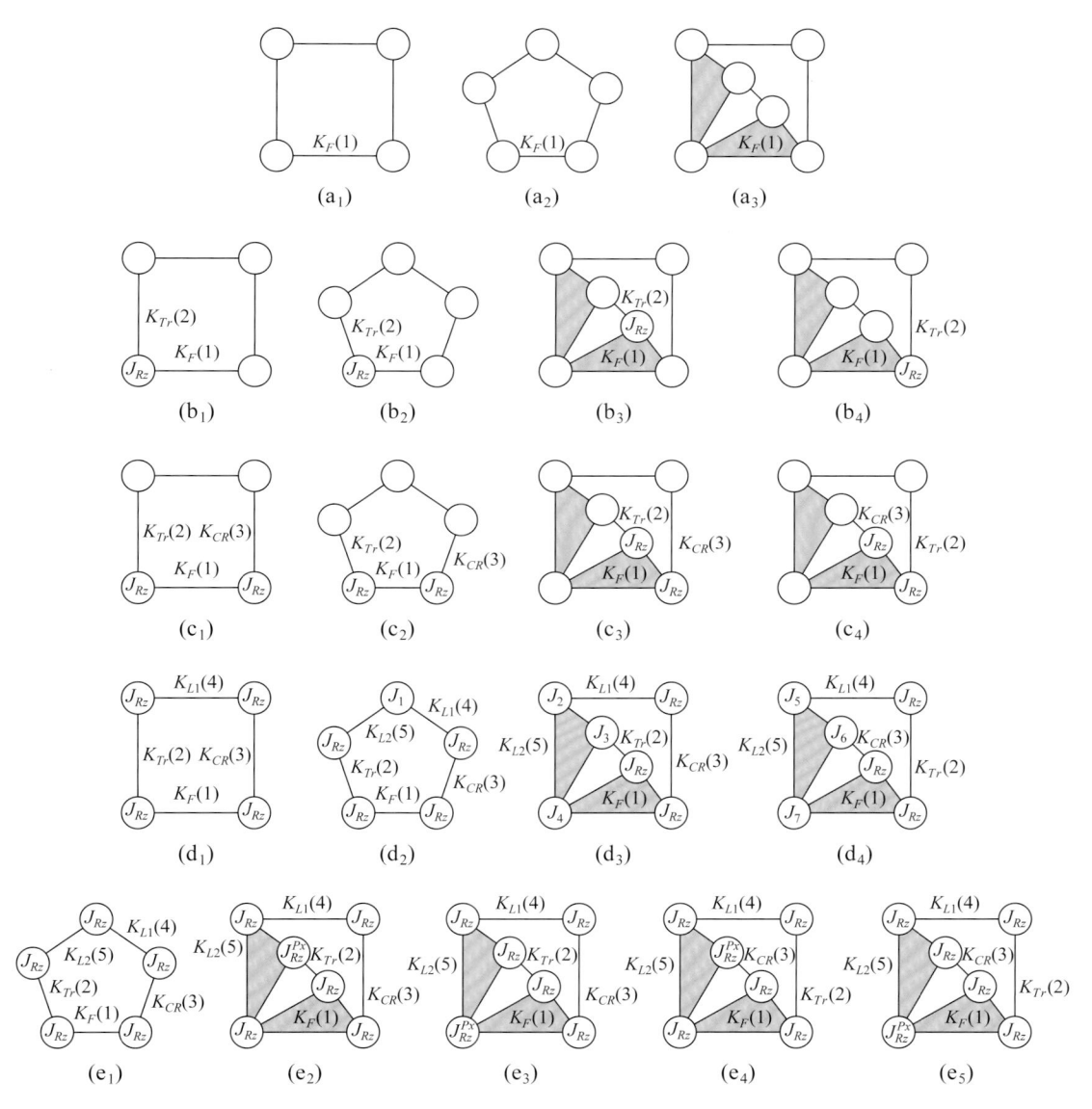

圖 11.3 繰車腳踏連桿機構特殊化

因此，固定桿、踏板、軡軸、連桿 1、及連桿 2 指定後的特殊化鏈有 4 個可行的結果，如圖 11.3(d$_1$)-(d$_4$) 所示。

步驟 4、 坐標系統定義如圖 11.1 中所示。繰車腳踏連桿機構的作動方式是將踏板的往復運動，經連桿機構轉換為曲柄的轉動。不確定的接頭具有多種可能性，皆可達到文獻中描述的功能；由於該機構為平面機構，故不確定接頭的類型亦為平面接頭。

1. 考慮不確定接頭 J_1、J_2、及 J_5 各只有一種可能的類型，即連桿 1 以旋轉接頭 J_{Rz} 與連桿 2 相鄰接。
2. 考慮不確定接頭 J_3 與 J_4 各有二種可能的類型，且不可相同。當一接頭為旋轉接頭 J_{Rz} 時，另一接頭除旋轉外也可滑動，是為銷接頭 (J_{Rz}^{Px})。
3. 考慮不確定接頭 J_6 與 J_7 各有二種可能的類型，且不可相同。當一接頭為旋轉接頭 J_{Rz} 時，另一接頭除旋轉外也可滑動，是為銷接頭 (J_{Rz}^{Px})。

透過指定不確定接頭 $J_1(J_{Rz})$、$J_2(J_{Rz})$、$J_3(J_{Rz}$ 與 $J_{Rz}^{Px})$、$J_4(J_{Rz}$ 與 $J_{Rz}^{Px})$、$J_5(J_{Rz})$、$J_6(J_{Rz}$ 與 $J_{Rz}^{Px})$、及 $J_7(J_{Rz}$ 與 $J_{Rz}^{Px})$ 的可能類型至圖 11.3(d$_2$)-(d$_4$) 的特殊化鏈，產生 5 個結果，如圖 11.3(e$_1$)-(e$_5$) 所示。

步驟 5、 根據式 (3.1)，圖 11.3(e$_1$) 所示者自由度為 2、具有傳動不確定的問題，去除後，包含圖 11.3(d$_1$) 與圖 11.3(e$_2$)-(e$_5$) 共 5 個可行的具指定接頭特殊化鏈。考慮機構之運動與功能的要求，將每一個具指定接頭特殊化鏈具體化，獲得滿足古代工藝技術水準的可行設計圖譜，並繪製其電腦模型圖畫，如圖 11.4(a)-(e) 所示。

絲線導引機構

絲線導引機構包含機架 (桿 1，K_F)、軡軸 (桿 3，K_{CR})、環繩 (桿 6，K_T)，具偏心凸耳的鼓 (桿 7，K_{WC})、及一或二根導絲桿 (桿 8，K_{GL1} 與桿 9，K_{GL2})。由於繰車圖畫有許多不清楚的地方，使得無法明確由圖像得知導絲桿如何使絲線依序排列於軡軸，此組子機構亦歸類為桿件與接頭的數量和類型皆不確定的機構 (類型 III)。以下根據不確定插圖機構復原設計法，進行復原設計。

第 11 章　複雜紡織機械　221

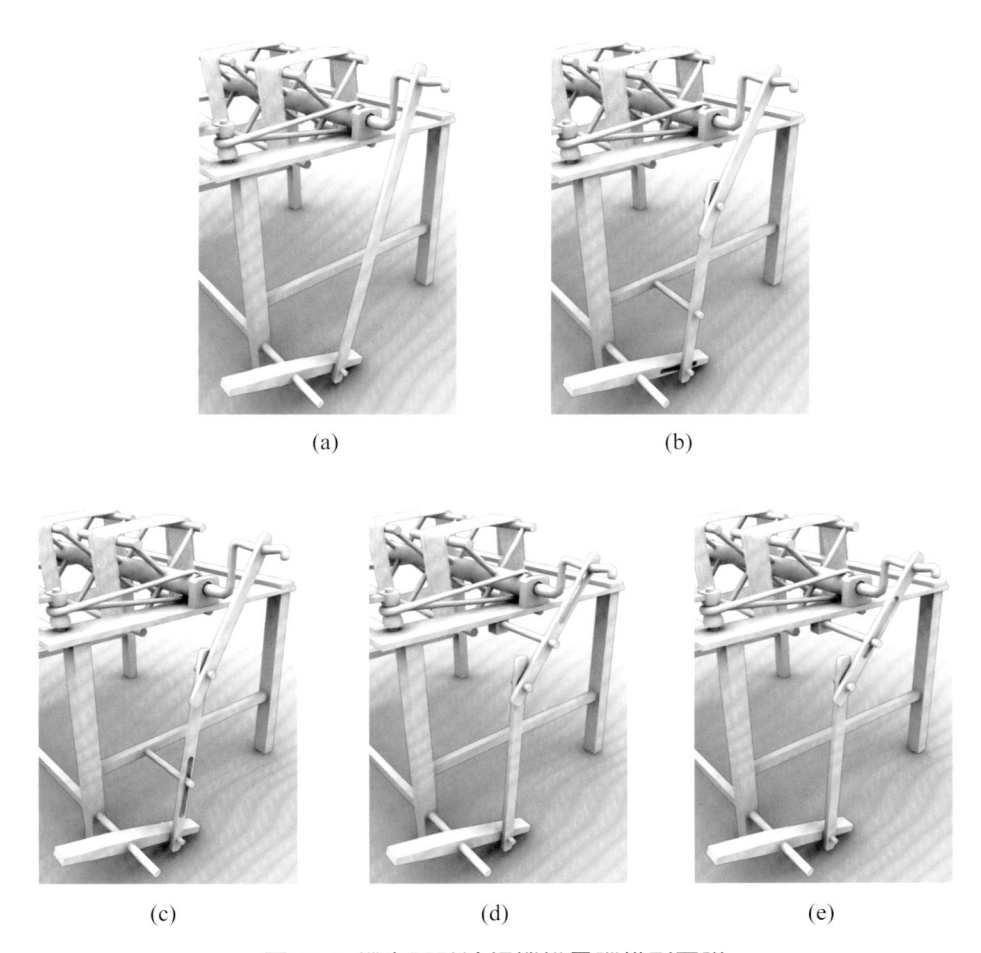

(a)　　　　　　　　(b)

(c)　　　　　　(d)　　　　　　(e)

圖 11.4　繅車腳踏連桿機構電腦模型圖譜

步驟 1、歸納其構造特性如下：

1. 此機構為平面五桿 (桿 1、3、6-8) 或六桿 (桿 1、3、6-9) 的機構。
2. 軡軸 (K_{CR}) 為雙接頭桿，並以旋轉接頭 (J_{Rz}) 與機架 (K_F) 相鄰接。
3. 環繩 (K_T) 為雙接頭桿，並以迴繞接頭 (J_W) 分別與軡軸 (K_{CR}) 和鼓 (K_{WC}) 相鄰接。
4. 鼓 (K_{WC}) 為參接頭桿，以旋轉接頭 (J_{Ry}) 與不確定接頭分別和機架 (K_F) 與導絲桿 1(K_{GL1}) 相鄰接。
5. 導絲桿以不確定接頭與機架 (K_F) 相鄰接。

步驟 2、由步驟 1 的歸納，此器械為五桿或六桿機構，故找出五桿與六桿的一般化運動鏈圖譜，如圖 11.2(d)-(i) 與圖 11.5 所示。

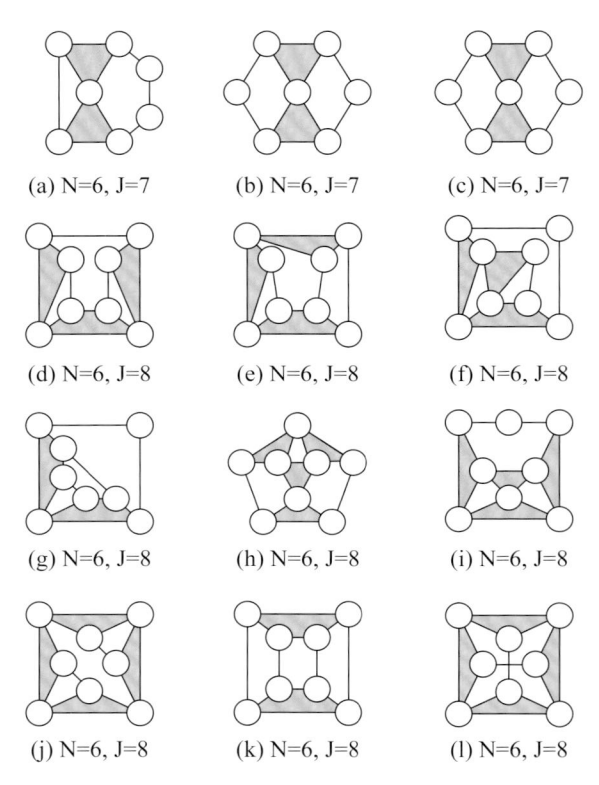

(a) N=6, J=7　　(b) N=6, J=7　　(c) N=6, J=7

(d) N=6, J=8　　(e) N=6, J=8　　(f) N=6, J=8

(g) N=6, J=8　　(h) N=6, J=8　　(i) N=6, J=8

(j) N=6, J=8　　(k) N=6, J=8　　(l) N=6, J=8

圖 11.5　六桿七接頭與六桿八接頭一般化運動鏈圖譜

步驟 3、必須有一對相鄰的雙接頭桿作為軫軸與環繩，且該對雙接頭桿必須與作為機架的多接頭桿及作為鼓的參接頭桿相鄰接。故步驟 2 得到的圖譜中，僅圖 11.2(f)、圖 11.5(b)、及圖 11.5(f) 符合需求。所有可行的特殊化鏈可經由如下步驟獲得：

固定桿 (K_F)
由於必須有一根多接頭桿作為固定桿(機架)，且必須有一對相鄰的雙接頭桿與固定桿相鄰接，所以可如下指定固定桿：

1. 對於圖 11.2(f) 所示的一般化運動鏈，指定固定桿的結果有 1 個，如圖 11.6(a_1) 所示。

2. 對於圖 11.5(b) 所示的一般化運動鏈,指定固定桿的結果有 1 個,如圖 11.6(a_2) 所示。

3. 對於圖 11.5(f) 所示的一般化運動鏈,指定固定桿的結果有 2 個,如圖 11.6(a_3)-(a_4) 所示。

因此,固定桿指定後的特殊化鏈有 4 個可行的結果,如圖 11.6(a_1)-(a_4) 所示。

軒軸與環繩 (K_{CR} 與 K_T)

由於必須有一對相鄰的雙接頭桿分別作為軒軸與環繩,軒軸必須以旋轉接頭 (J_{Rz}) 與迴繞接頭 (J_W) 分別和機架 (K_F) 與環繩 (K_T) 相鄰接,所以如下指定出軒軸與環繩:

1. 對於圖 11.6(a_1) 所示的情形,指定軒軸與環繩的結果有 1 個,如圖 11.6(b_1) 所示。

2. 對於圖 11.6(a_2) 所示的情形,指定軒軸與環繩的結果有 1 個,如圖 11.6(b_2) 所示。

3. 對於圖 11.6(a_3) 所示的情形,指定軒軸與環繩的結果有 1 個,如圖 11.6(b_3) 所示。

4. 對於圖 11.6(a_4) 所示的情形,指定軒軸與環繩的結果有 1 個,如圖 11.6(b_4) 所示。

因此,固定桿、軒軸、及環繩指定後的特殊化鏈有 4 個可行的結果,如圖 11.6(b_1)-(b_4) 所示。

鼓 (K_{WC})

由於必須有一根參接頭桿作為鼓,且鼓必須以旋轉接頭 (J_{Ry}) 與迴繞接頭 (J_W) 分別和機架 (K_F) 與環繩 (K_T) 相鄰接,所以如下指定出鼓:

1. 對於圖 11.6(b_1) 所示的情形,指定鼓的結果有 1 個,如圖 11.6(c_1) 所示。

2. 對於圖 11.6(b_2) 所示的情形,指定鼓的結果有 1 個,如圖 11.6(c_2) 所示。

3. 對於圖 11.6(b_3) 所示的情形,指定鼓的結果有 1 個,如圖 11.6(c_3) 所示。

4. 對於圖 11.6(b_4) 所示的情形,沒有與機架 (K_F) 和環繩 (K_T) 相鄰接的參接頭桿能夠指定為鼓。

224　古中國書籍具插圖之機構

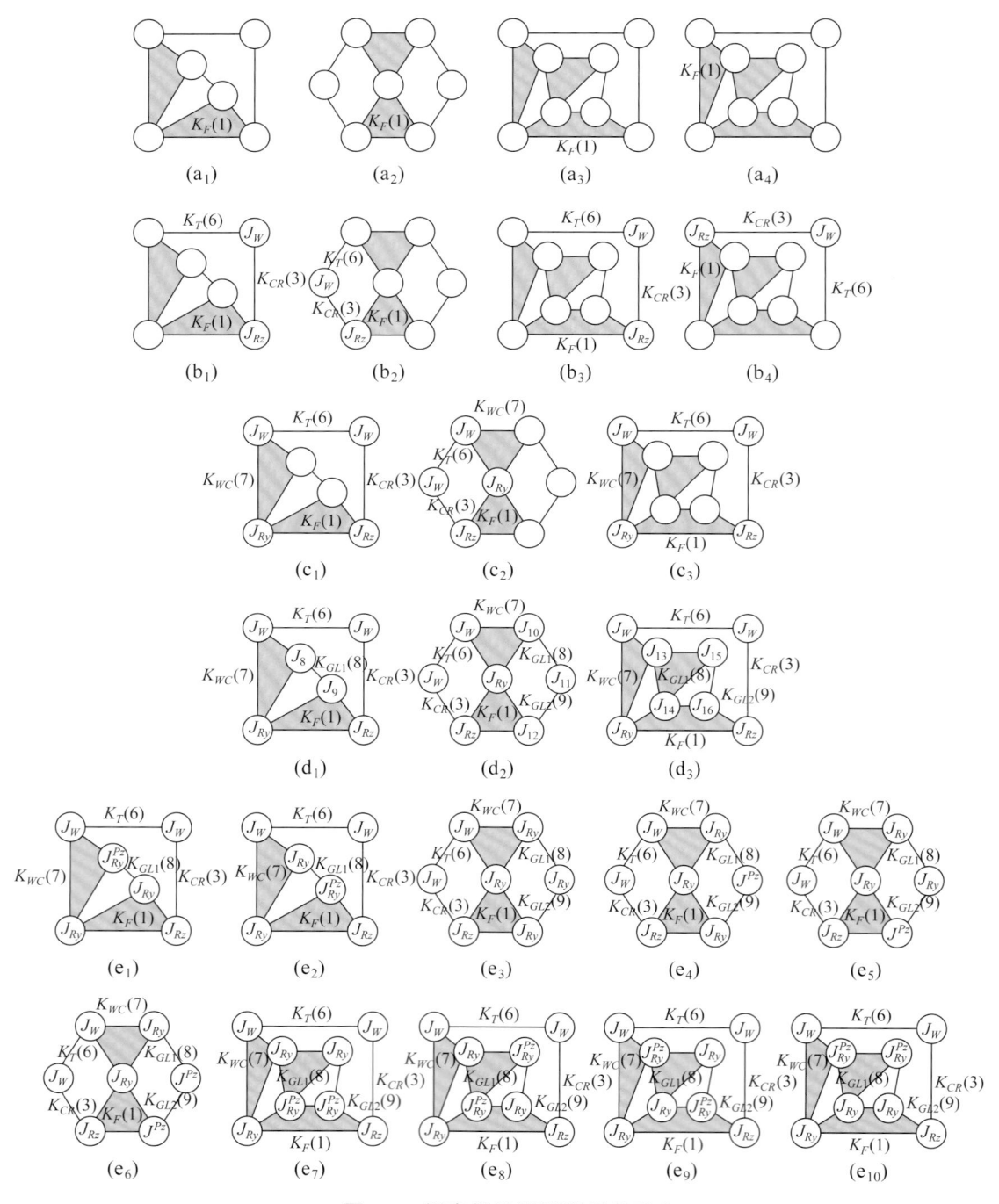

圖 11.6　繅車絲線導引機構特殊化

因此，固定桿、軺軸、環繩、及鼓指定後的特殊化鏈有 3 個可行的結果，如圖 11.6(c₁)-(c₃) 所示。

導絲桿 1 與導絲桿 2 (K_{GL1} 與 K_{GL2})

由於導絲桿 1 必須與鼓 (K_{WC}) 相鄰接，若仍有尚未指定的桿件則為導絲桿 2，所以如下指定出導絲桿 1 與導絲桿 2：

1. 對於圖 11.6(c₁) 所示的情形，指定導絲桿 1 及不確定接頭 J_8 與 J_9 的結果有 1 個，如圖 11.6(d₁) 所示。
2. 對於圖 11.6(c₂) 所示的情形，指定導絲桿 1、導絲桿 2、及不確定接頭 J_{10}、J_{11}、J_{12} 的結果有 1 個，如圖 11.6(d₂) 所示。
3. 對於圖 11.6(c₃) 所示的情形，指定導絲桿 1、導絲桿 2、及不確定接頭 J_{13}、J_{14}、J_{15}、J_{16} 的結果有 1 個，如圖 11.6(d₃) 所示。

因此，固定桿、軺軸、環繩、導絲桿 1、及導絲桿 2 指定後的特殊化鏈有 3 個可行的結果，如圖 11.6(d₁)-(d₃) 所示。

步驟 4、坐標系統定義如圖 11.1 中所示。繅車絲線導引機構的作動方式是將軺軸的旋轉運動，經環繩與鼓的帶動，轉換為導絲桿的往復運動，使軺軸上收集的絲線達到依序排列，並均勻分布於一定範圍內的效果。不確定的接頭具有多種可能性，皆可達到文獻中描述的功能；由於該機構為平面機構，故不確定接頭亦屬於平面接頭的類型。

1. 考慮不確定接頭 J_8 與 J_9 各有二種可能的類型，且不可相同。當一接頭為旋轉接頭 J_{Ry} 時，另一接頭除旋轉外也可滑動，是為銷接頭 (J_{Ry}^{Pz})。
2. 考慮不確定接頭 J_{10} 只有一種可能的類型，即導絲桿 1 以旋轉接頭 J_{Ry} 與鼓相鄰接。
3. 考慮不確定接頭 J_{11} 與 J_{12} 各有二種可能的類型，可為旋轉接頭 J_{Ry}，或是滑行接頭 J^{Pz}。
4. 考慮不確定接頭 J_{13} 與 J_{14} 各有二種可能的類型，且不可相同。當一接頭為旋轉接頭 J_{Ry} 時，另一接頭除旋轉外也可滑動，是為銷接頭 (J_{Ry}^{Pz})。
5. 考慮不確定接頭 J_{15} 與 J_{16} 各有二種可能的類型，且不可相同。當一接頭為旋轉接頭 J_{Ry} 時，另一接頭除旋轉外也可滑動，是為銷接頭 (J_{Ry}^{Pz})。

經由指定不確定接頭 J_8(J_{Ry} 與 J_{Ry}^{Pz})、J_9(J_{Ry} 與 J_{Ry}^{Pz})、J_{10}(J_{Ry})、J_{11}(J_{Ry} 與 J^{Pz})、J_{12}(J_{Ry} 與 J^{Pz})、J_{13}(J_{Ry} 與 J_{Ry}^{Pz})、J_{14}(J_{Ry} 與 J_{Ry}^{Pz})、J_{15}(J_{Ry} 與 J_{Ry}^{Pz})、及 J_{16}(J_{Ry} 與 J_{Ry}^{Pz}) 的可能類型至圖 11.6(d_1)-(d_3) 的特殊化鏈，產生 10 個結果，如圖 11.6(e_1)-(e_{10}) 所示。

步驟 5、由於雙滑塊機構具有無法確實傳動的問題，且較少出現於古中國，是以圖 11.6(e_6) 並不符合。移除該圖之後，包含圖 11.6(e_1)-(e_5) 與圖 11.6(e_7)-(e_{10})，共有 9 個可行的具指定接頭特殊化鏈。將每一個具指定接頭特殊化鏈具體化，獲得滿足古代工藝技術水準的可行設計圖譜，並繪製其電腦模型圖畫，如圖 11.7(a)-(i) 所示。此外，圖 11.8 所示者為《農書》中繰車的仿製圖 [4]。

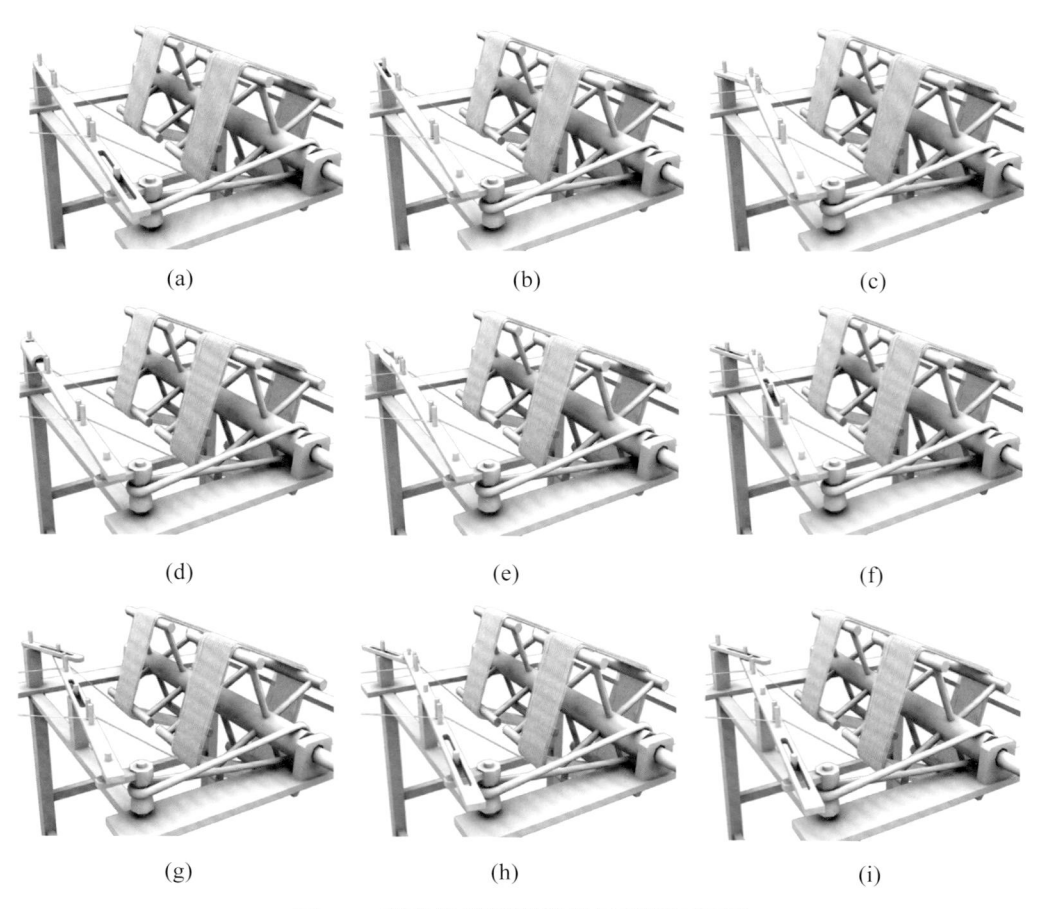

(a)　　　　　　　　(b)　　　　　　　　(c)

(d)　　　　　　　　(e)　　　　　　　　(f)

(g)　　　　　　　　(h)　　　　　　　　(i)

圖 11.7 繰車絲線導引機構電腦模型圖譜

圖 11.8 繅車仿製圖 [4]

11.2 紡車

紡車 (Spinning device) 用於紡紗程序，依動力源與使用元件的不同，可分為手搖紡車、腳踏紡車、及皮帶傳動紡車等三類，**手搖紡車** (Hand-operated spinning device) 的介紹可見於第 9.4 節，後二類紡車分別敘述如下：

11.2.1 腳踏紡車

腳踏紡車 (Foot-operated spinning device) 以腳踏帶動大繩輪，取代手搖驅動方式，空出雙手可使紡紗更有效率並提升紗線品質。腳踏連桿紡車出現在各種紡織類專書且有許多不同的名稱，包含木棉線架、小紡車、木棉紡車等等，如圖 11.9 所示 [5-6]。其功能是將一根或數根蠶絲、棉線、或麻縷纖維，透過撚揉合股成線，並將紡成的紗線捲繞收集於錠子上。

228 古中國書籍具插圖之機構

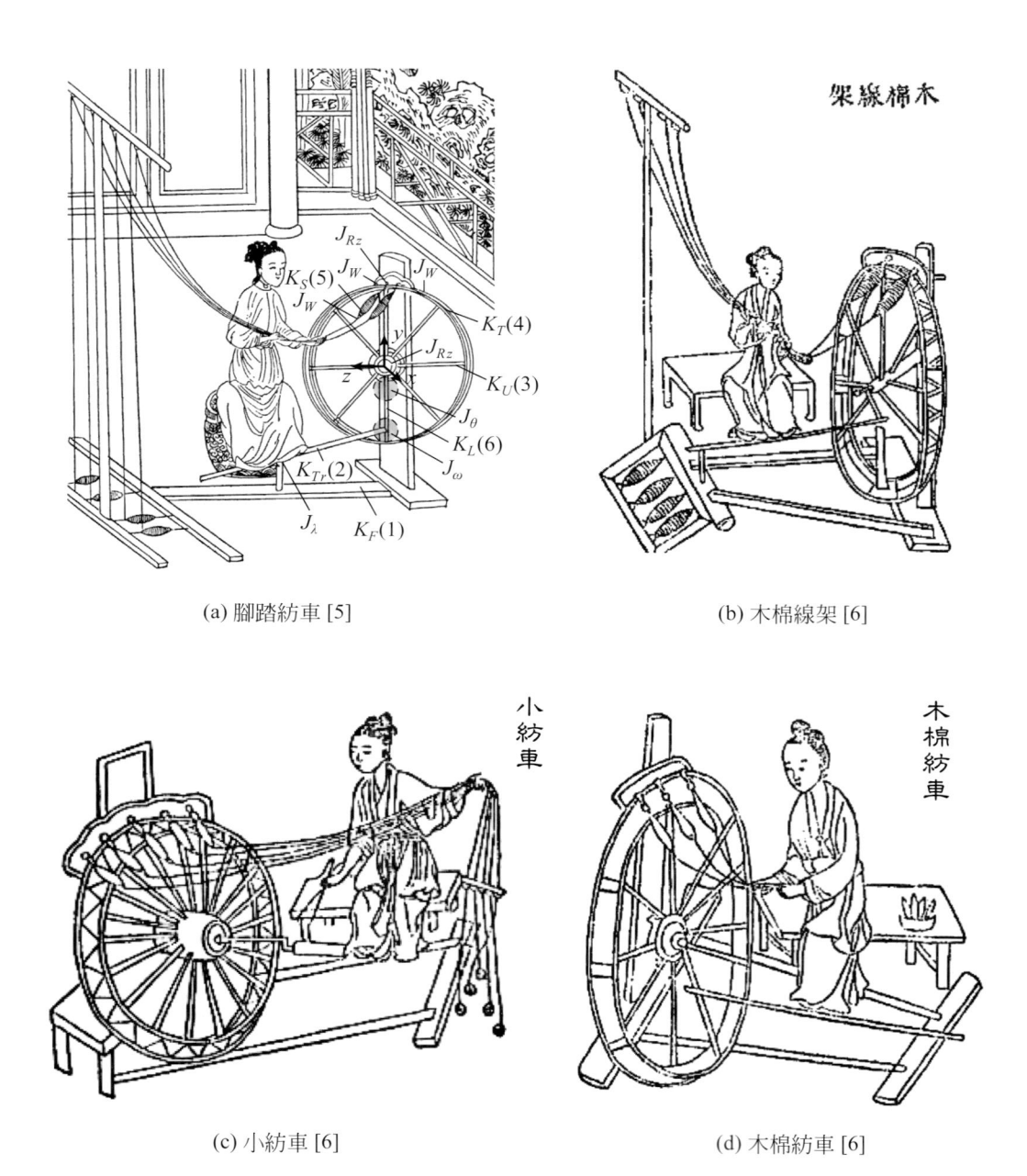

(a) 腳踏紡車 [5]

(b) 木棉線架 [6]

(c) 小紡車 [6]

(d) 木棉紡車 [6]

圖 11.9 腳踏紡車

由於插圖描繪不清楚，踏桿與大繩輪之間，可能另有一根連桿 (桿 6，K_L) 傳遞踏桿的動力 [8]，驅使大繩輪旋轉，因此腳踏紡車歸類為桿件與接頭的數量和類型皆不確定的機構 (類型 III)。以下根據不確定插圖機構復原設計法，進行復原設計。

步驟 1、歸納其構造特性如下：

1. 此機構為五桿 (桿 1-5) 或六桿 (桿 1-6) 的機構。
2. 踏桿 (K_{Tr}) 為雙接頭桿，並以不確定接頭與機架 (K_F) 相鄰接。
3. 踏桿 (K_{Tr}) 以不確定接頭與連接桿 (K_L) 或大繩輪 (K_U) 相鄰接。
4. 大繩輪 (K_U) 為參接頭桿，以旋轉接頭 (J_{Rz}) 與迴繞接頭 (J_W) 分別和機架 (K_F) 與繩線 (K_T) 相鄰接。
5. 錠子 (K_S) 為雙接頭桿，並以旋轉接頭 (J_{Rz}) 與迴繞接頭 (J_W) 分別和機架 (K_F) 與繩線 (K_T) 相鄰接。

步驟 2、由步驟 1 的歸納，此器械為五桿或六桿機構，故找出對應的五桿與六桿的一般化運動鏈圖譜，如圖 11.2(d)-(i) 與圖 11.5 所示。

步驟 3、必須至少有三根雙接頭桿，分別作為踏桿、繩線、及錠子，且必須只有二根相鄰接的參接頭桿，分別作為機架與大繩輪。故步驟 2 得到的圖譜中，僅圖 11.2(f) 與圖 11.5(a)-(b) 符合需求。所有可行的特殊化鏈可經由如下步驟獲得：

固定桿 (K_F)

由於必須有一根參接頭桿作為固定桿，且固定桿必須與一根參接頭桿和二根雙接頭桿相鄰接，所以可如下指定固定桿：

1. 對於圖 11.2(f) 所示的一般化運動鏈，指定固定桿的結果有 1 個，如圖 11.10(a_1) 所示。
2. 對於圖 11.5(a) 所示的一般化運動鏈，指定固定桿的結果有 1 個，如圖 11.10(a_2) 所示。
3. 對於圖 115(b) 所示的一般化運動鏈，指定固定桿的結果有 1 個，如圖 11.10(a_3) 所示。

因此，固定桿指定後的特殊化鏈有 3 個可行的結果，如圖 11.10(a_1)-(a_3) 所示。

踏桿 (K_{Tr})

由於必須有一根雙接頭桿作為踏桿，且踏桿以不確定接頭與機架 (K_F) 相鄰接，所以如下指定出踏桿：

1. 對於圖 11.10(a_1) 所示的情形，指定踏桿與不確定接頭的結果有 2 個，如圖 11.10(b_1)-(b_2) 所示。
2. 對於圖 11.10(a_2) 所示的情形，指定踏桿與不確定接頭的結果有 2 個，如圖 11.10(b_3)-(b_4) 所示。
3. 對於圖 11.10(a_3) 所示的情形，指定踏桿與不確定接頭的結果有 1 個，如圖 11.10(b_5) 所示。

因此，固定桿與踏桿指定後的特殊化鏈有 5 個可行的結果，如圖 11.10(b_1)-(b_5) 所示。

大繩輪 (K_U)

由於必須有一根參接頭桿作為大繩輪，且大繩輪以旋轉接頭 (J_{Rz}) 與機架 (K_F) 相鄰接，所以如下指定出大繩輪：

1. 對於圖 11.10(b_1) 所示的情形，指定大繩輪與不確定接頭的結果有 1 個，如圖 11.10(c_1) 所示。
2. 對於圖 11.10(b_2) 所示的情形，指定大繩輪的結果有 1 個，如圖 11.10(c_2) 所示。
3. 對於圖 11.10(b_3) 所示的情形，指定大繩輪與不確定接頭的結果有 1 個，如圖 11.10(c_3) 所示。
4. 對於圖 11.10(b_4) 所示的情形，指定大繩輪的結果有 1 個，如圖 11.10(c_4) 所示。
5. 對於圖 11.10(b_5) 所示的情形，指定大繩輪的結果有 1 個，如圖 11.10(c_5) 所示。

因此，固定桿、踏桿、及大繩輪指定後的特殊化鏈有 5 個可行的結果，如圖 11.10(c_1)-(c_5) 所示。

繩線 (K_T)

由於必須有一根雙接頭桿作為繩線，繩線必須以迴繞接頭 (J_W) 與大繩輪 (K_U) 相鄰接，且不能與機架 (K_F) 或踏桿 (K_{Tr}) 相鄰接。所以如下指定出繩線：

1. 對於圖 11.10(c_1) 所示的情形，指定繩線的結果有 1 個，如圖 11.10(d_1) 所示。

2. 對於圖 11.10(c_2) 所示的情形，沒有不與機架或踏桿相鄰接的雙接頭桿能夠指定為繩線。

3. 對於圖 11.10(c_3) 所示的情形，指定繩線的結果有 1 個，如圖 11.10(d_2) 所示。

4. 對於圖 11.10(c_4) 所示的情形，指定繩線的結果有 1 個，如圖 11.10(d_3) 所示。

5. 對於圖 11.10(c_5) 所示的情形，指定繩線的結果有 1 個，如圖 11.10(d_4) 所示。

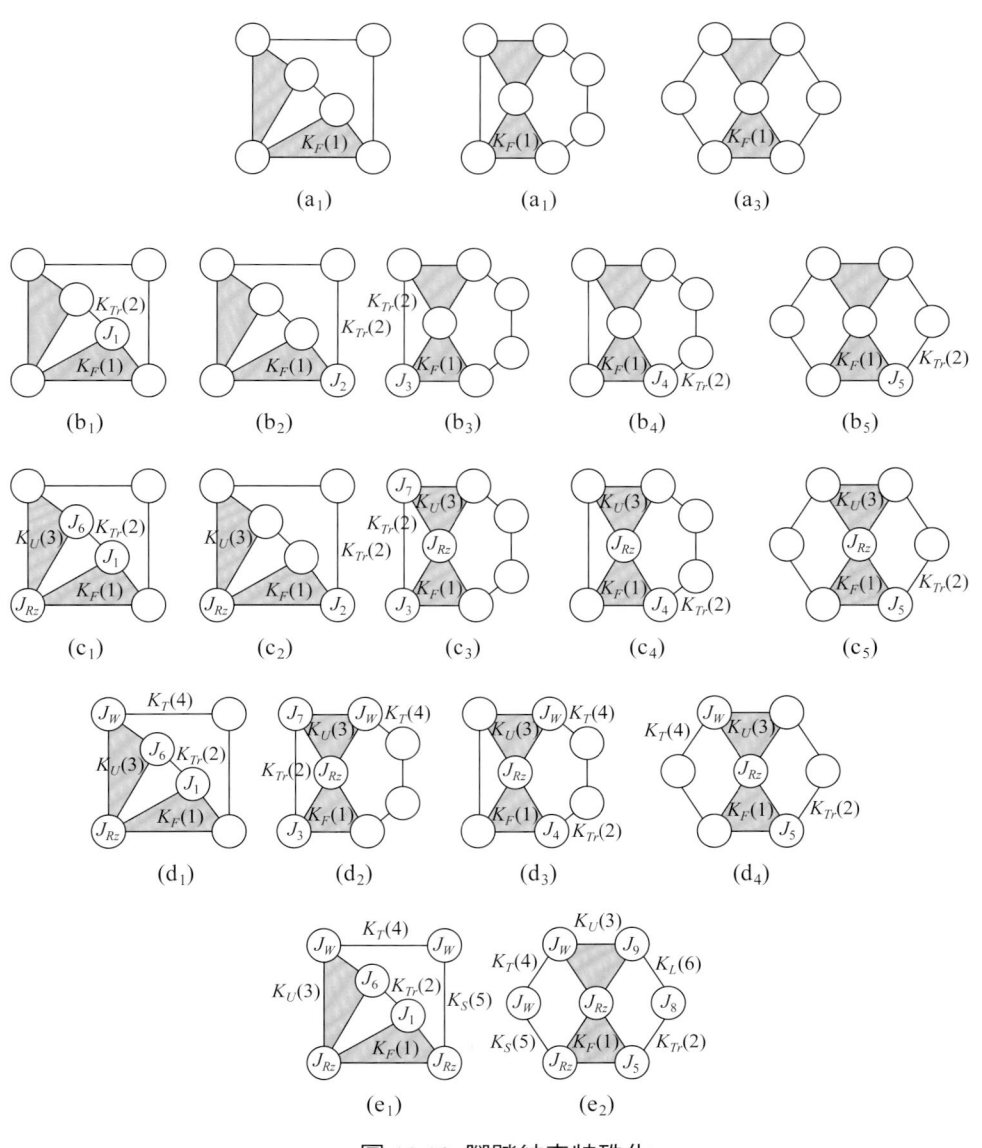

圖 11.10 腳踏紡車特殊化

因此，固定桿、踏桿、大繩輪、及繩線指定後的特殊化鏈有 4 個可行的結果，如圖 11.10(d_1)-(d_4) 所示。

錠子與連桿 (K_S 與 K_L)

由於必須有一根雙接頭桿作為錠子，且錠子必須以迴繞接頭 (J_W) 與旋轉接頭 (J_{Rz}) 分別和繩線 (K_T) 與機架 (K_F) 相鄰接；再者，尚未指定的桿件為連桿 (K_L)。所以如下指定出錠子與連桿：

1. 對於圖 11.10(d_1) 所示的情形，指定錠子的結果有 1 個，如圖 11.10(e_1) 所示。
2. 對於圖 11.10(d_2) 所示的情形，沒有與機架 (K_F) 和繩線 (K_T) 相鄰接的雙接頭桿能夠指定為錠子。
3. 對於圖 11.10(d_3) 所示的情形，沒有與機架 (K_F) 和繩線 (K_T) 相鄰接的雙接頭桿能夠指定為錠子。
4. 對於圖 11.10(d_4) 所示的情形，指定錠子、連接桿、及不確定接頭的結果有 1 個，如圖 11.10(e_2) 所示。

因此，固定桿、踏桿、大繩輪、繩線、錠子、及連桿指定後的特殊化鏈有 2 個可行的結果，如圖 11.10(e_1)-(e_2) 所示。

步驟 4、 坐標系統定義如圖 11.9(a) 中所示。腳踏紡車機構的作動方式是將踏桿的往復搖擺運動，轉換為大繩輪的轉動。不確定的接頭具有多種可能性，皆可達到文獻中描述的功能。

1. 考慮不確定接頭 J_1 與接頭 J_6 各有二種可能的類型，且不可相同。當一接頭為球接頭 J_{Rxyz} 時，另一接頭可繞 x 與 y 軸轉動外，亦可沿 z 軸滑動，表示為 J_{Rxy}^{Pz}。
2. 考慮不確定接頭 J_5 有四種可能的類型，其一是踏桿以旋轉接頭 J_{Rx} 與機架相鄰接；其二是踏桿不僅旋轉，亦可沿 z 軸滑動，表示為 J_{Rx}^{Pz}；其三是踏桿可繞 x 及 y 軸轉動，亦可沿 z 軸滑動，表示為 J_{Rxy}^{Pz}；其四是踏桿可繞 x、y、及 z 軸轉動，表示為 J_{Rxyz}。
3. 考慮不確定接頭 J_8 有二種可能的類型，其一是連接桿以旋轉接頭 J_{Rxz} 與踏桿相鄰接，其二是可繞 x、y、及 z 軸轉動，表示為 J_{Rxyz}。
4. 考慮不確定接頭 J_9 有二種可能的類型，其一是連接桿以旋轉接頭 J_{Rxz} 與大繩輪相鄰接，其二是為旋轉接頭 J_{Rz}。

透過指定不確定接頭 J_1 (J_{Rxyz} 與 J_{Rxy}^{Pz})、J_5 (J_{Rx}、J_{Rx}^{Pz}、J_{Rxy}^{Pz}、及 J_{Rxyz})、J_6 (J_{Rxyz} 與 J_{Rxy}^{Pz})、J_8 (J_{Rxz} 與 J_{Rxyz})、及 J_9 (J_{Rxz} 與 J_{Rz}) 的可能類型至圖 11.10(e_1)-(e_2) 的特殊化鏈，扣除其中無法作動的呆鏈後，產生 13 個可行的結果，如圖 11.11(a)-(m) 所示。

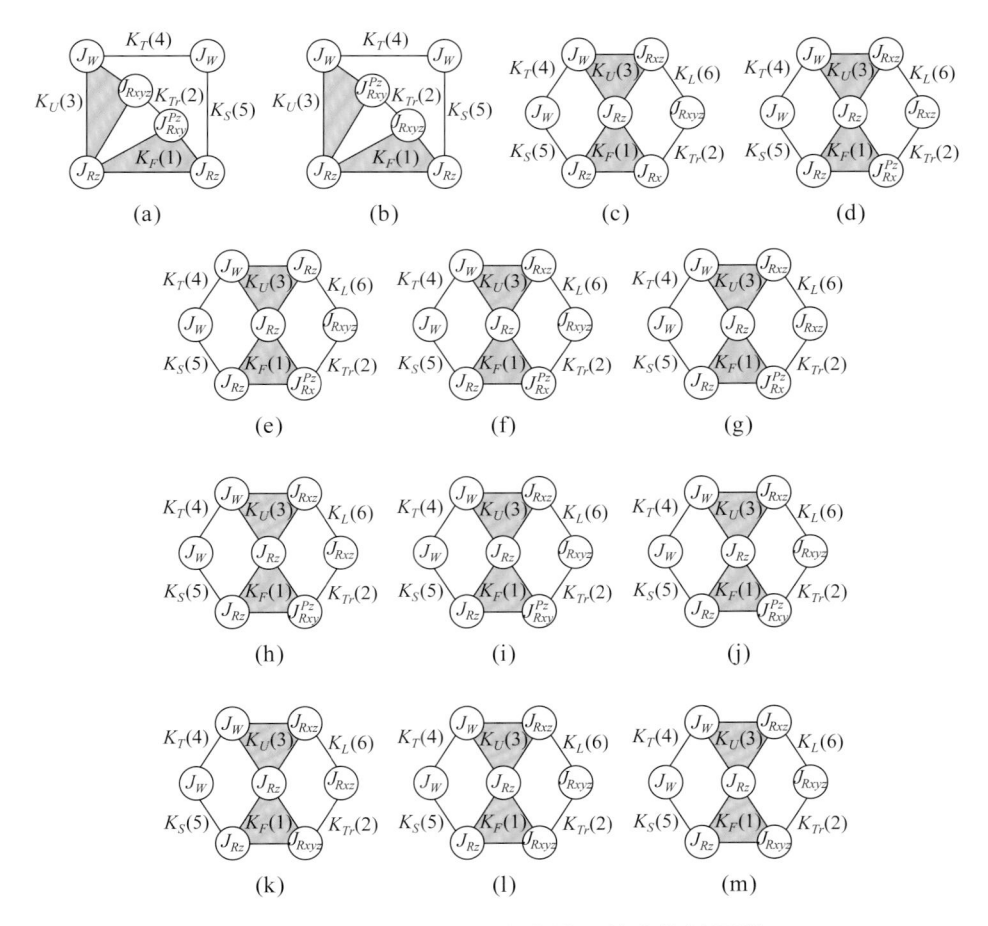

圖 11.11 腳踏紡車具指定接頭特殊化鏈圖譜

步驟 5、 如圖 11.11(a)-(m)，共有 13 個可行的具指定接頭特殊化鏈。考慮機構之運動與功能的要求，將每一個具指定接頭特殊化鏈具體化，獲得滿足古代工藝技術水準的可行設計圖譜，並繪製其電腦模型圖畫，如圖 11.12(a)-(m) 所示。此外，圖 11.13 所示者為《天工開物》[5] 中腳踏紡車的仿製圖。

234   古中國書籍具插圖之機構

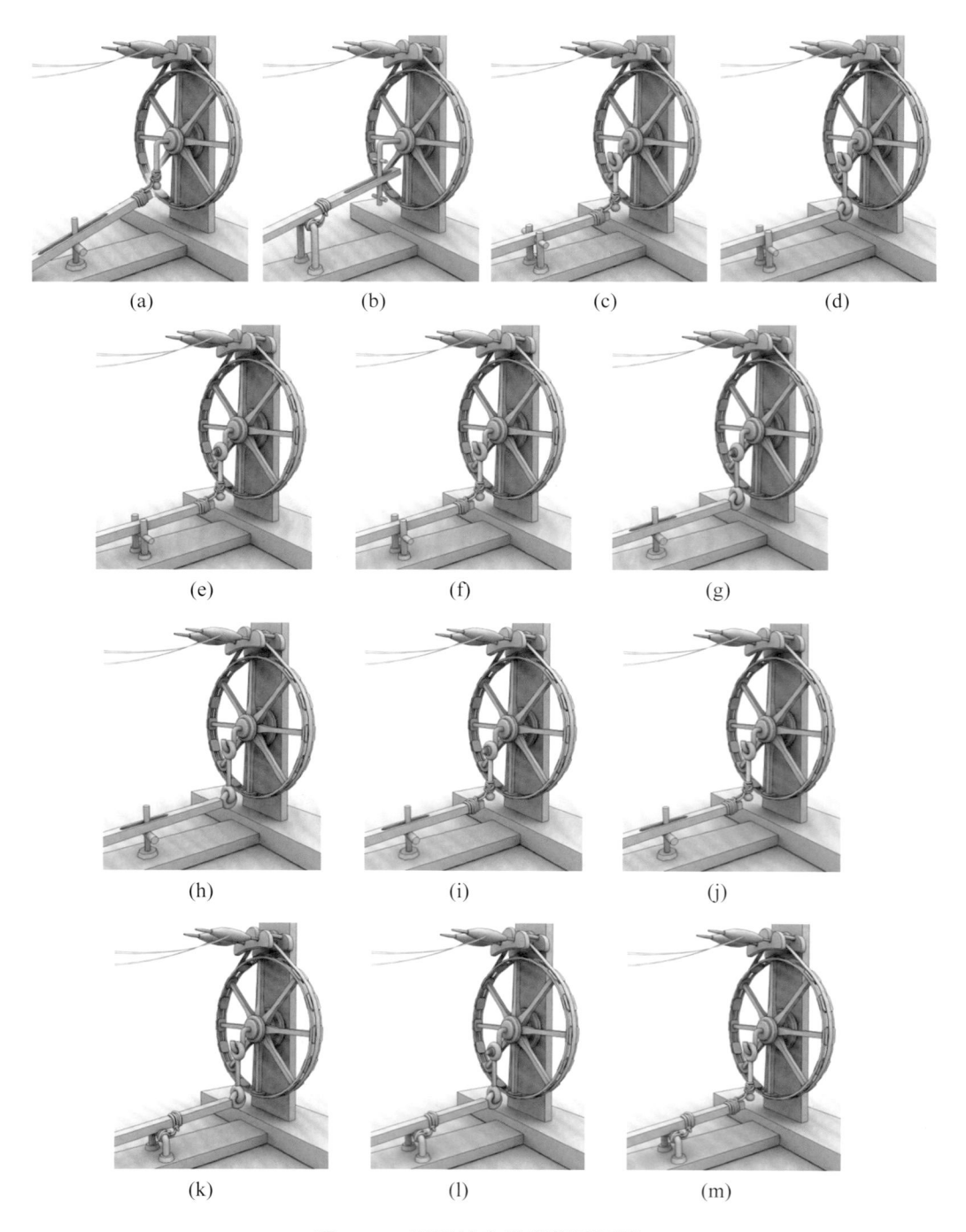

(a)　(b)　(c)　(d)

(e)　(f)　(g)

(h)　(i)　(j)

(k)　(l)　(m)

圖 11.12　腳踏紡車電腦模型圖譜

圖 11.13 腳踏紡車仿製圖 [8]

11.2.2 皮帶傳動紡車

　　宋元時期 (AD 960-1368) 最先進的紡紗機械是用人力、畜力、及水力作為原動力的**大紡車** (Large spinning device)。這種大紡車最初用於麻縷加撚與合線，之後用於蠶絲加工。《農書》[6] 記載人力或畜力大紡車與水轉大紡車等二種，其基本構造相同，皆為皮帶傳動的應用，如圖 11.14 所示。由於皮帶傳動紡車圖畫有許多不清楚的地方，導致無法得知確切的桿件數目，以及桿件之間的組合與傳動關係，屬於桿件與接頭的數量和類型皆不確定的機構 (類型 III)。圖 11.15(a) 所示者為現有的復原概念，可協助釐清皮帶傳動紡車的構造 [7]。

　　皮帶傳動紡車的主要組成包含機架、二個帶輪、傳動皮帶、數個錠子、具旋鼓的紗框、及紗線。以人力、畜力、或水力轉動左側的主動帶輪，透過傳動皮帶帶動紗框

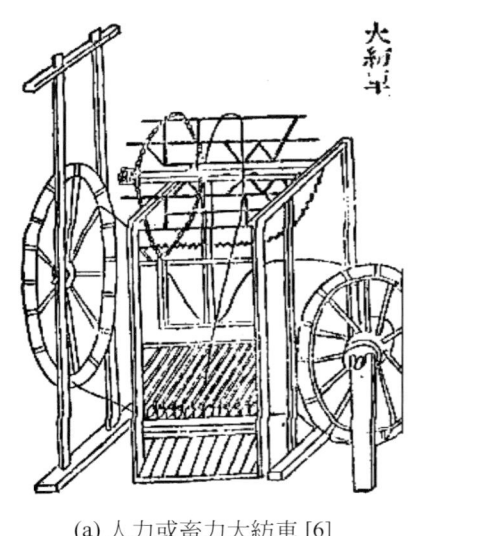

(a) 人力或畜力大紡車 [6]　　　　　　(b) 水轉大紡車 [6]

圖 11.14 皮帶傳動紡車

與錠子，完成加撚與捲繞麻縷。根據功能的分類，皮帶傳動紡車可分為帶輪皮帶傳動、紡紗錠子傳動、及帶輪紗框傳動等三組子機構，茲分別說明如下：

帶輪皮帶傳動機構

帶輪皮帶傳動機構包含機架 (桿 1，K_F)、主動帶輪 (桿 2，K_{U1})、從動帶輪 (桿 3，K_{U2})、及傳動皮帶 (桿 4，K_{T1})。主動帶輪以旋轉接頭 J_{Rz} 與機架相鄰接，傳動皮帶以迴繞接頭 J_W 分別與主動帶輪和從動帶輪相鄰接，從動帶輪則以旋轉接頭 J_{Rz} 與機架相鄰接，圖 11.16(a) 所示者為其構造簡圖。

紡紗錠子傳動機構

紡紗錠子傳動機構包含機架 (桿 1，K_F)、具旋鼓的紗框 (桿 5，K_{S1})、錠子 (桿 6，K_{S2})、及紗線 (桿 7，K_{T2})。具旋鼓的紗框則以旋轉接頭 J_{Rx} 與機架相鄰接，錠子以旋轉接頭 J_{Rz} 與機架相鄰接，紗線以迴繞接頭 J_W 分別與具旋鼓的紗框和錠子相鄰接，圖 11.16(b) 所示者為其構造簡圖。

第 11 章　複雜紡織機械　237

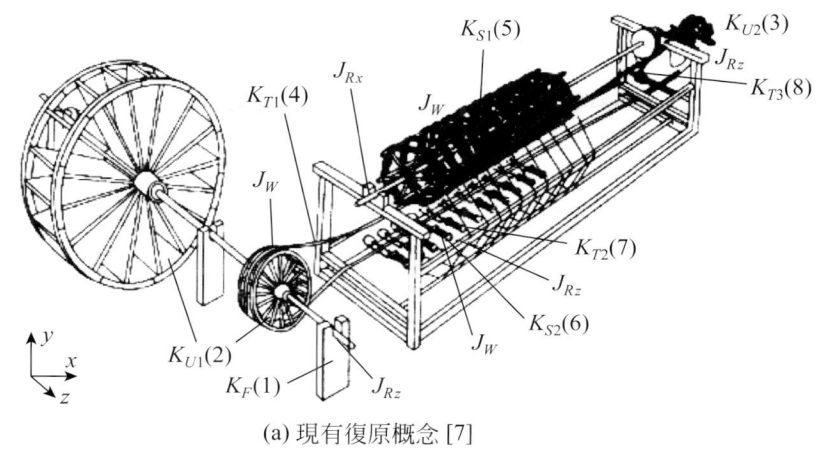

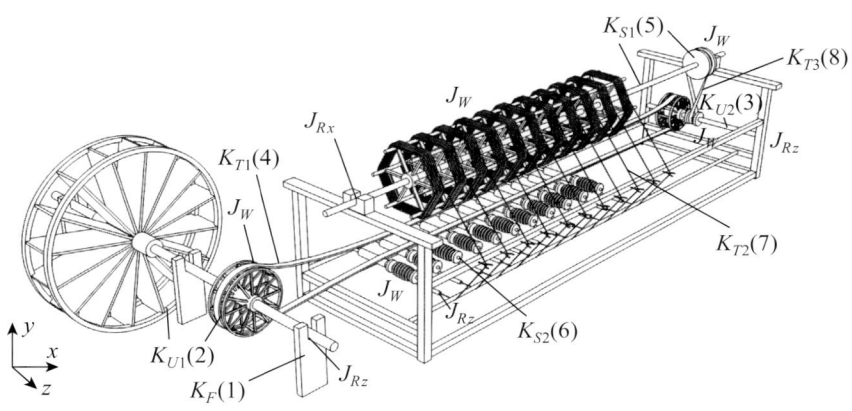

(a) 現有復原概念 [7]

(b) 第一種可能復原設計

(c) 第二種可能復原設計

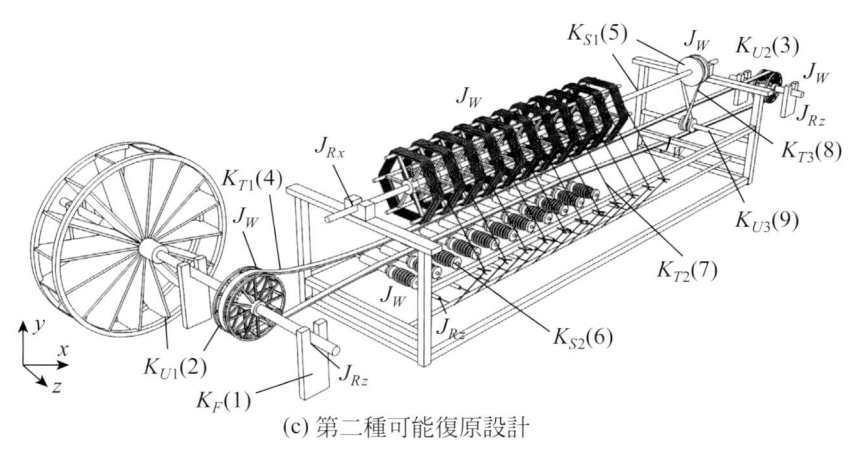

圖 11.15 水轉大紡車復原圖

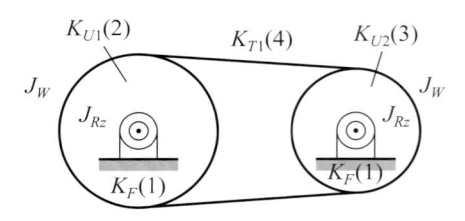

238　古中國書籍具插圖之機構

(a) 帶輪皮帶傳動構造簡圖

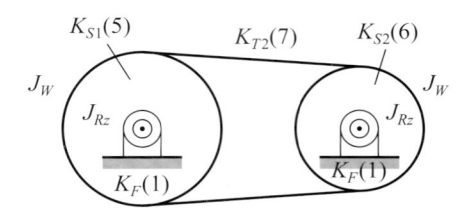

(b) 紡紗錠子傳動構造簡圖

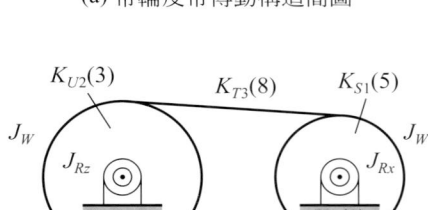

(c₁) 第一種帶輪紗框傳動構造簡圖

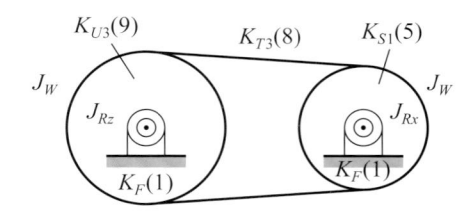

(c₂) 第二種帶輪紗框傳動構造簡圖

圖 11.16　皮帶傳動紡車構造簡圖

帶輪紗框傳動機構

　　有關帶輪紗框傳動機構相關資料過於簡要，且圖 11.15(a) 所示的水轉大紡車亦繪製不清，因此帶輪紗框傳動機構有二種可能構造，茲分別說明如下：

　　第一種可能構造的機件包含機架 (桿 1，K_F)、與從動帶輪同軸的小帶輪 (桿 3，K_{U2})、具旋鼓的紗框 (桿 5，K_{S1})、及繩線 (桿 8，K_{T3})。在從動帶輪軸上，另增製一個與旋鼓配合的小帶輪，並藉由繩線傳動旋鼓，達到帶動紗框的目的。小帶輪以旋轉接頭 J_{Rz} 與機架相鄰接，繩線以迴繞接頭 J_W 分別與小帶輪和旋鼓相鄰接，旋鼓則以旋轉接頭 J_{Rx} 與機架相鄰接，圖 11.16(c₁) 所示者為其構造簡圖，圖 11.15(b) 所示者為其對應的復原圖。

　　第二種可能構造的機件包含為機架 (桿 1，K_F)、具旋鼓的紗框 (桿 5，K_{S1})、繩線 (桿 8，K_{T3})、及新增獨立帶輪 (桿 9，K_{U3})。傳動皮帶磨擦新增獨立帶輪，並經由繩線傳動，達到帶動紗框的目的。獨立帶輪以旋轉接頭 J_{Rz} 與機架相鄰接，繩線以迴繞接頭 J_W 分別與獨立帶輪和旋鼓相鄰接，旋鼓則以旋轉接頭 J_{Rx} 與機架相鄰接，圖 11.16(c₂) 所示者為其構造簡圖，圖 11.15(c) 所示者為其對應的復原圖。

11.3　斜織機

　　斜織機 (Foot-operated slanting loom) 透過踏板傳動繩索與連桿，達到開啟梭道的目的，以利織布工作的進行，是古中國織布機械的典型設計。由於斜織機發展成熟且應用廣泛，因此出現許多不同的類型與名稱，包含腰機、布機、臥機等，如圖 11.17 所示 [5-6]。

　　織布的程序包含開啟梭道、投緯、壓緯、及捲布等四個步驟 [2]。斜織機包含腳踏提綜機構、壓緯機構、及捲布機構等三個子機構來完成織布的程序，作出平織布紋 [9]，圖 11.18 所示者為斜織機的組成與分類。經線一端捲繞於經線卷上，另一端穿過綜線的綜眼孔，綜架則包含上綜框、下綜框、及具有綜眼孔的綜線。織布者踩踏板，經由傳動索與天平桿的帶動，使得綜架在腳踏提綜機構中產生上升或下降的運動。當綜架上升或下降綜線，同時也使得經線上升或下降，梭道隨著產生。緯線置於梭中，梭的兩端成尖頭，以利投梭穿過梭道口。投梭時，緯線落在經線上。每次投梭後，須用壓緯機構的壓緯桿壓緊緯線，使緯線成為織布的一部分。隨著織布的操作，新製成的織布須捲繞於布捲，經線也須從經架上同時釋放。

　　根據文獻記載，古中國斜織機可依踏板(或稱為躡)與綜框的數目分為四類，茲分別說明如下：

1. **雙躡單綜**：其組成包含機架、二個踏板、一個綜框、天平桿、壓緯桿、經線卷、布卷、及機件間傳動用的繩索，如圖 11.18(a) 所示。此型態中，傳動索 1、上綜框、綜線、下綜框、及傳動索 1-1 可視為同一桿件，並與天平桿和踏板相鄰接。
2. **單躡單綜**：單躡單綜有二種型態，一是由上述的雙躡單綜型的斜織機，去掉傳動索 2 與踏板 2，稱為單躡單綜 1 型，如圖 11.18(b) 所示；此型態中，傳動索 1、上綜框、綜線、下綜框、及傳動索 1-1 可視為同一桿件，並與踏板和天平桿相鄰接。另一是雙躡單綜型斜織機去掉傳動索 1-1 與踏板 1，稱為單躡單綜 2 型，如圖 11.18(c) 所示；此型態中，傳動索 1、上綜框、綜線、及下綜框可視為同一桿件，並與天平桿和經線相鄰接。由於經線固定不動，可視為機架的一部分。
3. **單躡半綜**：由上述的雙躡單綜型斜織機，去掉下綜框、傳動索 1-1、及踏板 1，稱為單躡半綜型，如圖 11.18(d) 所示。此型態中，傳動索 1、上綜框、及綜線可視為同一桿件，並與天平桿和經線相鄰接。由於經線固定不動，可視為機架的一部分。

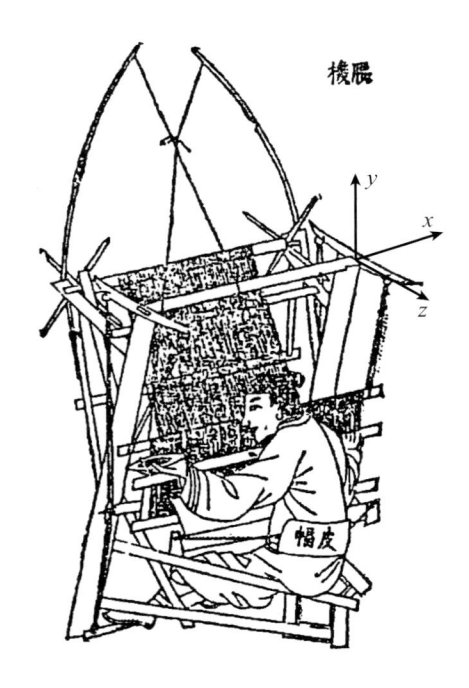

(a) 腰機 [5]

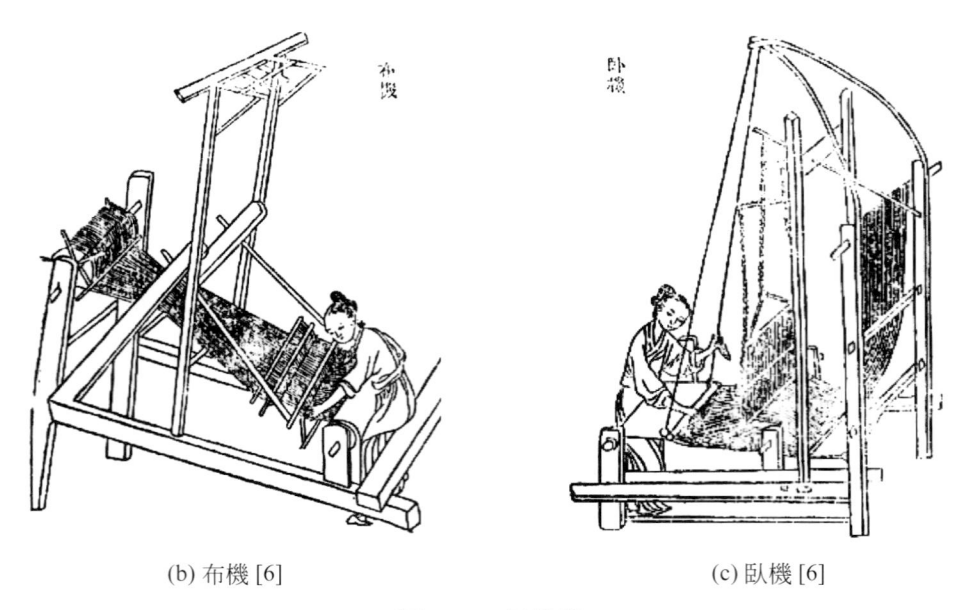

(b) 布機 [6]　　　　　　　　(c) 臥機 [6]

圖 11.17 斜織機

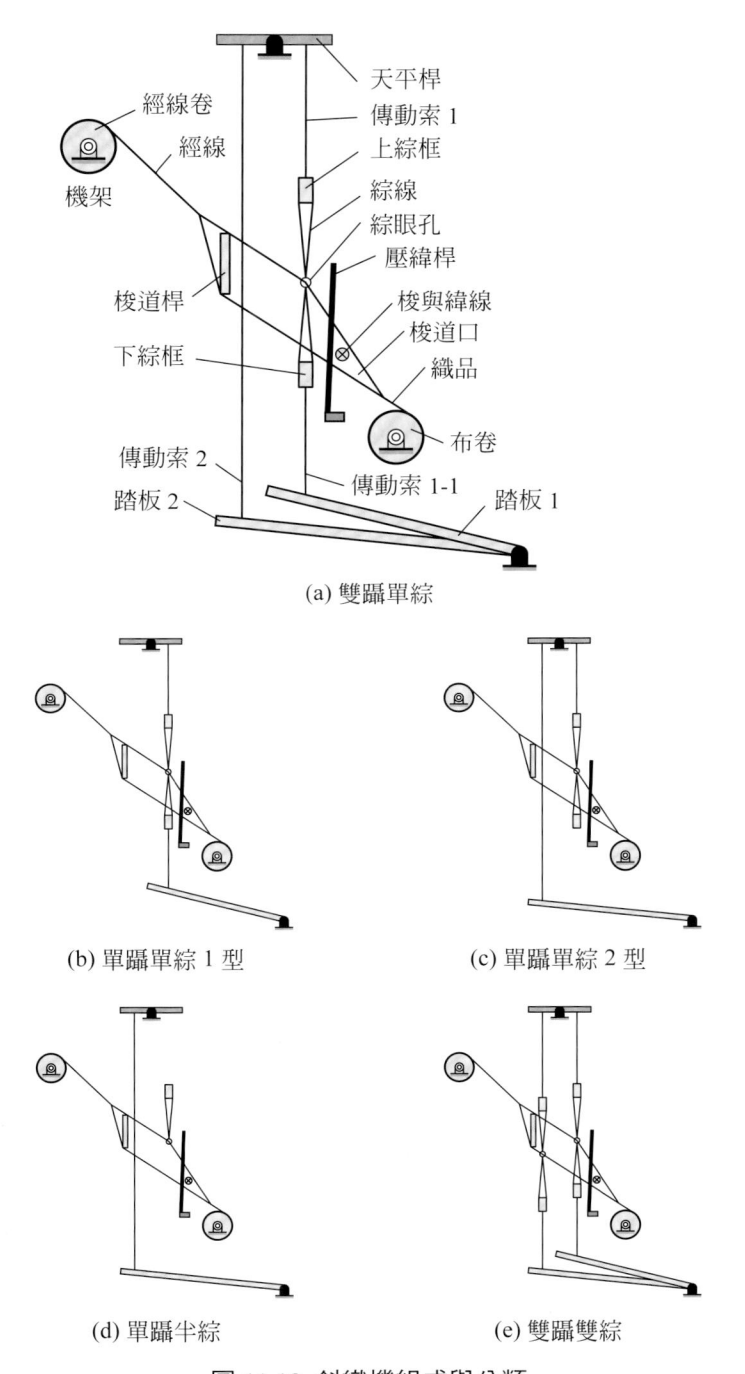

圖 11.18 斜織機組成與分類

4. 雙躡雙綜：由上述的雙躡單綜型斜織機，於傳動索 2 上加置 1 組綜架，稱為雙躡雙綜型，如圖 11.18(e) 所示。

根據功能應用，斜織機可分為腳踏提綜機構、壓緯機構、及捲布機構等三組子機構，茲分別說明如下：

腳踏提綜機構

織布的品質與梭道的開合有直接的關係，而腳踏提綜機構即是控制梭道的主要組成部分。根據斜織機之踏板與綜架的數量，可分為五種基本類型。最簡易的類型是屬於四桿機構的單躡單綜 1 型，包含機架、一個踏板、一條傳動索、及天平桿。其次，單躡單綜 2 型與單躡半綜為五桿機構，包含機架、一個踏板、二條傳動索、及天平桿。雙躡單綜與雙躡雙綜均為六桿機構，包含機架、二個踏板、二條傳動索、及天平桿。由於斜織機的插圖中有許多不清楚的地方，例如無法明確得知踏板與傳動索的確切數量，腳踏提綜機構屬於桿件與接頭的數量和類型皆不確定的機構 (類型 III)。以下根據不確定插圖機構復原設計法，進行復原設計。

步驟 1、歸納其構造特性如下：

1. 此機構為平面或空間四桿 (桿 1-4)、五桿 (桿 1-5)、或六桿 (桿 1-6) 的機構。
2. 踏板 1(K_{Tr1}) 為雙接頭桿，並以不確定接頭與機架 (K_F) 相鄰接。
3. 傳動索 1(K_{T1}) 為雙接頭桿，並以線接頭 (J_T) 分別與踏板 1(K_{Tr1}) 和天平桿 (K_{SL}) 相鄰接。
4. 天平桿 (K_{SL}) 以不確定接頭與機架 (K_F) 相鄰接。
5. 傳動索 2(K_{T2}) 為雙接頭桿，並以線接頭 (J_T) 分別與天平桿 (K_{SL}) 和踏板 2(K_{Tr2}) 相鄰接。在單躡單綜 2 型與單躡半綜型態中，一條傳動索以線接頭 (J_T) 與滑行接頭 (J^{Pyz}) 分別和天平桿 (K_{SL}) 與機架 (K_F) 相鄰接。
6. 踏板 2(K_{Tr2}) 為雙接頭桿，並以不確定接頭與機架 (K_F) 相鄰接。

步驟 2、由步驟 1 的歸納，此器械為四桿、五桿、或六桿機構，故找出四桿、五桿、及六桿的一般化運動鏈圖譜，如圖 11.2 與圖 11.5 所示。

步驟 3、必須有一對雙接頭桿作為踏板與傳動索。當桿件數為五桿時，必須有一根參接頭桿作為天平桿，並與一對雙接頭桿相鄰接。當桿件數為六桿時，必須有二對雙接頭桿分別作為二個踏板與二條傳動索。故步驟 2 得到的圖譜中，僅圖 11.2(a)、(f)、及圖 11.5(b) 符合需求。所有可行的特殊化鏈可經由以下步驟獲得：

固定桿 (K_F)
由於必須有一根固定桿作為機架，且固定桿必須與一或二對雙接頭桿相鄰接，所以可如下指定固定桿：

1. 對於圖 11.2(a) 所示的一般化運動鏈，指定固定桿的結果有 1 個，如圖 11.19(a_1) 所示。
2. 對於圖 11.2(f) 所示的一般化運動鏈，指定固定桿的結果有 1 個，如圖 11.19(a_2) 所示。
3. 對於圖 11.5(b) 所示的一般化運動鏈，指定固定桿的結果有 1 個，如圖 11.19(a_3) 所示。

因此，固定桿指定後的特殊化鏈有 3 個可行的結果，如圖 11.19(a_1)-(a_3) 所示。

踏板 1 與傳動索 1 ($K_{T_{r1}}$ 與 K_{T1})
由於必須有一對雙接頭桿作為踏板 1 與傳動索 1，且踏板 1 必須以不確定接頭 (J_1) 與線接頭 (J_T) 分別和機架 (K_F) 與傳動索 1(K_{T1}) 相鄰接，所以如下指定出踏板 1 與傳動索 1：

1. 對於圖 11.19(a_1) 所示的情形，指定踏板 1、傳動索 1、及不確定接頭 J_1 的結果有 1 個，如圖 11.19(b_1) 所示。
2. 對於圖 11.19(a_2) 所示的情形，指定踏板 1、傳動索 1、及不確定接頭 J_1 的結果有 1 個，如圖 11.19(b_2) 所示。
3. 對於圖 11.19(a_3) 所示的情形，指定踏板 1、傳動索 1、及不確定接頭 J_1 的結果有 1 個，如圖 11.19(b_3) 所示。

因此，固定桿、踏板 1、及傳動索 1 指定後的特殊化鏈有 3 個可行的結果，如圖 11.19(b_1)-(b_3) 所示。

天平桿 (K_{SL})

由於天平桿必須以線接頭 (J_T) 與不確定接頭 (J_2) 分別和傳動索 1(K_{T1}) 與機架 (K_F) 相鄰接，所以如下指定出天平桿：

1. 對於圖 11.19(b_1) 所示的情形，指定天平桿與不確定接頭 J_2 的結果有 1 個，如圖 11.19(c_1) 所示。

2. 對於圖 11.19(b_2) 所示的情形，指定天平桿與不確定接頭 J_2 的結果有 1 個，如圖 11.19(c_2) 所示。

3. 對於圖 11.19(b_3) 所示的情形，指定天平桿與不確定接頭 J_2 的結果有 1 個，如圖 11.19(c_3) 所示。

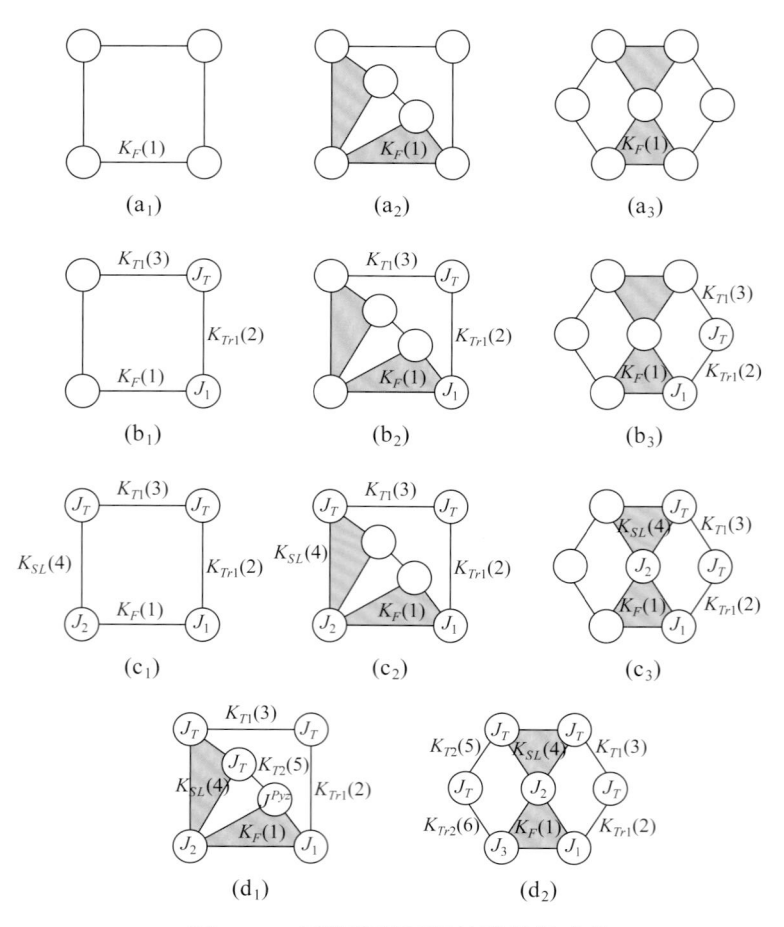

圖 11.19 斜織機腳踏提綜機構特殊化

因此，固定桿、踏板 1、傳動索 1、及天平桿指定後的特殊化鏈有 3 個可行的結果，如圖 11.19(c$_1$)-(c$_3$) 所示。

踏板 2 與傳動索 2 (K_{Tr2} 與 K_{T2})

由於傳動索 2(K_{T2}) 必須以線接頭 (J_T) 與天平桿 (K_{SL}) 相鄰接，若仍有尚未指定的桿件則為踏板 2，所以如下指定出踏板 2 與傳動索 2：

1. 對於圖 11.19(c$_2$) 所示的情形，指定傳動索 2 的結果有 1 個，如圖 11.19(d$_1$) 所示。

2. 對於圖 11.19(c$_3$) 所示的情形，指定踏板 2、傳動索 2、及不確定接頭 J_3 的結果有 1 個，如圖 11.19(d$_2$) 所示。

因此，固定桿、踏板 1、傳動索 1、天平桿、傳動索 2、及踏板 2 指定後的特殊化鏈有 2 個可行的結果，如圖 11.19(d$_1$)-(d$_2$) 所示。

步驟 4、坐標系統定義如圖 11.17(a) 中所示。斜織機腳踏提綜機構的作動方式是將踏板的搖擺運動，經繩索與連桿的傳動，轉換為綜架的升降運動。不確定的接頭具有多種可能性，皆可達到文獻中描述的功能。

1. 考慮不確定接頭 J_1 與 J_3 各有三種可能的類型，其一是以旋轉接頭 J_{Rx} 與機架相鄰接，其二是以旋轉接頭 J_{Rz} 與機架相鄰接，其三是以滑行接頭 J^{Py} 與機架相鄰接。

2. 考慮不確定接頭 J_2 有二種可能的類型，其一是以旋轉接頭 J_{Rx} 與機架相鄰接，其二是以旋轉接頭 J_{Rz} 與機架相鄰接。

3. 由於踏板配置的問題，當天平桿以旋轉接頭 J_{Rz} 與機架相鄰接時，傳動索 1 與傳動索 2 即不適合以滑行接頭 J^{Py} 和機架相鄰接。

透過指定不確定接頭 J_1(J_{Rx}、J_{Rz}、及 J^{Py})、J_2(J_{Rx} 與 J_{Rz})、及 J_3(J_{Rx}、J_{Rz}、及 J^{Py}) 的可能類型至圖 11.19(c$_1$)、(d$_1$)、及 (d$_2$) 的特殊化鏈，產生 19 個可行的結果，如圖 11.20(a)-(s) 所示。

步驟 5、如圖 11.20(a)-(s)，共有 19 個可行的具指定接頭特殊化鏈。考慮機構之運動與功能的要求，將每一個具指定接頭特殊化鏈具體化，獲得滿足古代工藝技術水準的可行設計圖譜，並繪製其電腦模型圖畫，如圖 11.21(a)-(s) 所示。

246　古中國書籍具插圖之機構

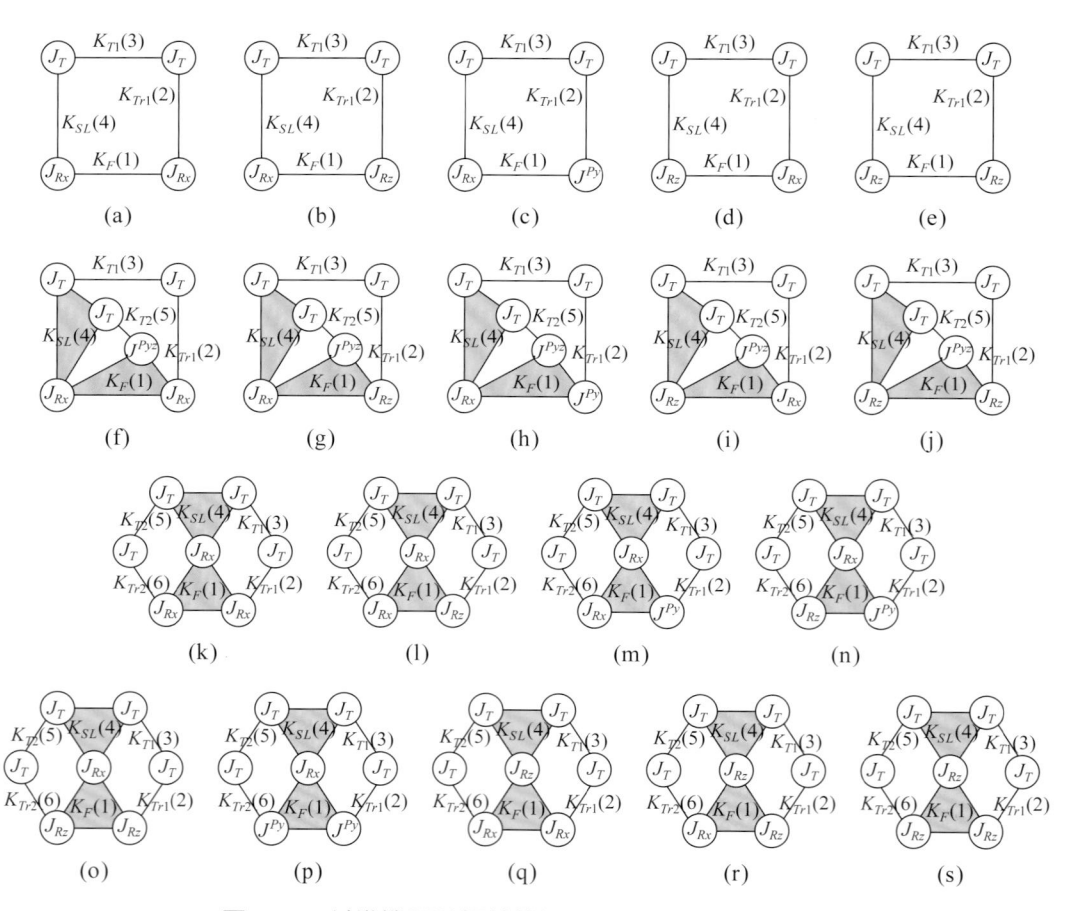

圖 11.20　斜織機腳踏提綜機構具指定接頭特殊化鏈圖譜

第 11 章　複雜紡織機械　247

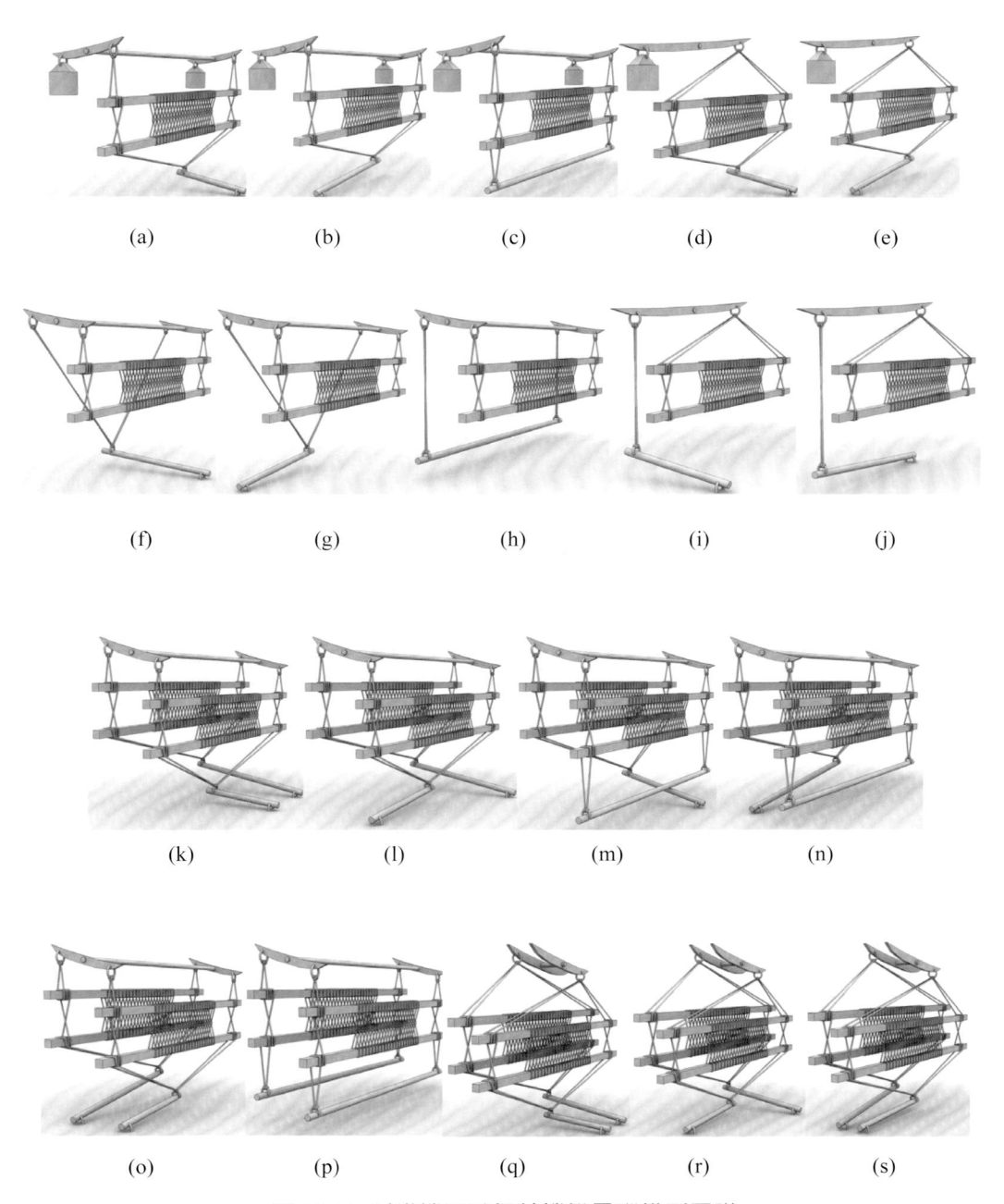

(a)　(b)　(c)　(d)　(e)

(f)　(g)　(h)　(i)　(j)

(k)　(l)　(m)　(n)

(o)　(p)　(q)　(r)　(s)

圖 11.21　斜織機腳踏提綜機構電腦模型圖譜

壓緯機構

　　為使織品的結構密實，在每一道穿梭的步驟之後，必須使用壓緯桿將緯線壓實。最簡易的壓緯機構為二桿機構，僅包含機架與壓緯桿。若裝置中以一根竹子作為撓性元件，以便壓緯桿使用後回復原位，則此壓緯機構可為三桿機構，包含機架、壓緯桿、及作為彈性元件的竹子。壓緯機構中亦可加入一至二根連接桿，成為三桿或四桿的機構，組成包含機架、壓緯桿、及一或二根連接桿。壓緯機構作為斜織機的子機構，亦歸類為桿件與接頭的數量和類型皆不確定的機構 (類型 III)。以下根據不確定插圖機構復原設計法，進行復原設計。

步驟 1、歸納其構造特性如下：

1. 此機構為一平面二桿 (桿 1、7)、三桿 (桿 1、7-8)、或四桿 (桿 1、7-9) 的機構。
2. 壓緯桿 (K_{RC}) 為雙接頭桿，並以不確定接頭與機架 (K_F) 或竹子 (K_{BB}) 相鄰接。
3. 竹子 (K_{BB}) 為雙接頭桿，並以竹接頭 (J_{BB}) 與不確定接頭分別和機架 (K_F) 與壓緯桿 (K_{RC}) 相鄰接。竹子桿件只用於三桿的一般化運動鏈中。
4. 連接桿為雙接頭桿，並以不確定接頭與機架 (K_F) 相鄰接。此一般化運動鏈須為封閉鏈。

步驟 2、由步驟 1 的歸納，此器械為二桿、三桿、或四桿機構，故找出二桿、三桿、及四桿的一般化運動鏈圖譜，如圖 11.2(a)-(c) 與圖 11.22 所示。

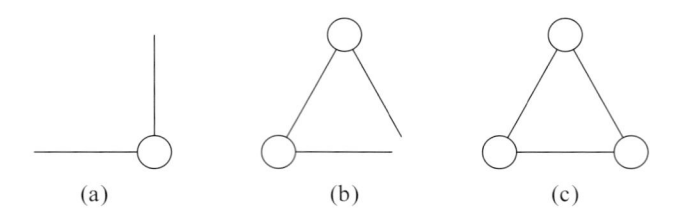

圖 11.22 二桿與三桿一般化運動鏈圖譜

步驟 3、必須有一對雙接頭桿分別作為壓緯桿與機架，或壓緯桿與竹子。故步驟 2 得到的圖譜中，僅圖 11.2(a) 與圖 11.22(a)-(c) 符合需求。所有可行的特殊化鏈可經由以下步驟獲得：

固定桿 (K_F)

由於必須有一根固定桿作為機架,所以可如下指定固定桿:

1. 對於圖 11.22(a) 所示的一般化運動鏈,指定固定桿的結果有 1 個,如圖 11.23(a_1) 所示。
2. 對於圖 11.22(b) 所示的一般化運動鏈,指定固定桿的結果有 2 個,如圖 11.23(a_2)-(a_3) 所示。
3. 對於圖 11.22(c) 所示的一般化運動鏈,指定固定桿的結果有 1 個,如圖 11.23(a_4) 所示。
4. 對於圖 11.2(a) 所示的一般化運動鏈,指定固定桿的結果有 1 個,如圖 11.23(a_5) 所示。

因此,固定桿指定後的特殊化鏈有 5 個可行的結果,如圖 11.23(a_1)-(a_5) 所示。

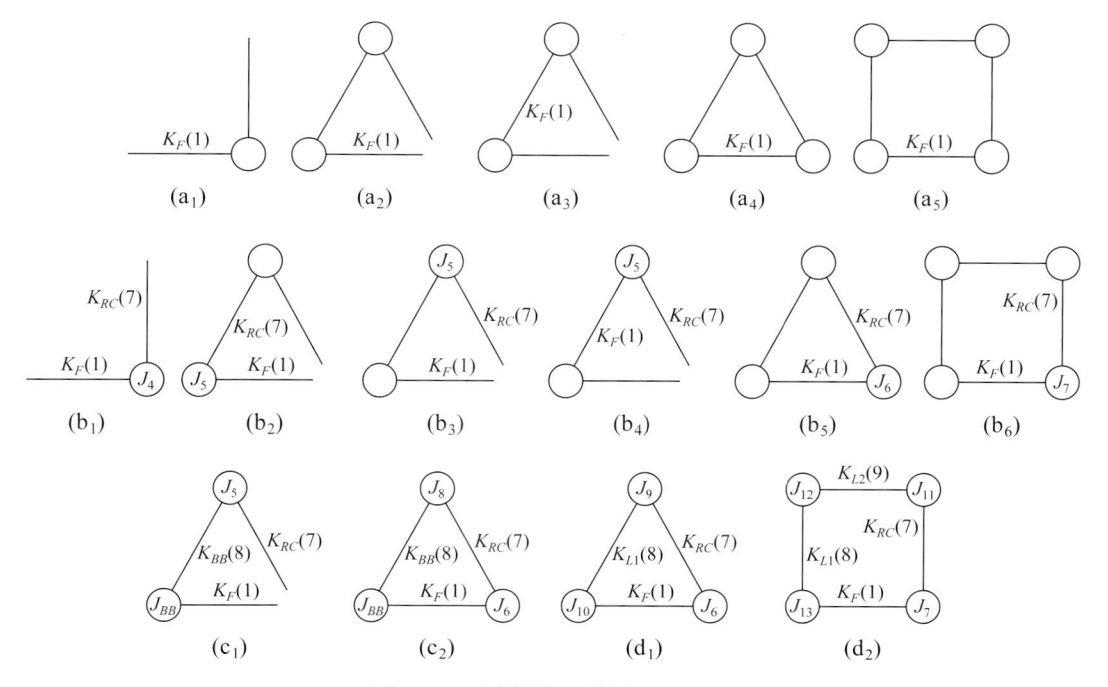

圖 11.23 斜織機壓緯機構特殊化

壓緯桿 (K_{RC})

由於壓緯桿必須以不確定接頭與機架 (K_F) 或竹子 (K_{BB}) 相鄰接，所以如下指定出壓緯桿：

1. 對於圖 11.23(a_1) 所示的情形，指定壓緯桿與不確定接頭 J_4 的結果有 1 個，如圖 11.23(b_1) 所示。
2. 對於圖 11.23(a_2) 所示的情形，指定壓緯桿與不確定接頭 J_5 的結果有 2 個，如圖 11.23(b_2)-(b_3) 所示。
3. 對於圖 11.23(a_3) 所示的情形，指定壓緯桿與不確定接頭 J_5 的結果有 1 個，如圖 11.23(b_4) 所示。
4. 對於圖 11.23(a_4) 所示的情形，指壓緯桿與不確定接頭 J_6 的結果有 1 個，如圖 11.23(b_5) 所示。
5. 對於圖 11.23(a_5) 所示的情形，指壓緯桿與不確定接頭 J_7 的結果有 1 個，如圖 11.23(b_6) 所示。

因此，固定桿與壓緯桿指定後的特殊化鏈有 6 個可行的結果，如圖 11.23(b_1)-(b_6) 所示。

竹子 (K_{BB})

由於竹子必須以竹接頭 (J_{BB}) 與不確定接頭分別和機架 (K_F) 與壓緯桿 (K_{RC}) 相鄰接，並且須在三桿的一般化運動鏈中，所以如下指定竹子：

1. 對於圖 11.23(b_2) 所示的情形，沒有與機架和壓緯桿相鄰接的桿件能夠指定為竹子。
2. 對於圖 11.23(b_3) 所示的情形，指定竹子的結果有 1 個，如圖 11.23(c_1) 所示。
3. 對於圖 11.23(b_4) 所示的情形，沒有與機架和壓緯桿相鄰接的桿件能夠指定為竹子。
4. 對於圖 11.23(b_5) 所示的情形，指定竹子與不確定接頭 J_8 的結果有 1 個，如圖 11.23(c_2) 所示。

因此，固定桿、壓緯桿、及竹子指定後的特殊化鏈有 2 個可行的結果，如圖 11.23(c_1)-(c_2) 所示。

連接桿 1 與連接桿 2 (K_{L1} 與 K_{L2})

由於連接桿 1 必須與機架 (K_F) 相鄰接，且此一般化運動鏈必須為封閉鏈，若仍有尚未指定的桿件則為連接桿 2。所以如下指定出連接桿 1 與連接桿 2：

1. 對於圖 11.23(b_5) 所示的情形，指定連接桿 1、及不確定接頭 J_9 與 J_{10} 的結果有 1 個，如圖 11.23(d_1) 所示。
2. 對於圖 11.23(b_6) 所示的情形，指定連接桿 1、連接桿 2、及不確定接頭 J_{11}、J_{12}、及 J_{13} 的結果有 1 個，如圖 11.23(d_2) 所示。

因此，固定桿、壓緯桿、竹子、連接桿 1、及連接桿 2 指定後的特殊化鏈有 2 個可行的結果，如圖 11.23(d_1)-(d_2) 所示。

步驟 4、 坐標系統定義如圖 11.17(a) 中所示。斜織機壓緯機構的作用是使緯線緊密排列，以避免織品的結構鬆散。不確定的接頭具有多種可能性，皆可達到文獻中描述的功能；由於該機構為平面機構，故不確定接頭亦屬於平面接頭的類型。

1. 考慮不確定接頭 J_4、J_5、J_6、及 J_7 各有二種可能的類型，可為旋轉接頭 J_{Rx} 或是線接頭 J_T。
2. 考慮不確定接頭 J_8 只有一種可能的類型，即壓緯桿以旋轉接頭 J_{Rx} 與竹子相鄰接。
3. 考慮不確定接頭 J_9 與 J_{10} 各有二種可能的類型，且不可相同。當一接頭為旋轉接頭 J_{Rx} 時，另一接頭除旋轉外也可滑動，是為銷接頭 J_{Rx}^{Pz}。
4. 考慮不確定接頭 J_{11}、J_{12}、及 J_{13} 只有一種可能的類型，即旋轉接頭 J_{Rx}。

透過指定不確定接頭，J_4、J_5、J_6、及 J_7 (J_{Rx} 與 J_T)、J_8(J_{Rx})、J_9 與 J_{10}(J_{Rx} 與 J_{Rx}^{Pz})、J_{11}、J_{12}、及 J_{13}(J_{Rx}) 的可能類型至圖 11.23(b_1)、(c_1)、(c_2)、(d_1)、及 (d_2) 的特殊化鏈，產生 12 個可行的結果，如圖 11.24(a)-(l) 所示。

步驟 5、 如圖 11.24(a)-(l)，共有 12 個可行的具指定接頭特殊化鏈。考慮機構之運動與功能的要求，將每一個具指定接頭特殊化鏈具體化，獲得滿足古代工藝技術水準的可行設計圖譜，並繪製其電腦模型圖畫，如圖 11.25(a)-(l) 所示。

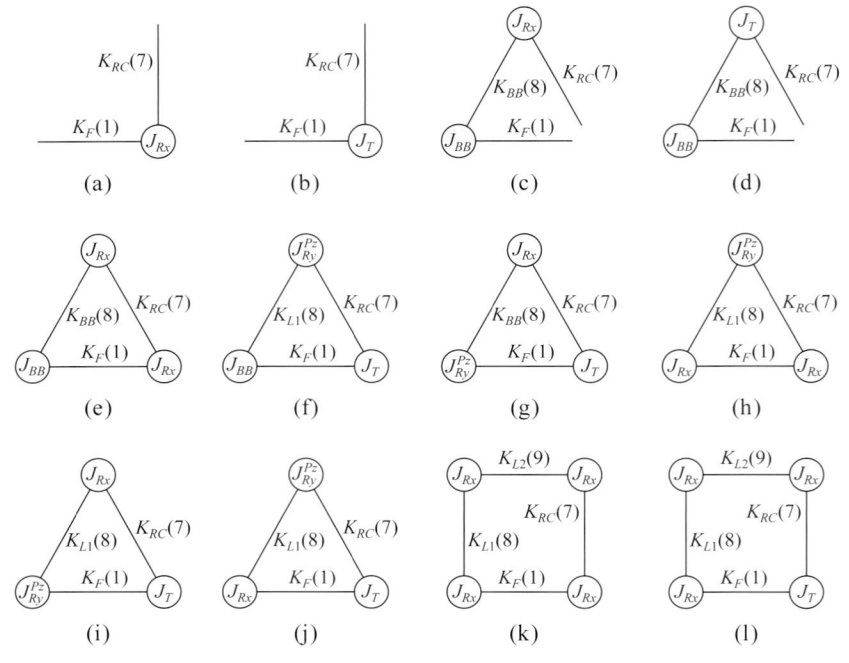

圖 11.24 斜織機壓緯機構具指定接頭特殊化鏈圖譜

捲布機構

  為使斜織機上的經線維持張緊的狀態，並收集完成經緯交織的布匹，是以設置捲布機構，其構造包含機架 (桿 1，K_F)、經線卷 (桿 2，K_{U1})、布卷 (桿 3，K_{U2})、及經線 (桿 4，K_T)。在接頭方面，經線卷以旋轉接頭 J_{Rx} 與機架相鄰接，經線以迴繞接頭 J_W 分別與經線卷和布卷相鄰接，布卷則以旋轉接頭 J_{Rx} 與機架相鄰接，圖 11.26 所示者為其構造簡圖。

  圖 11.27 所示者為《天工開物》[5] 中腰機的仿製圖，而圖 11.28 所示則為雙躡雙綜型的斜織機實物裝置。

第 11 章　複雜紡織機械　253

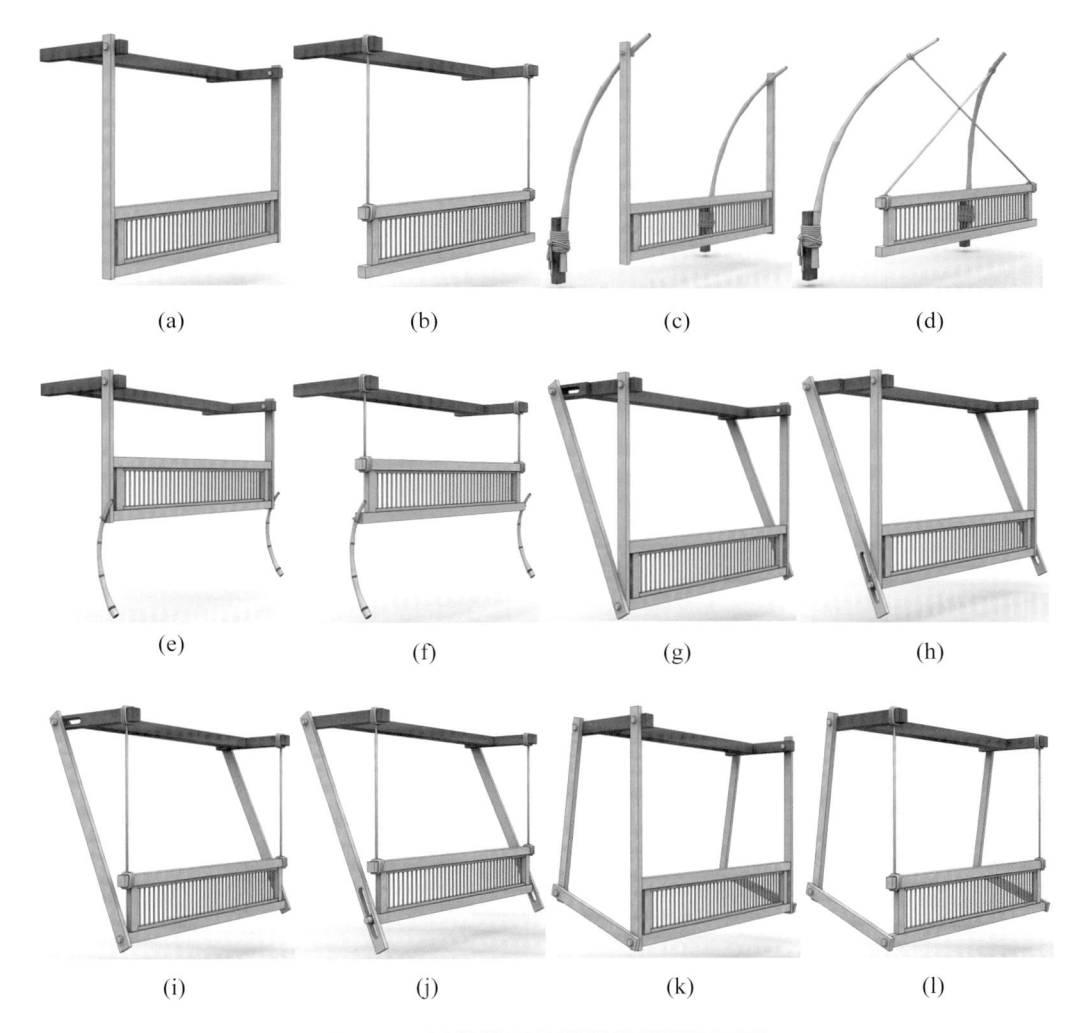

(a)　(b)　(c)　(d)

(e)　(f)　(g)　(h)

(i)　(j)　(k)　(l)

圖 11.25　斜織機壓緯機構電腦模型圖譜

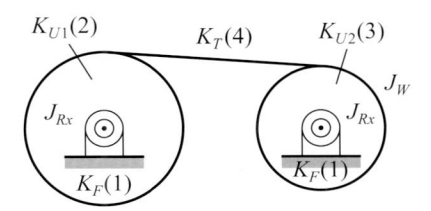

$K_{U1}(2)$　$K_T(4)$　$K_{U2}(3)$　J_W

J_{Rx}　J_{Rx}

$K_F(1)$　$K_F(1)$

圖 11.26　斜織機捲布機構構造簡圖

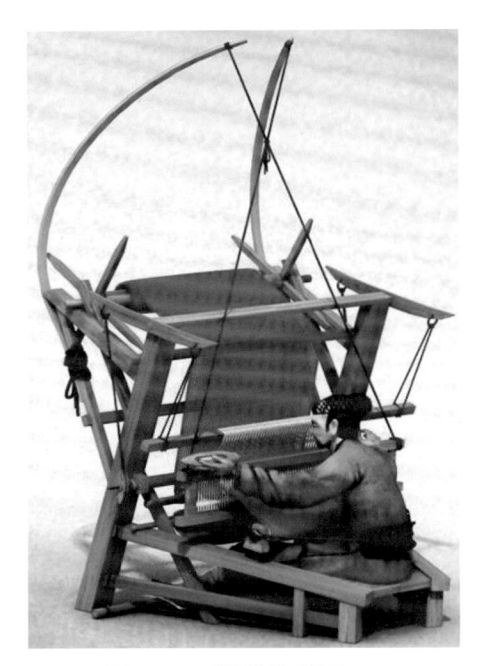

圖 11.27 腰機仿製圖 [9]

圖 11.28 雙躡雙綜型斜織機實物裝置 (攝於江蘇南通紡織博物館)

11.4 提花機

提花機 (Drawloom for pattern-weaving) 又稱花機、織機，是一種可以織出複雜花紋圖樣的大型織布機，如圖 11.29 所示 [5-6]。第 11.3 節所述的斜織機是以踏板控制綜架的升降，作出梭道口以便緯線穿過，達到經緯線垂直交織的目的；而提花機是在上述基礎上，另增加數組以手拉線提取經線作出梭口的機構。這種機構直接以線取代綜架，按照織布的花紋要求，將經紗分為數百至數千組，把升降運動相同的線串在一起成為一組束綜，藉由手拉束綜與腳踩踏板分別控制梭道口的形成，織出具有複雜圖形的織布。提花機操作時，須要二名織工同時作業，一人位於織機的下方，負責投梭穿緯與壓緯捲布的工作；另一人位於織機上方，藉由提拉束粽控制織布的花紋圖樣 [2, 7]。

提花機的構造非常複雜，其長度超過四公尺，並有數以千計的零組件。圖 11.30 所示者為提花機的基本組成。根據功能的分類，提花機可分為腳踏降綜機構、腳踏提綜機構、手拉經線機構、壓緯機構、及捲布機構等五組子機構 [10]，茲分別說明如下：

腳踏降綜機構

腳踏降綜機構的功能是經由腳踩踏板，帶動傳動索與天平桿，使得綜架產生下降的運動。最簡單的腳踏降綜機構為四桿的裝置，如圖 11.30 所示，包含機架、踏板、具有綜架的傳動索、及天平桿。天平桿以重物或藉由竹子的彈性，使得綜架在下降後，可以回到原來的位置。

為了編織複雜的圖形，需要增加腳踏降綜機構使經線產生所需的運動，然而，增加數組機構會使得踏板在有限空間中的配置形成問題。為了解決此問題，可以藉由增加一條傳動索或一組傳動索與天平桿，調整踏板位置。根據現有文字記載與圖畫表示，腳踏降綜機構歸類為桿件與接頭的數量和類型皆不確定的機構 (類型 III)。以下根據不確定插圖機構的復原設計法，進行復原設計。

步驟 1、歸納其構造特性如下：

1. 此機構為一平面或空間四桿(桿1-4)、五桿(桿1-5)、或六桿(桿1-6)的機構。
2. 踏板 (K_{Tr}) 為雙接頭桿，並以不確定接頭與機架 (K_F) 相鄰接。
3. 傳動索 1(K_{T1}) 為雙接頭桿，並以線接頭 (J_T) 分別與踏板 (K_{Tr}) 和天平桿 (K_{SL})

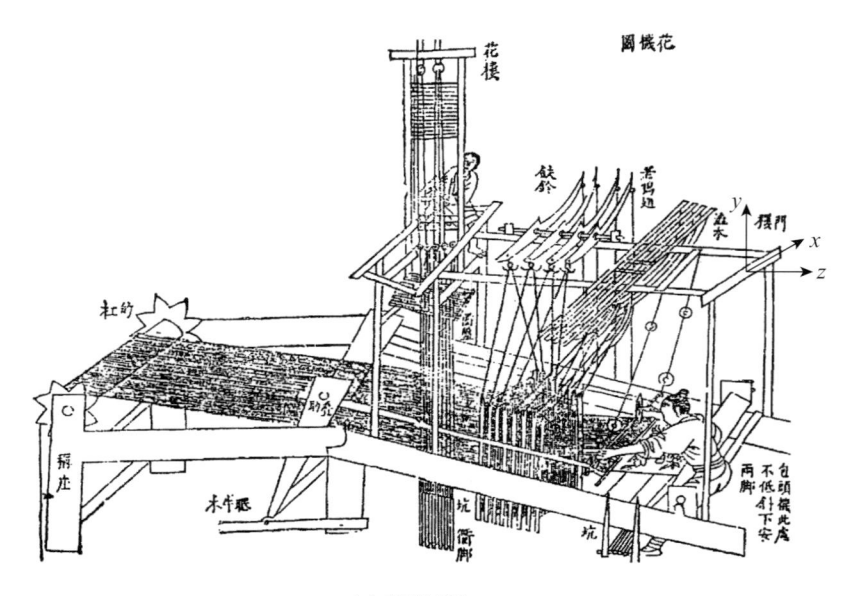

(a) 花機 [5]

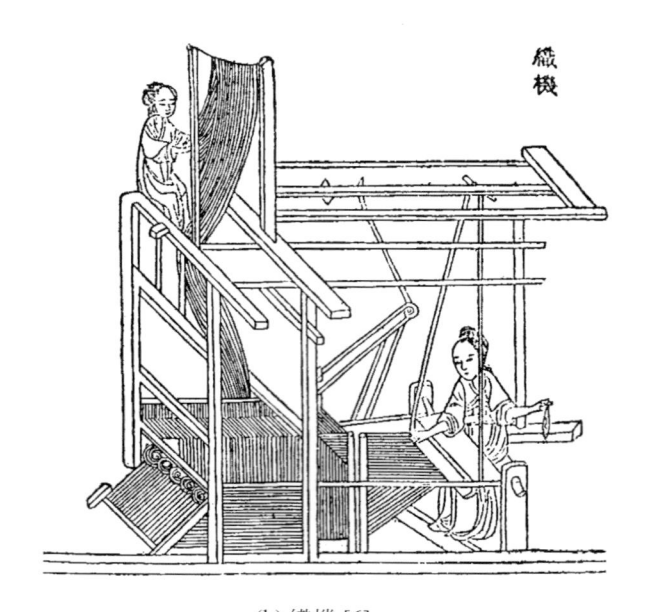

(b) 織機 [6]

圖 11.29 提花機

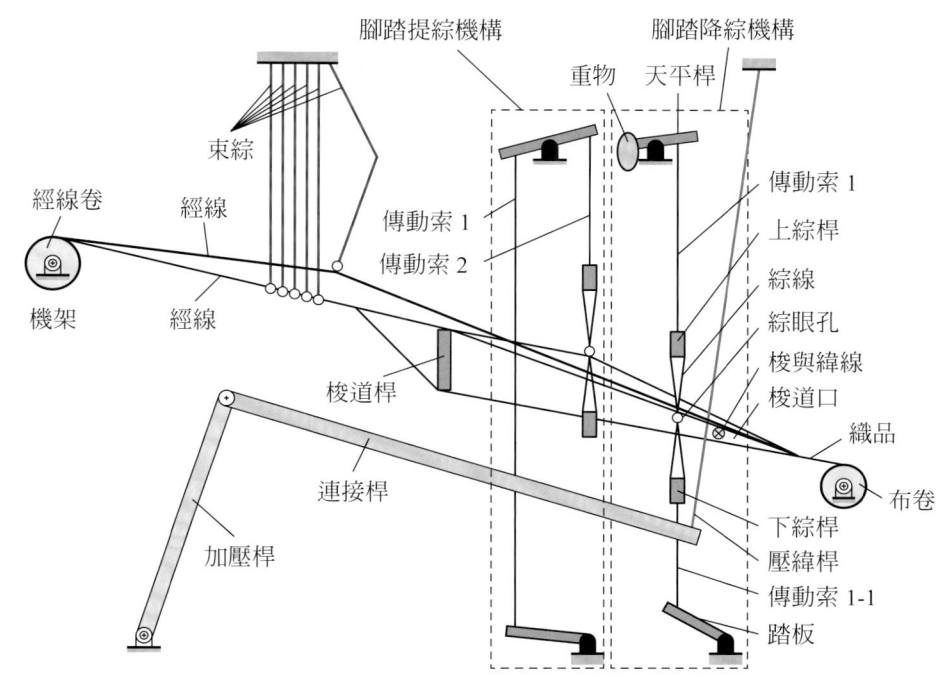

圖 11.30 提花機基本組成

相鄰接。

4. 天平桿 (K_{SL}) 以不確定接頭與機架 (K_F) 相鄰接。
5. 傳動索 2(K_{T2}) 為雙接頭桿，並以線接頭 (J_T) 與滑動接頭 (J^{Pyz}) 分別和天平桿 (K_{SL}) 與機架 (K_F) 相鄰接。

步驟 2、由步驟 1 的歸納，此器械為四桿、五桿、或六桿機構，故找出四桿、五桿、及六桿的一般化運動鏈圖譜，如圖 11.2 與圖 11.5 所示。

步驟 3、必須有一對雙接頭桿作為踏板與傳動索。當桿件數為五桿或六桿時，必須有一根參接頭桿作為天平桿，並與一對雙接頭桿相鄰接。故步驟 2 得到的圖譜中，僅圖 11.2(a)、(f)、及圖 11.5(b) 符合需求。所有可行的特殊化鏈可經由以下步驟獲得：

固定桿 (K_F)

由於必須有一根固定桿作為機架，且固定桿必須與一對雙接頭桿相鄰接，所以可如下指定固定桿：

1. 對於圖 11.2(a) 所示的一般化運動鏈，指定固定桿的結果有 1 個，如圖 11.31(a_1) 所示。
2. 對於圖 11.2(f) 所示的一般化運動鏈，指定固定桿的結果有 1 個，如圖 11.31(a_2) 所示。
3. 對於圖 11.5(b) 所示的一般化運動鏈，指定固定桿的結果有 1 個，如圖 11.31(a_3) 所示。

因此，固定桿指定後的特殊化鏈有 3 個可行的結果，如圖 11.31(a_1)-(a_3) 所示。

踏板與傳動索 1 (K_{Tr} 與 K_{T1})

由於必須有一對雙接頭桿作為踏板與傳動索 1，且踏板必須以不確定接頭 (J_1) 與線接頭 (J_T) 分別和機架 (K_F) 與傳動索 1(K_{T1}) 相鄰接，所以如下指定出踏板與傳動索 1：

1. 對於圖 11.31(a_1) 所示的情形，指定踏板、傳動索 1、及不確定接頭 J_1 的結果有 1 個，如圖 11.31(b_1) 所示。
2. 對於圖 11.31(a_2) 所示的情形，指定踏板、傳動索 1、及不確定接頭 J_1 的結果有 1 個，如圖 11.31(b_2) 所示。
3. 對於圖 11.31(a_3) 所示的情形，指定踏板、傳動索 1、及不確定接頭 J_1 的結果有 1 個，如圖 11.31(b_3) 所示。

因此，固定桿、踏板、及傳動索 1 指定後的特殊化鏈有 3 個可行的結果，如圖 11.31(b_1)-(b_3) 所示。

天平桿 1 (K_{SL1})

由於天平桿 1 必須以線接頭 (J_T) 與不確定接頭 (J_2) 分別和傳動索 1(K_{T1}) 與機架 (K_F) 相鄰接，所以如下指定出天平桿 1：

1. 對於圖 11.31(b_1) 所示的情形，指定天平桿 1 與不確定接頭 J_2 的結果有 1 個，如圖 11.31(c_1) 所示。
2. 對於圖 11.31(b_2) 所示的情形，指定天平桿 1 與不確定接頭 J_2 的結果有 1 個，如圖 11.31(c_2) 所示。
3. 對於圖 11.31(b_3) 所示的情形，指定天平桿 1 與不確定接頭 J_2 的結果有 1 個，如圖 11.31(c_3) 所示。

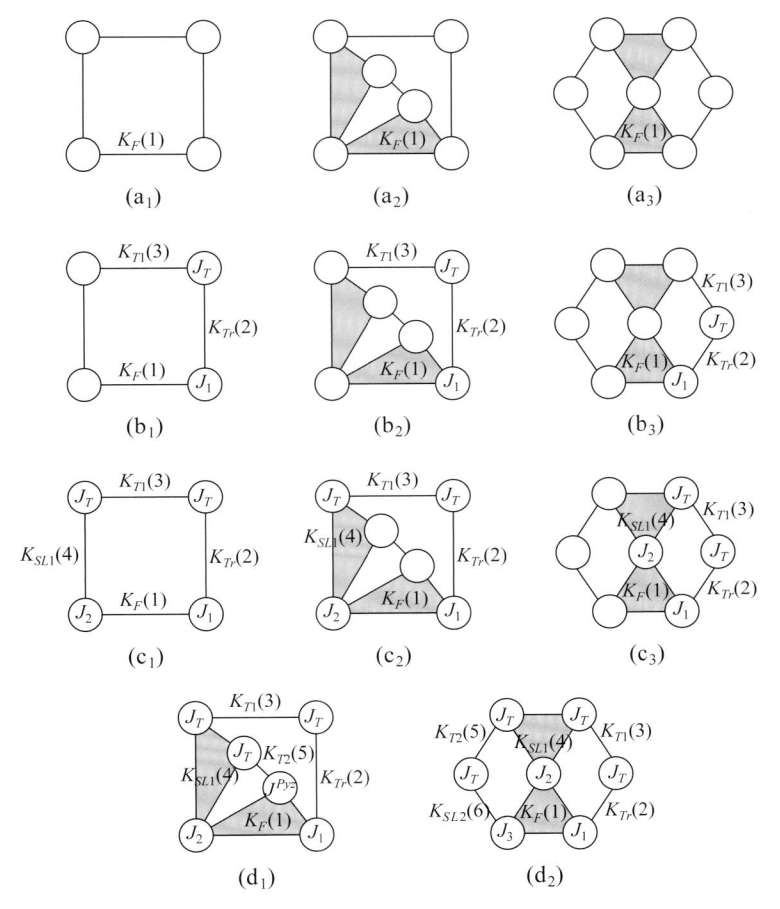

圖 11.31 提花機腳踏降綜機構特殊化

因此，固定桿、踏板、傳動索 1、及天平桿 1 指定後的特殊化鏈有 3 個可行的結果，如圖 11.31(c$_1$)-(c$_3$) 所示。

傳動索 2 與天平桿 2 (K_{T2} 與 K_{SL2})

由於傳動索 2(K_{T2}) 必須以線接頭 (J_T) 與天平桿 1(K_{SL1}) 相鄰接，若仍有尚未指定的桿件則為天平桿 2。所以如下指定出傳動索 2 與天平桿 2：

1. 對於圖 11.31(c$_2$) 所示的情形，指定傳動索 2 的結果有 1 個，如圖 11.31(d$_1$) 所示。
2. 對於圖 11.31(c$_3$) 所示的情形，指定傳動索 2、天平桿 2、及不確定接頭 J_3

的結果有 1 個，如圖 11.31(d_2) 所示。

因此，固定桿、踏板、傳動索 1、天平桿 1、傳動索 2、及天平桿 2 指定後的特殊化鏈有 2 個可行的結果，如圖 11.31(d_1)-(d_2) 所示。

步驟 4、坐標系統定義如圖 11.29(a) 中所示。提花機腳踏降綜機構的作動方式是將踏板的搖擺運動，經繩索與連桿的傳動，轉換為綜架的下降運動。不確定的接頭具有多種可能性，皆可達到文獻中描述的功能。

 1. 考慮不確定接頭 J_1 有二種可能的類型，其一是以旋轉接頭 J_{Rx} 與機架相鄰接，其二是以旋轉接頭 J_{Rz} 與機架相鄰接。

 2. 考慮不確定接頭 J_2 與 J_3 各有二種可能的類型，其一是以旋轉接頭 J_{Rz} 與機架相鄰接，其二是以竹接頭 J_{BB} 與機架相鄰接。

透過指定不確定接頭 J_1(J_{Rx} 與 J_{Rz})、J_2(J_{Rz} 與 J_{BB})、及 J_3(J_{Rz} 與 J_{BB}) 的可能類型至圖 11.31(c_1)、(d_1)、及 (d_2) 的特殊化鏈，產生 16 個可行的結果，如圖 11.32(a)-(p) 所示。

步驟 5、如圖 11.32(a)-(p)，共有 16 個可行的具指定接頭特殊化鏈。考慮機構之運動與功能的要求，將每一個具指定接頭特殊化鏈具體化，獲得滿足古代工藝技術水準的可行設計圖譜，並繪製其電腦模型圖畫，如圖 11.33(a)-(p) 所示。

腳踏提綜機構

  腳踏提綜機構的功能是經由腳踩踏板，帶動傳動索與天平桿，使得綜架產生上升的運動。最簡單的腳踏提綜機構為五桿的裝置，如圖 11.30 所示，包含機架、踏板、傳動索 1、天平桿、及具有綜架的傳動索 2。

  為了編織複雜的圖形，需要增加腳踏提綜機構使經線產生所需的運動，然而，增加數組機構會使得踏板在有限空間中的配置形成問題。為了解決此問題，可以藉由增加一組雙接頭的傳動索及多接頭的天平桿，調整踏板位置。根據現有文字記載與圖畫表示，腳踏提綜機構歸類為桿件與接頭的數量和類型皆不確定的機構 (類型 III)。以下根據不確定插圖機構復原設計法，進行復原設計。

步驟 1、歸納其構造特性如下：

 1. 此機構為一平面或空間五桿 (桿 1-5) 或七桿 (桿 1-7) 的機構。

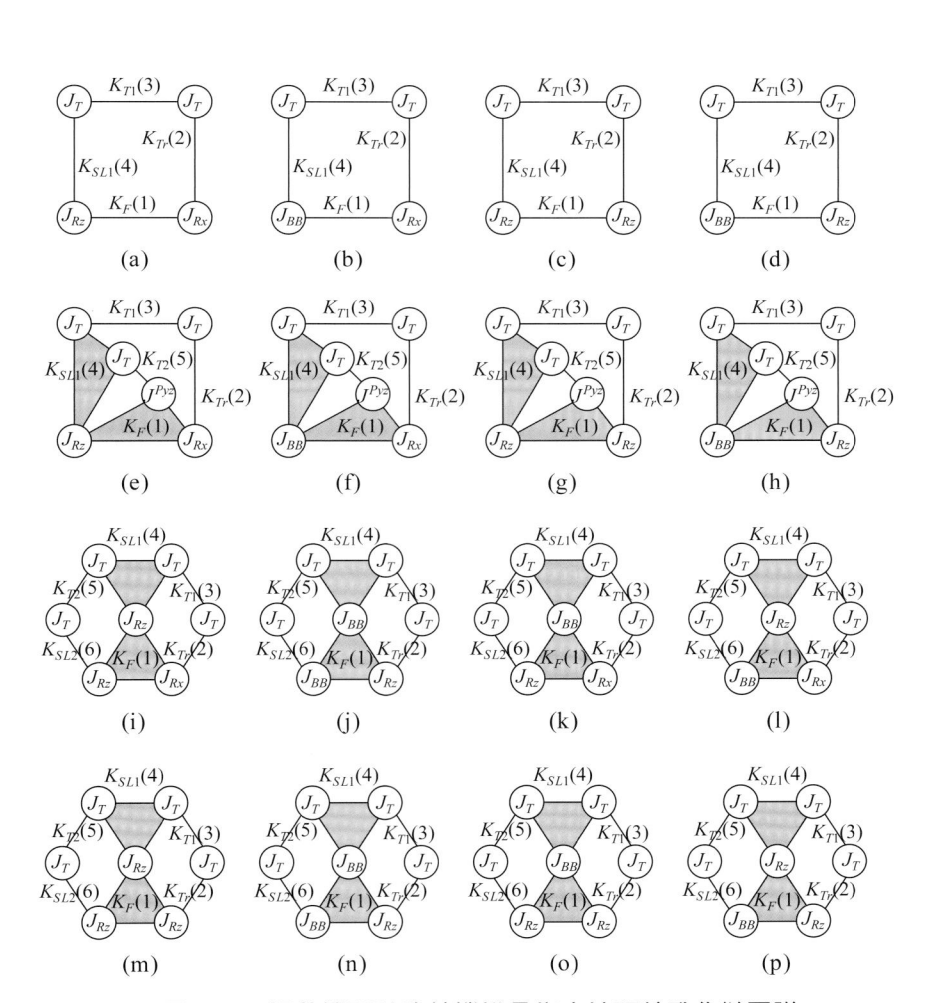

圖 11.32 提花機腳踏降綜機構具指定接頭特殊化鏈圖譜

262　古中國書籍具插圖之機構

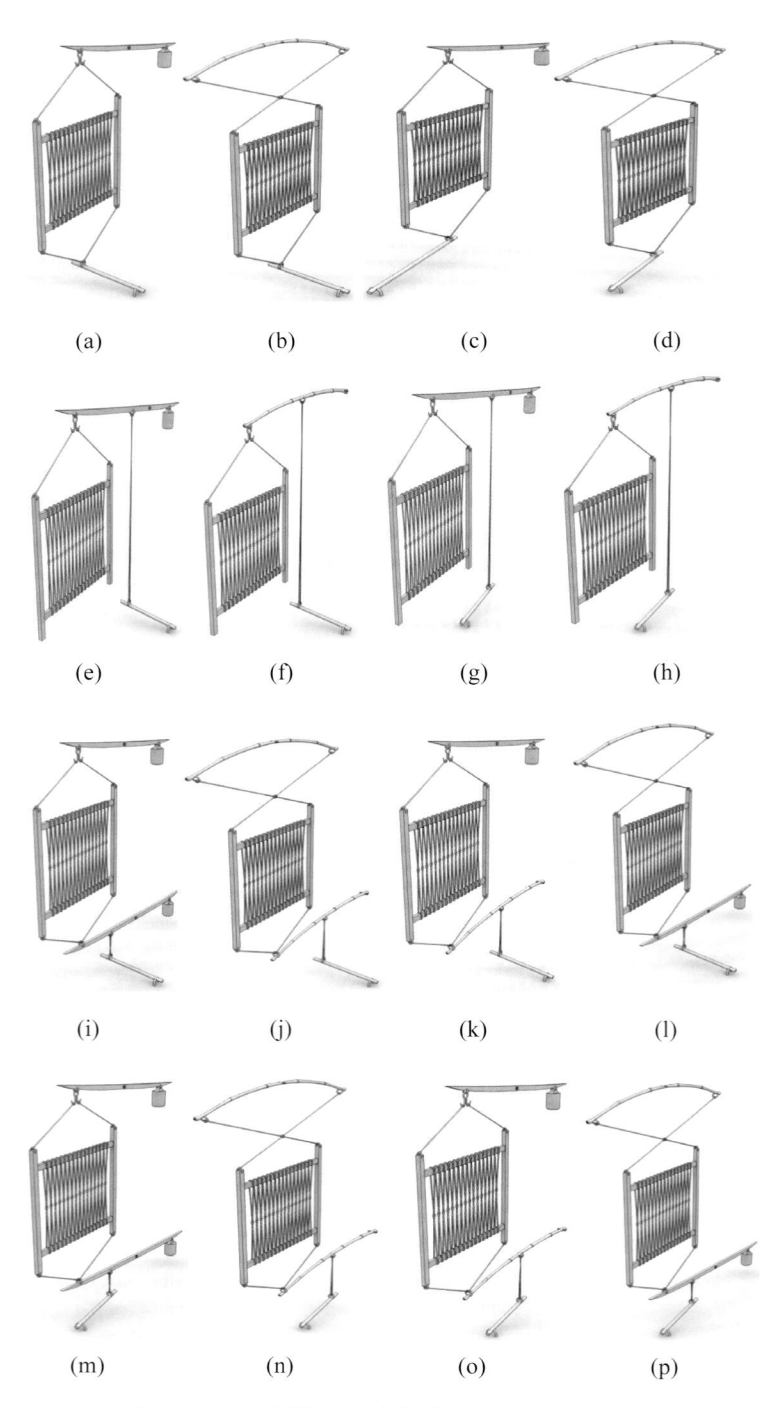

(a)　　　　(b)　　　　(c)　　　　(d)

(e)　　　　(f)　　　　(g)　　　　(h)

(i)　　　　(j)　　　　(k)　　　　(l)

(m)　　　　(n)　　　　(o)　　　　(p)

圖 11.33 提花機腳踏降綜機構電腦模型圖譜

2. 踏板 (K_{Tr}) 為雙接頭桿，並以不確定接頭與機架 (K_F) 相鄰接。
3. 傳動索 1(K_{T1}) 為雙接頭桿，並以線接頭 (J_T) 分別與踏板 (K_{Tr}) 和天平桿 (K_{SL}) 相鄰接。
4. 天平桿 (K_{SL}) 以旋轉接頭 (J_{Rz}) 與機架 (K_F) 相鄰接。
5. 傳動索 2 為雙接頭桿，當傳動索 2(K_{T2}) 具有綜架時，以線接頭 (J_T) 與滑動接頭 (J^{Pyz}) 分別和天平桿 (K_{SL}) 與機架 (K_F) 相鄰接；相反地，當傳動索 2 不具綜架時，傳動索 2 以線接頭分別與天平桿和機架相鄰接。

步驟 2、由步驟 1 的歸納，此器械為五桿或七桿機構，故找出五桿與七桿的一般化運動鏈圖譜，如圖 11.2(d)-(i) 與圖 11.34 所示。

步驟 3、必須有一對雙接頭桿分別作為踏板與傳動索 1，並與多接頭桿的機架和天平桿相鄰接，此外，天平桿亦須與機架相鄰接。當桿件數為七桿時，必須有四根雙接頭桿，其中有一對相鄰的雙接頭及二根不相鄰的雙接頭桿。故步驟 2 得到的圖譜中，僅圖 11.2(f) 與圖 11.34(b_5)-(b_6) 符合需求。所有可行的特殊化鏈可經由以下步驟獲得：

固定桿 (K_F)
由於必須有一根固定桿作為機架，且固定桿必須與一對雙接頭桿相鄰接，所以可如下指定固定桿：

1. 對於圖 11.2(f) 所示的一般化運動鏈，指定固定桿的結果有 1 個，如圖 11.35(a_1) 所示。
2. 對於圖 11.34(b_5) 所示的一般化運動鏈，指定固定桿的結果有 2 個，如圖 11.35(a_2)-(a_3) 所示。
3. 對於圖 11.34(b_6) 所示的一般化運動鏈，指定固定桿的結果有 2 個，如圖 11.35(a_4)-(a_5) 所示。

因此，固定桿指定後的特殊化鏈有 5 個可行的結果，如圖 11.35(a_1)-(a_5) 所示。

踏板與傳動索 1 (K_{Tr} 與 K_{T1})
由於必須有一對雙接頭桿作為踏板與傳動索 1，且踏板必須以不確定接頭 (J_4) 與線接頭 (J_T) 分別和機架 (K_F) 與傳動索 1(K_{T1}) 相鄰接，所以如下指定出踏板與傳動索 1：

(a₁)　(a₂)　(a₃)　(a₄)

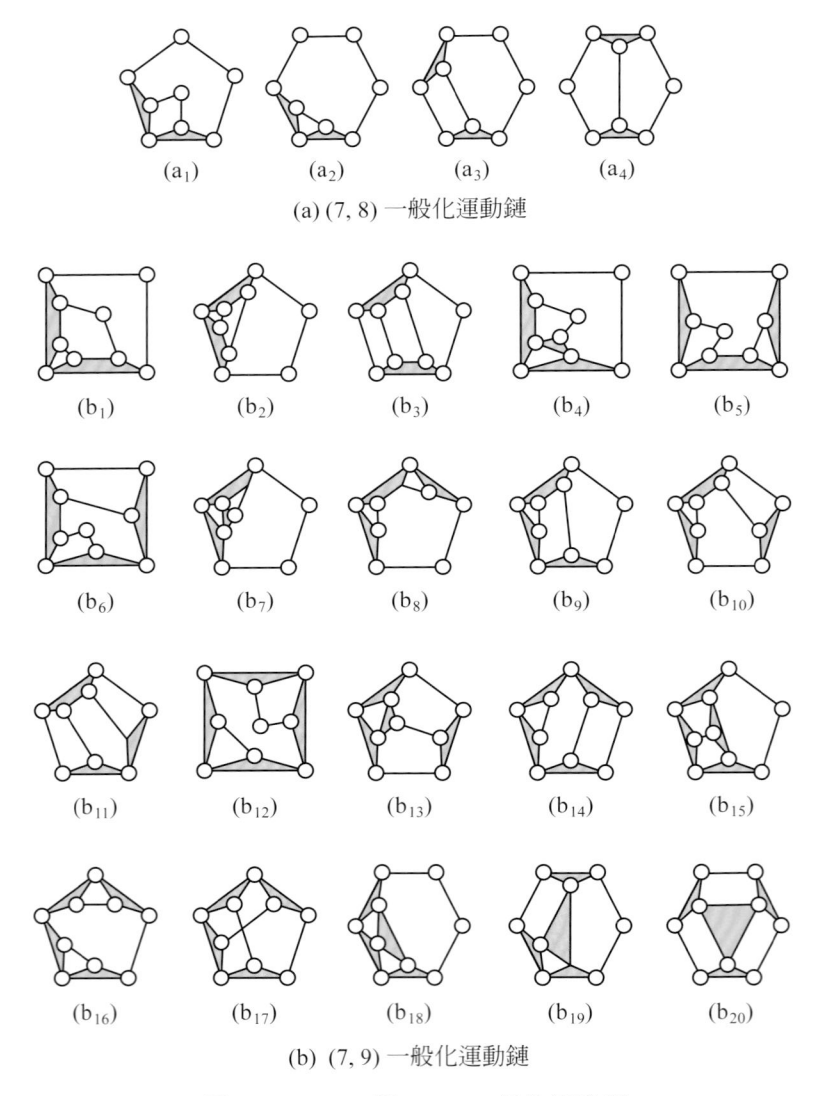

(a) (7, 8) 一般化運動鏈

(b₁)　(b₂)　(b₃)　(b₄)　(b₅)

(b₆)　(b₇)　(b₈)　(b₉)　(b₁₀)

(b₁₁)　(b₁₂)　(b₁₃)　(b₁₄)　(b₁₅)

(b₁₆)　(b₁₇)　(b₁₈)　(b₁₉)　(b₂₀)

(b) (7, 9) 一般化運動鏈

圖 11.34　(7, 8) 與 (7, 9) 一般化運動鏈

1. 對於圖 11.35(a₁) 所示的情形，指定踏板、傳動索 1、及不確定接頭 J_4 的結果有 1 個，如圖 11.35(b₁) 所示。

2. 對於圖 11.35(a₂) 所示的情形，指定踏板、傳動索 1、及不確定接頭 J_4 的結果有 1 個，如圖 11.35(b₂) 所示。

3. 對於圖 11.35(a₃) 所示的情形，指定踏板、傳動索 1、及不確定接頭 J_4 的結果有 1 個，如圖 11.35(b₃) 所示。

4. 對於圖 11.35(a₄) 所示的情形，指定踏板、傳動索 1、及不確定接頭 J_4 的結果有 1 個，如圖 11.35(b₄) 所示。

5. 對於圖 11.35(a₅) 所示的情形，指定踏板、傳動索 1、及不確定接頭 J_4 的結果有 1 個，如圖 11.35(b₅) 所示。

因此，固定桿、踏板、及傳動索 1 指定後的特殊化鏈有 5 個可行的結果，如圖 11.35(b₁)-(b₅) 所示。

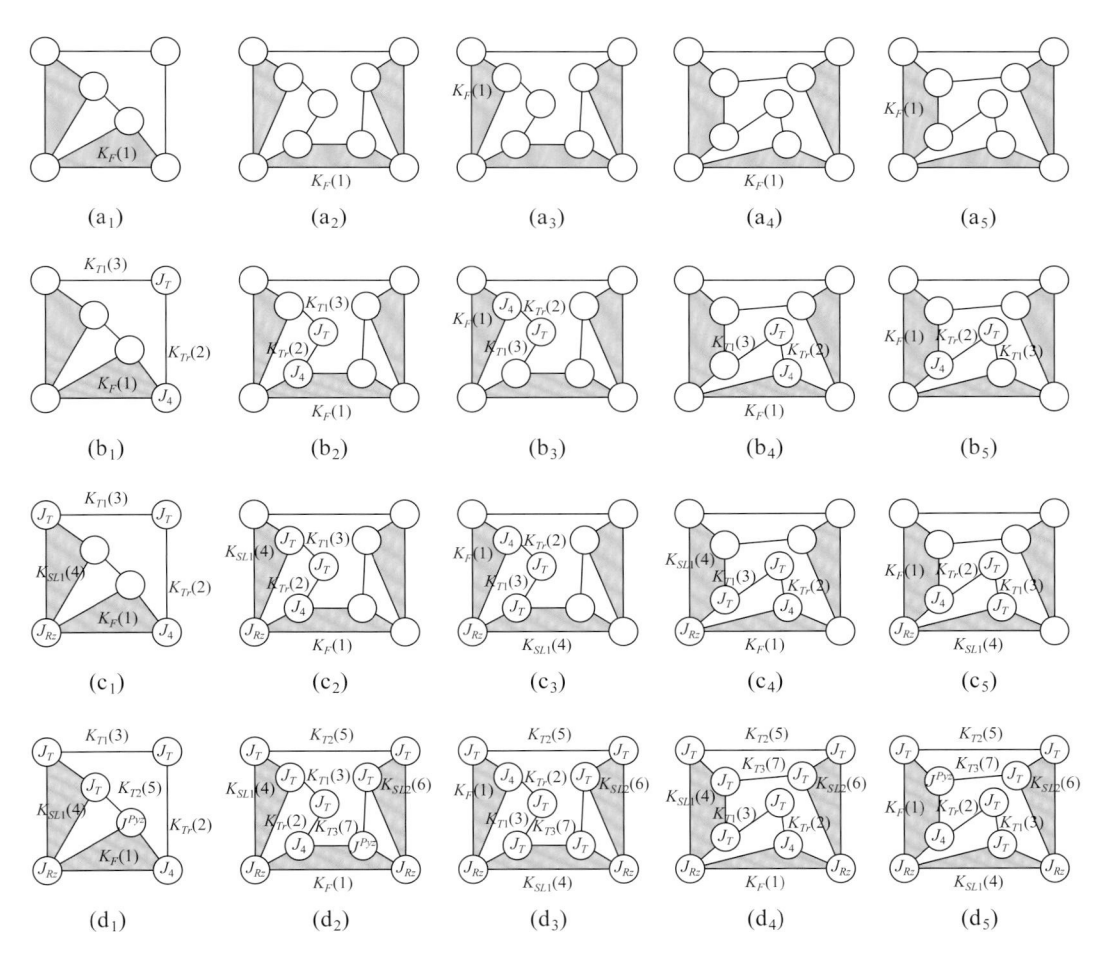

圖 11.35 提花機腳踏提綜機構特殊化

天平桿 1 (K_{SL1})

由於天平桿 1 必須以線接頭 (J_T) 與旋轉接頭 (J_{Rz}) 分別和傳動索 1(K_{T1}) 與機架 (K_F) 相鄰接，所以如下指定出天平桿 1：

1. 對於圖 11.35(b_1) 所示的情形，指定天平桿 1 的結果有 1 個，如圖 11.35(c_1) 所示。
2. 對於圖 11.35(b_2) 所示的情形，指定天平桿 1 的結果有 1 個，如圖 11.35(c_2) 所示。
3. 對於圖 11.35(b_3) 所示的情形，指定天平桿 1 的結果有 1 個，如圖 11.35(c_3) 所示。
4. 對於圖 11.35(b_4) 所示的情形，指定天平桿 1 的結果有 1 個，如圖 11.35(c_4) 所示。
5. 對於圖 11.35(b_5) 所示的情形，指定天平桿 1 的結果有 1 個，如圖 11.35(c_5) 所示。

因此，固定桿、踏板、傳動索 1、及天平桿 1 指定後的特殊化鏈有 5 個可行的結果，如圖 11.35(c_1)-(c_5) 所示。

傳動索 2、天平桿 2 及傳動索 3 (K_{T2}、K_{SL2}、K_{T3})

由於必須有一根雙接頭作為傳動索 2(K_{T2})，並以線接頭 (J_T) 與天平桿 2 (K_{SL2}) 相鄰接，尚未指定的桿件則為天平桿 2 與傳動索 3。所以如下指定出傳動索 2、天平桿 2、及傳動索 3：

1. 對於圖 11.35(c_1) 所示的情形，指定傳動索 2 的結果有 1 個，如圖 11.35(d_1) 所示。
2. 對於圖 11.35(c_2) 所示的情形，指定傳動索 2、天平桿 2、及傳動索 3 的結果有 1 個，如圖 11.35(d_2) 所示。
3. 對於圖 11.35(c_3) 所示的情形，指定傳動索 2、天平桿 2、及傳動索 3 的結果有 1 個，如圖 11.35(d_3) 所示。
4. 對於圖 11.35(c_4) 所示的情形，指定傳動索 2、天平桿 2、及傳動索 3 的結果有 1 個，如圖 11.35(d_4) 所示。

5. 對於圖 11.35(c₅) 所示的情形，指定傳動索 2、天平桿 2、及傳動索 3 的結果有 1 個，如圖 11.35(d₅) 所示。

因此，固定桿、踏板、傳動索 1、天平桿 1、傳動索 2、天平桿 2、及傳動索 3 指定後的特殊化鏈有 5 個可行的結果，如圖 11.35(d₁)-(d₅) 所示。

步驟 4、坐標系統定義如圖 11.29(a) 中所示。提花機腳踏提綜機構的作動方式是將踏板的搖擺運動，經繩索與連桿的傳動，轉換為綜架的上升運動。不確定的接頭具有多種可能性，皆可達到文獻中描述的功能。考慮不確定接頭 J_4 有二種可能的類型，其一是以旋轉接頭 J_{Rx} 與機架相鄰接，其二是以旋轉接頭 J_{Rz} 與機架相鄰接。透過指定不確定接頭 J_4(J_{Rx} 與 J_{Rz}) 的可能類型至圖 11.35(d₁)-(d₅) 的特殊化鏈，產生 10 個結果，如圖 11.36(a)-(j) 所示。

步驟 5、去除具有無法傳動的結果，如圖 11.36(c) 與 (h)，共有 8 個可行的具指定接頭特殊化鏈，如圖 11.36(a)-(b)、(d)-(g)、及 (i)-(j)。考慮機構之運動與功能的要求，將每一個具指定接頭特殊化鏈具體化，獲得滿足古代工藝技術水準的可行設計圖譜，並繪製其電腦模型圖畫，如圖 11.37(a)-(h) 所示。

手拉經線機構

手拉經線機構的功能是直接以手提起經線，用以產生編織複雜圖形所需的梭口。每條經線皆通過位於垂直面上具有環圈的綜線，按照花紋要求，把升降運動相同的綜線串在一起，分成數百至數千組的束綜。位於提花機上方的織工，根據花紋需要依序提拉束綜，以利另一織工投梭穿緯。手拉提經機構包含機架 (桿 1，K_F) 與數組束綜 (桿 2，K_{HT})。在接頭方面，束綜以線接頭 J_T 與滑動接頭 J^{Pyz} 分別和機架與經線相鄰接，屬於構造明確的機構 (類型 I)，其構造簡圖如圖 11.38 所示。由於經線固定不動，可視為機架的一部分。

壓緯機構

壓緯機構的功能是壓緊緯線，使緯線成為織布的一部分。壓緯機構有各種類型，如第 11.3 節所述。然而，由於提花機所織的織品更為複雜，需要使緯線更為緊密才能織出精美圖形，因此提花機使用四連桿型的壓緯機構，歸類於構造明確的機構 (類型 I)，如圖 11.25(k) 所示。藉由木製連桿本身的重量，使織工更有效率地進行壓緯動作。

268　古中國書籍具插圖之機構

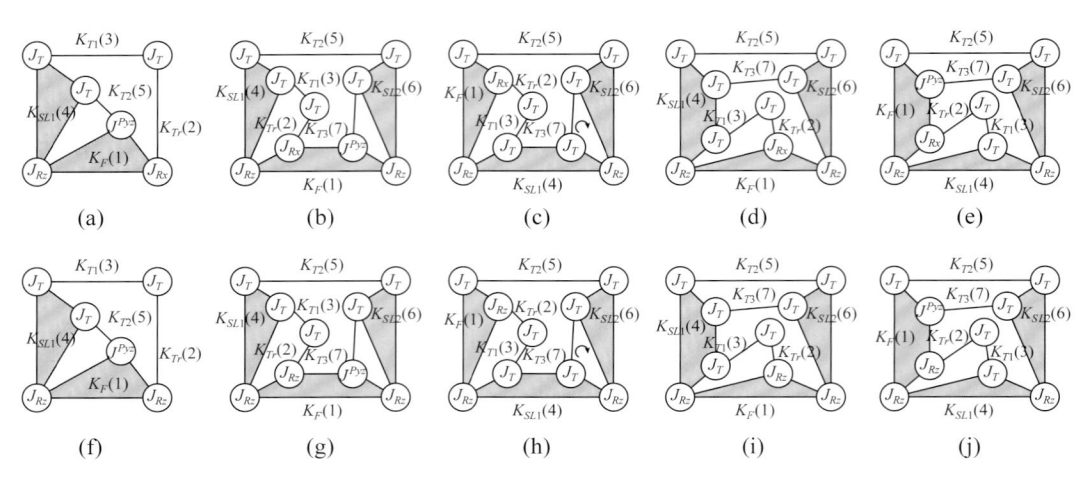

圖 11.36　提花機腳踏提綜機構具指定接頭特殊化鏈圖譜

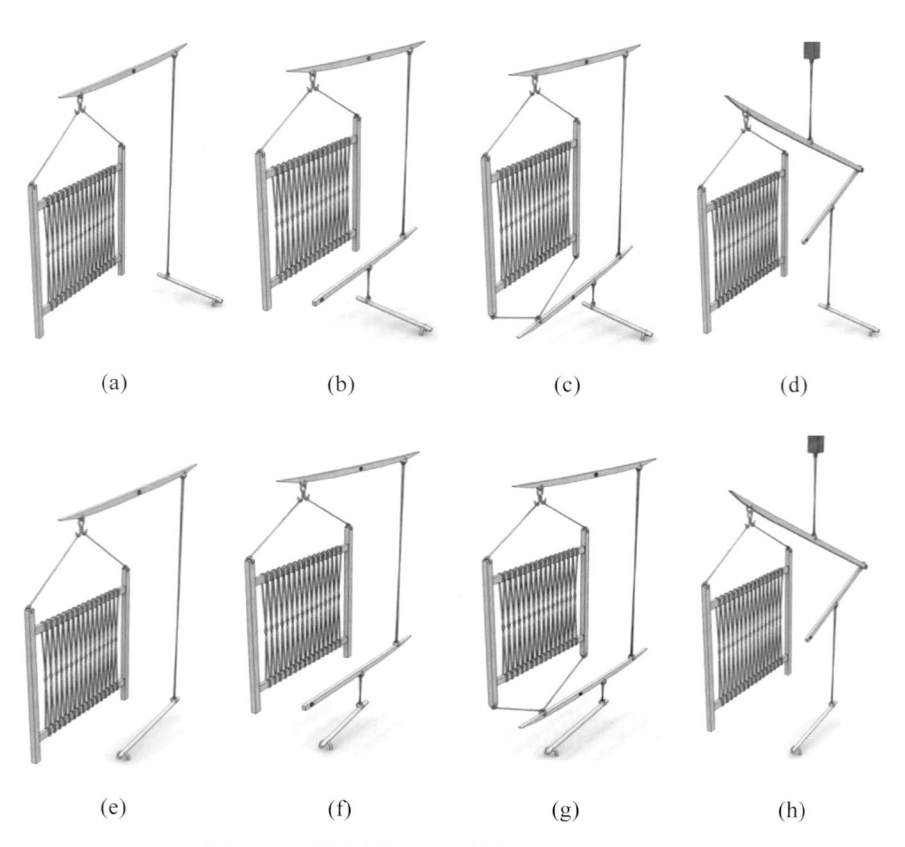

圖 11.37　提花機腳踏提綜機構電腦模型圖譜

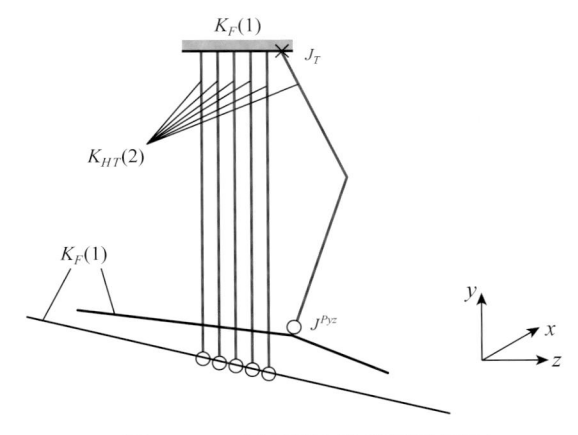

圖 11.38 手拉經線機構構造簡圖

捲布機構

　　捲布機構的功能為維持經線張緊狀態，並收集完成經緯交織的布匹。提花機的捲布機構與第 11.3 節斜織機中的相同，皆為四桿四接頭的機構，屬於構造明確的機構 (類型 I)，其構造簡圖如圖 11.26 所示。

　　圖 11.39 所示者為《天工開物》[5] 中提花機的仿製圖，而圖 11.40 所示則為提花機實物裝置。

圖 11.39 提花機仿製圖 [10]

圖 11.40 提花機實物裝置 (攝於江蘇南通紡織博物館)

11.5 小結

　　古中國的紡織機械大量使用連桿與撓性傳動元件，透過桿件之間的傳動，產生十分多樣的運動特性並用於紡織的各項程序中。由於本章介紹之紡織機械構造較為複雜，因此依功能分為數組子機構，再判斷子機構構造明確程度，進行分析與合成。

　　本章分析 5 件 (繅車、腳踏紡車、皮帶傳動紡車、斜織機、及提花機) 紡織機械，如表 11.1 所列，皆屬於桿件與接頭的數目和類型皆不明確的機構 (類型 III)。本章共有 12 張原圖、5 張構造簡圖、10 張模擬圖、4 張仿製圖、及 2 張實物裝置圖。再者，紡織機械除水轉大紡車使用水力外，其餘皆使用人力。根據不確定插圖機構復原設計法，有系統的進行復原設計，可得到各種紡織機械可行設計圖譜。

○ 表 11.1 複雜紡織機械 (5 件)

書名 機構名稱	《農書》	《武備志》	《天工開物》	《農政全書》	《欽定授時通考》
繅車 圖 11.1 類型 III	《蠶繅》		《乃服》	《蠶桑》	《蠶事》
腳踏紡車 木棉線架 小紡車 木棉紡車 圖 11.9 類型 III	《纑絮》 《麻苧》		《乃服》	《蠶桑廣類》	《桑餘》
皮帶傳動紡車 大紡車 水轉大紡車 圖 11.14 類型 III	《麻苧》 《利用》			《蠶桑廣類》 《水利》	《桑餘》
斜織機、腰機 布機、臥機 圖 11.17 類型 III	《麻苧》 《織紝》		《乃服》	《蠶桑廣類》	《桑餘》
提花機、花機 織機 圖 11.29 類型 III	《織紝》		《乃服》	《蠶桑》	《蠶事》

參考文獻

1. 《農書》；王禎 [元朝] 撰，收錄於百部叢書集成 (嚴一萍主編)，據影乾隆武英殿聚珍版叢書本，藝文出版社，北京，1969 年。
2. 陳維稷，中國紡織科學技術史 (古代部分)，科學出版社，北京，1984 年。
3. Needham, J., Science and Civilisation in China, Vol. IV: II, Cambridge University Press, Cambridge, 1954.
4. Hsiao, K. H., Chen, Y. H., and Yan, H. S., "Structural Synthesis of Ancient Chinese Foot-operated Silk-reeling Mechanism," *Frontiers of Mechanical Engineering in China*, Vol. 5, No. 3, pp. 279-288, 2010.

5. Song, Y. X., Chinese Technology in the Seventeen Century (in Chinese, trans. Sun, E. Z. and Sun, S. C.), New York, Dover Publications, 1966.
6. 《農書》；王禎 [元朝] 撰，中華書局，第一版，北京，1991 年。
7. 張春輝、游戰洪、吳宗澤、劉元諒，中國機械工程發明史 – 第二編，清華大學出版社，北京，2004 年。
8. Hsiao, K. H. and Yan, H.S., "Structural Identification of the Uncertain Joints in the Drawings of Tain Gong Kai Wu," *Journal of the Chinese Society of Mechanical Engineers,* Taipei, Vol. 31, No. 5, pp. 383-392, 2010.
9. Hsiao, K. H., Chen, Y. H., Tsai, P. Y., and Yan, H. S., "Structural Synthesis of Ancient Chinese Foot-operated Slanting Loom," Proceedings of the Institution of Mechanical Engineers, Part C, *Journal of Mechanical Engineering Science,* Vol. 225, pp. 2685-2699, 2011.
10. Hsiao, K. H., and Yan, H. S., "Structural Synthesis of Ancient Chinese Drawloom for Pattern-weaving," *Transactions of the Canadian Society for Mechanical Engineering,* Vol. 35, No. 2, pp. 291-308, 2011.

中文索引

一畫

一般化　Generalization　77
一般化接頭　Generalized joint　36
一般化連桿　Generalized link　36
一般化單接頭　Simple generalized joint　36
一般化運動鏈　Generalized kinematic chain　36
一般化複接頭　Multiple generalized joint　36

二畫

人力翻車　Man-powered paddle blade machine　66
入水（入井）裝置　Human pulleying device　171

三畫

大紡車　Large spinning device　235
小碾　Small stone roller　96

四畫

不連接鏈　Disconnected chain　35
不確定插圖機構復原設計法　Reconstruction design methodology　75
井車　Device used to draw water from water wells　67
分離桿　Bridge-link　35
切裁器械　Cutting device　119

天梯　Sky ladder　68
天衡機構　Upper balancing mechanism　54
手工業器械　Handiwork device　171
手動翻車　Hand-operated paddle blade machine　165
手搖紡車（或緯車）　Hand-operated spinning device　180, 227
木棉軋床　Cotton drawing device　183
木棉攪車　Cottonseed removing device　111
木幔車　Wooden shield wagon　23, 107
水排　Water-driven wind box　134
水碓　Water-driven pestle　56, 154
水碾　Water-driven roller　128
水磨　Water-driven grinder　95, 148
水擊麵羅　Water-driven flour bolter　137
水轉高車　Water-driven chain conveyor water lifting device　168
水轉連磨　Water-driven multiple grinder　149
水轉翻車　Water-driven paddle blade machine　152
水礱　Water-driven mill　60, 80, 149
牛碾　Cow-driven roller　128
牛轉翻車　Cow-driven paddle blade machine　61, 150

五畫

凸輪　Cam　27
凸輪接頭　Cam joint　30

凸輪機構　Cam mechanism　54
平面機構　Planar mechanism　23
玉衡　Water lifting device using siphon principle　127
皮帶　Belt　28, 62
石碾　Stone roller　128

六畫

自由度　Degrees of freedom　40
竹接頭　Bamboo joint　33
收穫與運輸的器械　Harvest and transportation device　91

七畫

汲水器械　Water lifting device　97, 150, 165
成運動對元件　Pairing element　29
呆鏈　Rigid chain　36

八畫

拘束度　Degrees of constraint　40, 43
拘束運動　Constrained motion　40
刮車　Scrape wheel　97
阿基米德螺旋　Archimedean screw　28
空間機構　Spatial mechanism　23
拓樸構造　Topological structure　23
弩　Crossbow　187
弩機　Trigger mechanism　42, 55, 187

九畫

界尺　Ancient Chinese device for drawing parallel lines　50
恒升　Water lifting device using siphon principle　126
活字板韻輪　Type keeping wheel　110
虹吸　Water lifting device using siphon principle　124
封閉鏈　Closed chain　35
風車扇　Winnowing device　94
風扇車　Winnowing device　102
風箱　Wind box　132
風轉翻車　Wind-driven paddle blade machine　152

十畫

畜力礱　Animal-driven mill　61
狼牙拍　Thrower　107
砲車　Ballista wagon　102
紡車　Spinning device　227
特殊化　Specialization　78
特殊化鏈　Specialized chain　78
桔橰　Shadoof　49, 120
迴繞接頭　Wrapping joint　30
高轉筒車　Chain conveyor cylinder wheel　168
紡織機構　Weaving mechanism　63

十一畫

參接頭桿	Ternary link	26
巢車	Investigating wagon	100
從動件	Follower	27
接頭	Joint	29
斜織機	Foot-operated slanting loom	239
旋轉接頭	Revolute joint	30
望樓車	Investigating wagon	100
桿 - 鏈	Link-chain	35
球接頭	Spherical joint	30
紱車	Linen spinning device	111
通路	Walk	35
連二水磨	Water-driven double-grinder	59, 148
連枷	Flail	120
連接鏈	Connected chain	35
連桿	Link	26
連桿機構	Linkage mechanism	48
連磨	Multiple grinder	147
陶車	Pottery making device	112

十二畫

絮車	Cocoon boiling device	177
筒車	Cylinder wheel	98
開放鏈	Open chain	35
提花機	Drawloom for pattern-weaving	255
單接頭桿	Singular link	26
雲梯	Tower ladder wagon	102

十三畫

圓柱接頭	Cylindrical joint	30
楚國弩	Chu State repeating crossbow	189, 197
滑件	Slider	27
滑行接頭	Prismatic joint	30
滑輪	Pulley	28
碓舂器械	Pestle device	117
經架	Silk drawing device	182
腳踏紡車	Foot-operated spinning device	227
腳踏翻車	Foot-operated paddle blade machine	168
路徑	Path	35
農田整地器械	Soil preparation device	91
農業器械	Agriculture device	145
運動簡圖	Kinematic sketch	33
運動鏈	Kinematic chain	36

十四畫

滾子	Roller	27
滾石	Rolling stone	96
滾動接頭	Rolling joint	30
榨油機	Oil pressing device	174
構造簡圖	Structural sketch	33
槓桿	Lever	117
趕棉車	Cottonseed removing device	178
榨蔗機	Cane crushing device	145

十五畫

彈棉裝置　Cotton loosening device　178
彈簧　Spring　28
撓性傳動機構　Flexible connecting mechanism　62
撞車　Colliding wagon　106
數目合成　Number synthesis　36
標準弩　Original crossbow　187, 192
碾　Roller　128
穀物加工器械　Grain processing device　94, 128, 163
線接頭　Thread joint　33
輥碾　Animal-driven roller　130
銷接頭　Pin joint　30
麪羅　Flour bolter　130
齒輪　Gear　27, 57
齒輪系　Gear train　57
齒輪接頭　Gear joint　30
齒輪機構　Gear mechanism　57

十六畫

諸葛弩　Zhuge repeating crossbow　189, 205
戰爭武器　War weapon　100
擒縱調速器　Escapement regulator　52
機件　Mechanical member　26
機架　Frame　25, 36
機構　Mechanism　23, 36
機構骨架圖　Skeleton　33
機構構造　Mechanism structure　23

機器　Machine　25
獨立桿　Separated link　26
磨床裝置　Rope drive grinding device　173
篩殼裝置　Grain sieving device　163
龍尾　Archimedean screw　99

十七畫

繰車　Foot-operated silk-reeling mechanism　215
檑　Thrower　107
螺旋接頭　Screw joint　30
螺桿　Screw　28
壕橋　Moat bridge　102

十八畫

蟠車　Linen spinning device　177
翻車　Paddle blade machine　65
颺扇　Winnowing device　83, 132
肆接頭桿　Quaternary link　36
雙接頭桿　Binary link　26
簡圖符號　Schematic representation　33
轆轤　Pulley block　165

十九畫

繩索　Rope　28, 62
繩線　Thread　28
鏈條　Chain　28, 64
鏈條連接傳動　chain drive　62
鏈條傳動　Chain drive　64
鏈輪　Sprocket　28, 64

轒轀車　Digging wagon　102

二十一畫

礑　Animal-driven grinder　95
鶴飲　Water lifting device　120
鐵碾槽　Iron roller　81, 141
礱　Mill　130

二十二畫

權衡　Weighing balance　120

二十六畫

驢轉筒車　Donkey-driven cylinder wheel　150
驢磨　Donkey-driven mill　164

二十七畫

鑿井裝置　Cow-driven well-drilling rope drive　172
鑽孔機　Drill device　51

英文索引

A

Agriculture device　農業器械　145
Ancient Chinese device for drawing parallel lines　界尺　50
Animal-driven grinder　礄　95
Animal-driven mill　畜力礱　61
Animal-driven roller　輥碾　130
Archimedean screw　阿基米德螺旋　28
Archimedean screw　龍尾　99

B

Ballista wagon　砲車　102
Bamboo joint　竹接頭　33
Belt　皮帶　28, 62
Binary link　雙接頭桿　26
Bridge-link　分離桿　35

C

Cam　凸輪　27
Cam joint　凸輪接頭　30
Cam mechanism　凸輪機構　54
Cane crushing device　榨蔗機　145
Chain　鏈條　28, 64
Chain conveyor cylinder wheel　高轉筒車　168
Chain drive　鏈條連接傳動 (鏈條傳動)　62, 64

Chu State repeating crossbow　楚國弩　189, 197
Closed chain　封閉鏈　35
Cocoon boiling device　絮車　177
Colliding wagon　撞車　106
Connected chain　連接鏈　35
Constrained motion　拘束運動　40
Cotton drawing device　木棉軒床　183
Cotton loosening device　彈棉裝置　178
Cottonseed removing device　木棉攪車 (趕棉車)　111, 178
Cow-driven paddle blade machine　牛轉翻車　61, 150
Cow-driven roller　牛碾　128
Cow-driven well-drilling rope drive　鑿井裝置　172
Crossbow　弩　187
Cutting device　切裁器械　119
Cylinder wheel　筒車　98
Cylindrical joint　圓柱接頭　30

D

Degrees of constraint　拘束度　40, 43
Degrees of freedom　自由度　40
Device used to draw water from water wells　井車　67
Digging wagon　轒輼車　102
Disconnected chain　不連接鏈　35

Donkey-driven cylinder wheel　驢轉筒車　150
Donkey-driven mill　驢礱　164
Drawloom for pattern-weaving　提花機　255
Drill device　鑽孔機　51

E

Escapement regulator　擒縱調速器　52

F

Flail　連枷　120
Flexible connecting mechanism　撓性傳動機構　62
Flour bolter　麪羅　130
Follower　從動件　27
Foot-operated paddle blade machine　腳踏翻車　168
Foot-operated silk-reeling mechanism　繰車　215
Foot-operated slanting loom　斜織機　239
Foot-operated spinning device　腳踏紡車　227
Frame　機架　25, 36

G

Gear　齒輪　27, 57
Gear joint　齒輪接頭　30
Gear mechanism　齒輪機構　57
Gear train　齒輪系　57

Generalization　一般化　77
Generalized joint　一般化接頭　36
Generalized kinematic chain　一般化運動鏈　36
Generalized link　一般化連桿　36
Grain processing device　穀物加工器械　94, 128, 163
Grain sieving device　篩殼裝置　163

H

Handiwork device　手工業器械　171
Hand-operated paddle blade machine　手動翻車　165
Hand-operated spinning device　手搖紡車(或緯車)　180, 227
Harvest and transportation device　收穫與運輸的器械　91
Human pulleying device　入水(入井)裝置　171

I

Investigating wagon　巢車(望樓車)　100
Iron roller　鐵碾槽　81, 141

J

Joint　接頭　29

K

Kinematic chain　運動鏈　36

Kinematic sketch　運動簡圖　33

L

Large spinning device　大紡車　235
Lever　槓桿　117
Linen spinning device　綏車(蟠車)　111, 177
Link　連桿　26
Linkage mechanism　連桿機構　48
Link-chain　桿-鏈　35

M

Machine　機器　25
Man-powered paddle blade machine　人力翻車　66
Mechanical member　機件　26
Mechanism　機構　23, 36
Mechanism structure　機構構造　23
Mill　磨　130
Moat bridge　壕橋　102
Multiple generalized joint　一般化複接頭　36
Multiple grinder　連磨　147

N

Number synthesis　數目合成　36

O

Oil pressing device　榨油機　174

Open chain　開放鏈　35
Original crossbow　標準弩　187, 192

P

Paddle blade machine　翻車　65
Pairing element　成運動對元件　29
Path　路徑　35
Pestle device　碓舂器械　117
Pin joint　銷接頭　30
Planar mechanism　平面機構　23
Pottery making device　陶車　112
Prismatic joint　滑行接頭　30
Pulley　滑輪　28
Pulley block　轆轤　165

Q

Quaternary link　肆接頭桿　36

R

Reconstruction design methodology　不確定插圖機構復原設計法　75
Revolute joint　旋轉接頭　30
Rigid chain　呆鏈　36
Roller　滾子(碾)　27, 128
Rolling joint　滾動接頭　30
Rolling stone　滾石　96
Rope　繩索　28, 62
Rope drive grinding device　磨床裝置　173

S

Schematic representation　簡圖符號　33
Scrape wheel　刮車　97
Screw　螺桿　28
Screw joint　螺旋接頭　30
Separated link　獨立桿　26
Shadoof　桔槔　49, 120
Silk drawing device　經架　182
Simple generalized joint　一般化單接頭　36
Singular link　單接頭桿　26
Skeleton　機構骨架圖　33
Sky ladder　天梯　68
Slider　滑件　27
Small stone roller　小碾　96
Soil preparation device　農田整地器械　91
Spatial mechanism　空間機構　23
Specialization　特殊化　78
Specialized chain　特殊化鏈　78
Spherical joint　球接頭　30
Spinning device　紡車　227
Spring　彈簧　28
Sprocket　鏈輪　28, 64
Stone roller　石碾　128
Structural sketch　構造簡圖　33

T

Ternary link　參接頭桿　26
Thread　繩線　28
Thread joint　線接頭　33
Thrower　狼牙拍 (櫓)　107
Topological structure　拓樸構造　23
Tower ladder wagon　雲梯　102
Trigger mechanism　弩機　42, 55, 187
Type keeping wheel　活字板韻輪　110

U

Upper balancing mechanism　天衡機構　54

W

Walk　通路　35
War weapon　戰爭武器　100
Water-driven chain conveyor water lifting device　水轉高車　168
Water-driven double-grinder　連二水磨　59, 148
Water-driven flour bolter　水擊麪羅　137
Water-driven grinder　水磨　95, 148
Water-driven mill　水礱　60, 80, 149
Water-driven multiple grinder　水轉連磨　149
Water-driven paddle blade machine　水轉翻車　152
Water-driven pestle　水碓　56, 154
Water-driven roller　水碾　128
Water-driven wind box　水排　134
Water lifting device　汲水器械 (鶴飲)　97, 120, 150, 165
Water lifting device using siphon principle　虹吸 (恒升)　124, 126

Water lifting device using siphonprinciple　玉衡　127

Weaving mechanism　紡織機構　63

Weighing balance　權衡　120

Wind box　風箱　132

Wind-driven paddle blade machine　風轉翻車　152

Winnowing device　風車扇（颺扇）　83, 94, 102, 132

Wooden shield wagon　木幔車　23, 107

Wrapping joint　迴繞接頭　30

Z

Zhuge repeating crossbow　諸葛弩　189, 205